普通高等院校水利工程专业系列规划教材

水利工程实践教学指导

主　编　倪福全　邓　玉　胡　建

副主编　卢修元　周　曼　董玉文　常留红

参　编　曾　赟　唐科明　康银红　杨　敏
王丽峰　张志亮　郑彩霞　田　奥
杨　萍　谭燕平　李　清　马　菁
刘益敏　何元江　卢劲托　韩智明
邓命华　茆大炜　冯未俊　漆力健

西南交通大学出版社

·成　都·

图书在版编目（CIP）数据

水利工程实践教学指导/倪福全，邓玉主编．—成都：西南交通大学出版社，2015.1
普通高等院校水利工程专业系列规划教材
ISBN 978-7-5643-3566-3

Ⅰ．①水… Ⅱ．①倪… ②邓… Ⅲ．①水利工程－高等学校－教学参考资料 Ⅳ．①TV

中国版本图书馆 CIP 数据核字（2014）第 270795 号

普通高等院校水利工程专业系列规划教材
水利工程实践教学指导
主编　倪福全　邓玉

责任编辑	曾荣兵
封面设计	米迦设计工作室
出版发行	西南交通大学出版社 （四川省成都市金牛区交大路 146 号）
发行部电话	028-87600564　028-87600533
邮政编码	610031
网址	http://www.xnjdcbs.com
印刷	四川森林印务有限责任公司
成品尺寸	185 mm×260 mm
印张	19.5
字数	476 千
版次	2015 年 1 月第 1 版
印次	2015 年 1 月第 1 次
书号	ISBN 978-7-5643-3566-3
定价	40.00 元

课件咨询电话：028-87600533

《水利工程实践教学指导》

编 委 会

主　编　四川农业大学：倪福全　邓　玉　胡　建

副主编　四川农业大学：卢修元　周　曼

重庆交通大学：董玉文

长沙理工大学：常留红

参　编　四川农业大学：

曾　赟　唐科明　康银红　杨　敏

王丽峰　张志亮　郑彩霞　田　奥

杨　萍　谭燕平　李　清　马　菁

刘益敏　何元江　卢劲托　冯未俊

漆力健

长沙理工大学：韩智明

湖南省洞庭湖水利工程管理局：邓命华

中国电建集团中南勘测设计研究院有限公司：茆大炜

前　言

为提高农业水利工程、水利水电工程等专业本科生的课程实验、课程设计、实习、创新型实验及社会实践、毕业设计等重要实践环节的教学质量，充分挖掘雅安六县二区水利水电教育教学资源，培养学生运用所学知识综合分析和独立解决工程问题的能力，特别编写本书。

本书由四川农业大学主编，重庆交通大学、长沙理工大学和中国电建集团中南勘测设计研究院有限公司参与编写。四川农业大学倪福全、邓玉、胡建担任主编；四川农业大学卢修元、周曼，重庆交通大学董玉文和长沙理工大学的常留红担任副主编；全书由倪福全统稿和最后审定。其他参编人员包括：四川农业大学的曾赟、唐科明、康银红、杨敏、王丽峰、张志亮、郑彩霞、田奥、杨萍、谭燕平、李清、马菁、刘益敏、何元江、卢劲托、冯未俊、漆力健，长沙理工大学的韩智明，湖南省洞庭湖水利工程管理局邓命华，中国电建集团中南勘测设计研究院有限公司茆大炜。

在本书的编写过程中参考了相关著作、论文等，编者在此谨向他们一并表示衷心的感谢。

本书力求能满足广大师生的需求，但由于编者水平有限，书中难免有不足之处，恳请读者提出宝贵意见和建议。

编　者

2014年12月

目　录

第一部分　课程实（试）验

第二部分　课程设计

第三部分　实　习

第四部分　创新性实验及社会实践

第五部分 毕业设计

第一部分

课程实（试）验

第一章 “水利工程概论”实验指导

一、实验目的

水利工程实践教学是理论联系实际的教学活动，是本专业最重要的教学环节之一。其目的是使学生进一步巩固和加深理解所学的专业知识，开阔视野，扩大学生的知识面。

通过认识实践，使学生尽早对本专业有一个比较全面的了解，激发学生自主学习的主动性，克服盲目性，扩大知识面，培养工程意识和实践能力，加深对课堂理论知识的理解，增强学习本专业的兴趣，为后续课程的学习积累工程感性认识。同时，为学生了解水利工程所涵盖的专业领域和知识背景提供窗口，提高自身的观察能力、理解能力、工程思考能力等，建立初步的工程概念。

二、实验任务

（1）通过参观，建立对水利工程的初步认识，巩固和扩大所学课堂理论，提高学习积极性。

（2）通过参观，提高自身的观察能力、理解能力、思考能力等，为后续课程的学习奠定基础。

（3）通过参观，发扬理论联系实际的作风，为今后从事相关工作奠定基础。

三、实验内容及要求

水利工程概论实践教学共分为三次进行，每次 4 个学时。通过认识学习，要求达到：

（1）参观雅安廊桥展示厅，重点了解“水电雅安”主题。从历史和现实的对比了解水利工程在国民经济发展中的重要作用，增强学生作为一个未来水利工作者的自豪感、责任感和使命感。

（2）通过参观川农水厂，了解该工程对川农的作用和意义。了解其厂址的选择原则、水厂的组织、工艺流程布置、水厂平面与竖向布置；同时，对城镇供水工程有大概的认识。

（3）通过对川农农场的参观，了解灌溉渠系的水源、取水方式和灌溉渠系系统的规划布置等相关农业灌溉工程的知识。

四、实验笔记和报告

参观时须做好笔记，记载当天内容、必要的资料线索、自己在现场的所感所想、待解决的问题以及解决问题的建议等，巩固收获，为撰写报告和后续课程学习积累资料。

学生应在笔记的基础上，查阅相关文献，在实践教学结束时全面进行总结，编撰成一篇完整报告。报告要求文字简洁、条理分明、内容全面。必须严格按照科技论文的格式书写，字迹工整，不少于 1 500 字。内容包括：

（1）目的及任务。

（2）地点及时间。

（3）内容及要求了解的情况，现场讲解、答疑的情况。

（4）体会、收获、问题及建议，希望能提出若干问题进行研讨。

（5）参考文献。

五、成绩评定

成绩考查评定——参观期间的表现及报告成绩分别占一定比例，最终按“优、良、中、及格、不及格”五等评定成绩，并按一定比例计入课程总成绩中。

（1）参观期间的表现。

（2）报告成绩；文章结构性、逻辑性、内容充实程度，50%；鼓励原创思想，25%；报告格式要求，15%；按时交报告，10%。

第二章 “工程测量”实验指导

第一节 水准仪使用

一、实验目的与要求

（1）认识水准仪的基本构造，了解各部件的功能。
（2）初步了解使用水准仪的操作要领。
（3）能准确读取水准尺读数。
（4）测定 A、B 两点间高差。

二、实验准备工作

（1）场地布置：各组在相隔 30 ~ 40 m 处选定 A、B 两点，作出标记。
（2）仪器、工具：水准仪 1 台，水准尺 1 把，记录板 1 块，伞 1 把。
（3）人员组织：每 4 人一组，轮换操作。

三、实验步骤

（1）安置仪器于 A、B 两点之间，用脚螺旋进行粗略整平，使圆水准器气泡居中。
（2）认出下列部件，了解其功能和使用方法：
① 准星和照门；
② 目镜调焦螺旋；
③ 物镜调焦螺旋；
④ 水准管；
⑤ 制动、微调螺旋；
⑥ 微倾螺旋。
（3）转动目镜调焦螺旋，看清十字丝。
（4）利用准星和照门粗略后视点 A 的水准尺。
（5）利用十字丝精确照准水准尺。
（6）转动物镜调焦螺旋看清水准尺，并消除视差，注意观察视差现象和消除视差的方法。

（7）用微倾螺旋调水准管气泡居中。

（8）读取后视读数，并计入手簿。

（9）仿照步骤（4）~（8）读取 B 点的前视读数。

四、注意事项

（1）三脚架要安置稳妥，高度适中，架头接近水平，架腿螺旋要旋紧。

（2）读数时，应以中横丝读取，由小往大数。

记录手簿，见实验报告一。

实验报告一　水准仪使用

日期________ 班级__________ 小组__________ 姓名__________

一、完成下列填空。

安装仪器后，转动_______ 使圆水准器气泡居中，转动_______ 看清十字丝，通过_______ 粗瞄水准尺，转动_______ 精确照准水准尺，转动_______ 消除视差，转动_______ 使气泡居中，最后读取读数。

二、完成手簿中高差计算。

表 2.1　水准测量手簿

测站	点号		后视读数/mm	前视读数/mm	高差/cm		备注
					+	−	
	后						
	前						
	后						
	前						
	后						
	前						
	后						
	前						
	后						
	前						
	后						
	前						

第二节　水准测量

一、实验目的与要求

（1）根据水准点测算待定点的高程。

（2）熟悉闭合水准路线的施测方法。

（3）高差闭合差应不超过 $\pm\sqrt{n}$ mm。

二、实验准备工作

（1）场地布置：选一适当场地，根据组数在场地一端每组选一水准点并编号，其高程可假定为一整数，如 5 m；在场地另一端每组钉一木桩另行编号，作为高程待定点。由水准点到待定点的距离，以能安置 3～4 站仪器为宜。具体测量路线由教师事前向各小组布置。

（2）仪器、工具：水准仪 1 台，水准尺 2 把，记录板 1 块，尺垫 2 块，伞 1 把。

（3）人员组织：每 4 人一组，其中立尺 2 人、观测 1 人、记录 1 人，轮换操作。

三、实验步骤

（1）安置水准仪于距水准点 BM_A 与转点 BM_{101} 大致等距离处，在水准点上立尺，读取后视读数，在转点 BM_{101} 上立尺，读取前视读数，记入手簿，并计算高差。

（2）安置水准仪于距转点 BM_{101} 与转点 BM_{201} 大致等距离处，在转点 BM_{101} 上读取后视读数，转点 BM_{201} 上读取前视读数，记入手簿，并计算高差。

（3）同法继续进行，经过待定点后返回原水准点。

（4）检验计算：

$$后视读数总和 - 前视读数总和 = 高差代数和$$

四、注意事项

（1）水准点和待定点上不能放置尺垫。

（2）读完后视读数仪器不能动，读完前视读数尺垫不能动。

（3）每次读数前要调节水准器，使气泡居中。

（4）读数时，水准尺要直立。

记录手簿，见实验报告二。

实验报告二　水准测量

日期____________ 班级____________ 小组____________ 姓名____________

水准测量记录及高差计算：

表 2.2　水准测量手簿

测站	点号		后视读数/mm	前视读数/mm	高差/cm		高程/m	点号
					+	−	$H_{已知}$=	
	后							
	前							
	后							
	前							
	后							
	前							
	后							
	前							
	后							
	前							
	后							
	前							
验算	Σ							

表 2.3　普通水准测量记录（双面尺）

测站	点号	尺面	水准尺读数		高差/m		平均高差/m		改正后高差/m		高程
			后视	前视	+	−	+	−	+	−	
		红									
		黑									
		红－黑									
		红									
		黑									
		红－黑									
		红									
		黑									
		红－黑									
		红									
		黑									
		红－黑									
		红									
		黑									
		红－黑									
		红									
		黑									
		红－黑									
		红									
		黑									
		红－黑									
		红									
		黑									
		红－黑									
		红									
		黑									
		红－黑									

第三节 水平角测设

一、实验目的与要求

（1）练习水平角的测设方法。

（2）掌握经纬仪在测设工作中的操作步骤。

（3）每组测设两个角度。

（4）角度测设的限差不超过 $\pm 40''$。

二、实验准备工作

（1）场地布置：选择合适地面作为小组实验的场地，每组选一个测站点，作测设角度的角顶用。

（2）仪器、工具：经纬仪 1 台，木桩 3 个，小钉 6 颗，斧 1 把，记录板 1 块，伞 1 把。

（3）人员组织：每 4 人一组，轮换操作。

三、实验步骤

（1）设地上有 O、A 两点，拟测设 $\beta = \angle AOB = 30°00'00''$，安置经纬仪于 O 点，在盘左置水平读盘读 $0°x'y''$，照准 A 点。

（2）转动照准部，使度盘准确读 $30°x'y''$，在视线方向定出 B' 点。

（3）用测绘法检测 $\angle AOB'$，测两个测回，设得平均角值为 β' 值，与设计角值比较，若 $\Delta\beta$ 超过了容许误差，则需改正。

（4）将 $\Delta\beta$ 代入下式计算支距改正数：

$$\delta = OB\frac{\Delta\beta}{\rho''}$$

（5）从点 B 起，在 OB 的垂直方向上向外（内）量取 δ mm，定出 B 点，则 $\angle AOB$ 即为所测设的水平角 β。

（6）再检测 $\angle AOB$，其值与设计值之差不应超过容许误差。

记录手簿，见实验报告三。

实验报告三　水平角测设

日期__________　班级__________　小组__________　姓名__________

表 2.4　水平角测设手簿

<table>
<tr><th>测站</th><th>设计角值/
(° ′ ″)</th><th>竖盘</th><th>目标</th><th>水平度盘置数/
(° ′ ″)</th><th>测设略图</th><th>备注</th></tr>
<tr><td rowspan="4"></td><td rowspan="4"></td><td rowspan="2"></td><td></td><td></td><td rowspan="8"></td><td rowspan="8">此表精密测试时应用盘左位置</td></tr>
<tr><td></td><td></td></tr>
<tr><td rowspan="2"></td><td></td><td></td></tr>
<tr><td></td><td></td></tr>
<tr><td rowspan="4"></td><td rowspan="4"></td><td rowspan="2"></td><td></td><td></td></tr>
<tr><td></td><td></td></tr>
<tr><td rowspan="2"></td><td></td><td></td></tr>
<tr><td></td><td></td></tr>
</table>

表 2.5　水平角检测手簿

<table>
<tr><th>观测</th><th>竖盘</th><th>目标</th><th>水平度盘读数/
(° ′ ″)</th><th>角　值/
(° ′ ″)</th><th>平均角值/
(° ′ ″)</th><th>备注</th></tr>
<tr><td rowspan="4"></td><td rowspan="4"></td><td rowspan="2"></td><td></td><td></td><td rowspan="8"></td><td rowspan="8"></td></tr>
<tr><td></td><td></td></tr>
<tr><td rowspan="2"></td><td></td><td></td></tr>
<tr><td></td><td></td></tr>
<tr><td rowspan="4"></td><td rowspan="4"></td><td rowspan="2"></td><td></td><td></td></tr>
<tr><td></td><td></td></tr>
<tr><td rowspan="2"></td><td></td><td></td></tr>
<tr><td></td><td></td></tr>
</table>

第四节 水平角观测（测回法）

一、实验目的与要求

（1）掌握测回法测水平角的操作方法。

（2）进一步熟悉经纬仪的使用。

（3）用测回法对同一角度观测三个测回，各测回的角误差不得超过 40″。

二、实验准备工作

（1）场地布置：在场地一侧按组数打下木桩若干，桩间相距不得少于 5 m，桩上钉以小钉，作为测站点 *O*；在场地另一侧距测站点 40 ~ 50 m 远处选定两点，左边点为 *A*、右边点 *B*，在点上安放简易竹竿并悬挂垂球，作为观测目标。

（2）仪器、工具：经纬仪 1 台，记录板 1 块，伞 1 把。

（3）人员组织：每 4 人一组，轮换操作。

三、实验步骤

（1）安置仪器于 *O* 点。

（2）盘左置度盘读数稍大于 0°，按顺时针方向依次照准 *A*、*B* 目标，读取水平度盘读数，记入手簿，并计算上半测回角值。

（3）盘右按逆时针方向照准 *B*、*A*，读取读数，记入手簿，并计算下半测回角值。

（4）计算一测回角值。

（5）置度盘起始读数分别为 60°、120°，进行第二、三测回的水平角观测，并将观测数据依次记入手簿。

（6）计算三个测回的平均角值。

四、注意事项

（1）如果度盘变换器为复测式，盘左度盘配制时，应先转动照准部，使读数为配置度数，将复测扳手扳下，再瞄准 *A* 目标，将扳手扳上；如为拨盘式度盘变换器的，应瞄准 *A* 目标，再拨度盘变换器，使读数为配置度数。

（2）观测过程中，应注意观察水准气泡，若发现气泡偏移超过一格时，应重新整平重测该测回。

记录手簿，见实验报告四。

实验报告四 水平角观测（测回法）

日期____________ 班级____________ 小组____________ 姓名____________

表 2.6 水平角观测记录手簿

观测	竖盘	目标	水平度盘读数/(° ′ ″)	半测回角值/(° ′ ″)	一测回角值/(° ′ ″)	各测回平均角值/(° ′ ″)

第五节 高程测设

一、实验目的与要求

（1）练习高程的测设方法。

（2）掌握水准仪在测设工作中的操作步骤。

（3）每组测设两个点的高程。

（4）高程测设的限差不超过 ± 8 mm。

二、准备工作

（1）场地布置：选择合适的地面作为小组实验的场地，每组布置临时水准点一个作高程测设用。

（2）仪器、工具：水准仪 1 台，水准尺 2 把，尺垫 2 块，记录板 1 块，伞 1 把。

（3）人员组织：每 4 人一组，轮换操作。

三、实验步骤

（1）根据水准点高程 $H_{水}$，用水准仪在地上测设出 A 点的设计高程 $H_{设}$，安置水准仪于水准点和 A 点之间，后视水准点，得后视读数 a。

（2）计算视线高程 $H_{视}$及 A 点的设计高程应读数 b，即

$$H_{设} = H_{水} + a$$

$$b_{应} = H_{视} - H_{设}$$

（3）在 A 点打木桩，当桩顶的水准尺读数等于 $b_{应}$时，则桩顶应位于设计高程上；否则，将水准尺贴靠木桩，作上下移动，当读数为 $b_{应}$时，沿尺底面在木桩上画线，以表示设计高程。

（4）检测 A 点的高程，其与设计值之差不能超过 ± 8 mm。

记录手簿，见实验报告五。

实验报告五　高程测设

日期__________　班级__________　小组__________　姓名__________

表 2.7　高程测设手簿

测站	水准点号	水准点高程/m	后视读数	视线高程/m	待测设点		桩顶应读数	桩顶实读数	桩顶填挖尺数/m	备注
					点号	设计标高/m				

第六节 全站仪认识和使用

一、实验目的与要求

（1）了解 5″级全站仪的基本构造和操作键盘的基本功能。
（2）掌握全站仪测量水平角、竖直角及距离的方法。

二、实验准备工作

（1）仪器、工具：全站仪 1 台，反光镜 1 面，伞 1 把。
（2）人员组织：每 4 ~ 6 人一组，轮流操作。

三、实验步骤

（1）在指定位置安置全站仪和反光镜，并熟悉仪器各部件的名称和作用。
（2）用全站仪面板进行距离、角度测量。
（3）从液晶显示屏直接读数，记录数据于手簿。

四、注意事项

（1）全站仪属于精密仪器，一定要轻拿轻放。
（2）全站仪望远镜不能直接瞄准太阳，以免损坏仪器元件。

五、全站仪的主要部件及作用

（1）全站仪外貌（见图 2.1）。

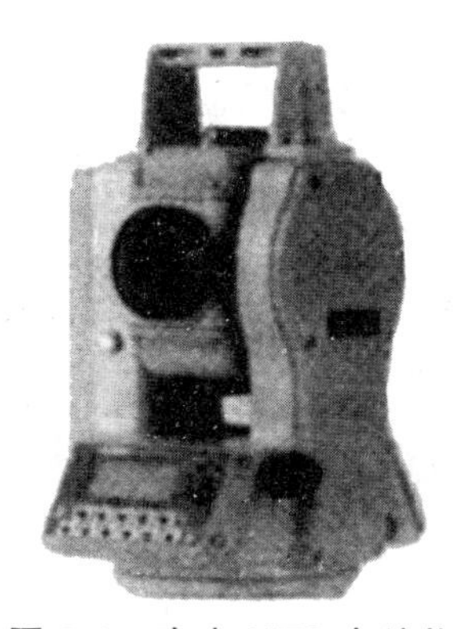

图 2.1　南方 NTS 全站仪

（2）技术指标。

① 角度测量：显示 1″（5″），精度 ± 2″（ ± 5″）。

② 距离测量：精度：±（5 mm + 5 mm · D）；测程：1.5 ~ 2.5 km；测量时间：6 s、3 s、1 s。

（3）操作特点。

① 初始化。

② 不平显示。

③ 键功能多：

a. PWR 开关：按 2 s 可开可关，仪器安置后按 PWR 开，屏幕显示“OSET”，应初始化，即可垂直制动，纵转望远镜可实现。

b. R/L 左右旋选择键：按一次，屏幕左下角显示“HR”，顺时针转动方向增加水平度盘记数。按一次，屏幕左下角显示“HL”，逆时针转动方向增加水平度盘记数。

c. OSET 水平角置 0 键：连续按 2 次，水平角显示为 0，而按一次不起作用。

d. HOLD 水平角固定键：连续按 2 次，水平角显示被固定，如按一次不起作用，相当于复测键。

e. V%竖直角与坡度变换键：按一次变换。

f. MODE 角、距变换键：按一次变换。

g. ¤屏幕照明键。

h. REC 记录键。

（4）基本应用操作。

① 仪器安置：全站仪、反射器、电池（未关机不得卸）。

② 测量准备。

a. 角度测量：HR、HL 的设定；方向值置零；度盘配置。

b. 距离测量：反射器常数、气象改正的设定；加常数、乘常数的设定。

c. 角度测量：从显示窗获得瞄准目标后的方向值或按 REC 键。

d. 距离测量

• 测距方式选择：按 MODE 键一次。

• 连续测距：瞄准反射器后显示窗有“*”标志，按 MEAS 键，每 3s 测距；中断按 MODE 键。

• 单次测距：瞄准反射器后显示窗有“*”标志，连续按 MEAS 键 2 次，每 6s 测距；连续按 MODE 键 2 次，返回角度测量。

• 跟踪测距：瞄准反射器后显示窗有“*”标志，按 TRK 键，每 1s 测距；中断按 MODE 键。

（5）专项操作。

① 参数设定。

② 专项测量。

记录手簿，见实验报告六。

实验报告六 全站仪的认识和使用

日期________ 班级________ 小组________ 姓名________

表 2.8 全站仪测回法测水平角记录表

观测者： 记录者： 立棱镜者：

<table>
<tr><th rowspan="2">测站</th><th rowspan="2">盘位</th><th rowspan="2">目标</th><th rowspan="2">水平度盘读数/
(° ′ ″)</th><th colspan="2">水平角</th><th rowspan="2">示意图</th></tr>
<tr><th>半测回值/
(° ′ ″)</th><th>一测回值/
(° ′ ″)</th></tr>
<tr><td rowspan="4"></td><td rowspan="2"></td><td></td><td></td><td rowspan="2"></td><td rowspan="4"></td><td rowspan="4"></td></tr>
<tr><td></td><td></td></tr>
<tr><td rowspan="2"></td><td></td><td></td><td rowspan="2"></td></tr>
<tr><td></td><td></td></tr>
<tr><td rowspan="4"></td><td rowspan="2"></td><td></td><td></td><td rowspan="2"></td><td rowspan="4"></td><td rowspan="4"></td></tr>
<tr><td></td><td></td></tr>
<tr><td rowspan="2"></td><td></td><td></td><td rowspan="2"></td></tr>
<tr><td></td><td></td></tr>
</table>

全站仪水平距离测量记录表

直线段名：______—______ 其平距的测量值如下：

第一次：______m 第二次：______m

第三次：______m 第四次：______m

第五次：______m 第六次：______m

平均：______m

直线段名：______—______ 其平距的测量值如下：

第一次：______m 第二次：______m

第三次：______m 第四次：______m

第五次：______m 第六次：______m

平均平距：______m

第七节　全站仪坐标测量

一、实验目的与要求

（1）掌握全站仪坐标测量时输入起始数据的方法。
（2）熟悉全站仪坐标测量的方法。

二、实验准备工作

（1）仪器、工具：全站仪 1 台。
（2）人员组织：每 4 ~ 5 人一组，轮换操作。

三、实验步骤

（1）在测站点 A 安置仪器，瞄准后视点 B。
（2）通过操作面板输入：A 点坐标（x，y，h），后视点坐标 B（x，y，h），仪器高 i。
（3）转动照准部瞄准 B 点，由显示屏读取 B 点的坐标（x，y，h）。

四、注意事项

（1）输入初始数据时应认真仔细，以免输错。
（2）全站仪属精密仪器，要轻拿轻放。
（3）全站仪望远镜不能直接瞄准太阳，以免损坏仪器元件。
记录手簿，见实验报告七。

实验报告七　全站仪坐标测量

日期__________ 班级__________ 小组__________ 姓名__________

No: No:

测站 x: 后视 x: 仪器高:

y: y:

H: H:

表 2.9　全站仪坐标测量手簿

测　站	目　标	坐　标/m		高程/m	备　注
		x	y		

第八节　渠道纵横断面测量

一、实验目的与要求

掌握渠道纵横断面测量的一般方法：

（1）由一水准点开始，往返施测各桩的地面高程。往返测量的高程闭合差应不超过 $\pm 10\sqrt{n}$ mm，并进行高差调整和计算高程。

（2）遇渠线转折处，只测设曲线三主点而曲线细部点可不测设。

（3）横断面个数可每人施测一个，宽度视情况取 4 ~ 10 m。

二、实验仪器

水准仪、水准尺、花杆、皮尺、木桩、木槌、记录板。

三、实验步骤

（1）选约 300 m 长的路线，每 20 ~ 50 m 打一里程桩，地面坡度变化处打加桩。

（2）对所选定的路线进行纵横断面水准测量。

（3）根据纵横断面资料绘制渠道纵横断面图，并按设计坡度与渠首高程及标准横断面图设计渠道。

（4）进行渠道土方计算。

五、断面测量记录与计算

（1）纵断面水准测量，见表 2.10。

表 2.10 纵断面水准测量记录表

日期： 时间：		仪器型号： 天　　气：			观察者： 记录者：		
测 站	测 点	后视 a /m	视线高程 /m	前 视/m		高程 /m	备注
				转点 b	中间点		
	校核	$\sum a =$ $\sum b =$		$H_{终} =$ $H_{起} =$			

（2）横断面水准测量，见表 2.11。

表 2.11 横断面测量记录表

日期：	观察者：	记录者：
左（$\frac{高差}{距离}$）	中心桩号	右（$\frac{高差}{距离}$）

（3）渠道纵横断面设计。

在方格纸上进行设计。纵断面设计时，纵横比例尺、渠首设计高程、渠底坡度等以及横断面设计时的标准设计断面可由指导教师给出；或由教师提出要求，由学生自行设计。

（4）土方计算，见表 2.12。

表 2.12 土方计算表

计算者： 校核者： 年 月 日

桩号	地面高程/m	设计渠道高程/m	中心桩		断面面积		平均面积		距离/m	体积		备注
			填高/m	挖深/m	填/m^2	挖/m^2	填/m^2	挖/m^2		填/m^3	挖/m^3	
							合计					

第三章 “土木工程材料”实验指导

“土木工程材料”是土木工程专业必修的一门技术基础课，同时又是一门独立性很强的技能培训课。它的任务与目的：一方面为“建筑结构设计和施工”等专业课程提供建筑材料方面理论基础知识；另一方面为学生今后从事专业技术工作时，在材料选择、材料验收、质量鉴定、材料试验、储存运输、防腐及试验研究等方面打下必要的基础。

要求学生熟练掌握：材料组成、技术性质及特性，材料组成及结构对性质影响，各性质间的相互关系，以及如何改进材料性能。

第一节 密度实验

一、实验目的与要求

（1）材料的密度是指材料在绝对密实状态下单位体积的质量，主要用来计算材料的孔隙率和密实度。而材料的吸水率、强度、抗冻性及耐蚀性都与孔隙的大小及孔隙特征有关。如砖、石材、水泥等材料，其密度都是一项重要指标。

（2）正确使用仪器。

二、实验仪器

李氏比重瓶、天平、温度计、干燥器、恒温水槽、漏斗、小勺、烘箱等。

三、实验步骤

（1）将不与试样起反应的液体（清水）注入李氏瓶中至 0 ~ 1 mL 刻度线后（以弯月面下部为准），盖上瓶塞放入恒温水槽内，使刻度部分侵入水中，恒温 30 min，记下刻度 V_1。

（2）从恒温水槽中取出李氏瓶，用滤纸将李氏瓶细长颈内没有清水的部分仔细擦干净。

（3）用天平称取 60 ~ 90 g 试样（mL），用小勺和漏斗小心地将试样徐徐送入李氏瓶中（不能大量倾倒，会妨碍李氏瓶中空气排出或使咽喉位堵塞），直至液面上升至 20 mL 左右的刻度为止。

（4）反复摇动，至没有气泡排除，再次将李氏瓶静置于恒温水槽中，恒温 30 min，记下第二次读数 V_2。

（5）称取未注入瓶内剩余试样的质量（m_2），计算出装入瓶中试样质量 m。

（6）第一次和第二次读数时，恒温水槽的温差不大于 0.2°。

四、实验结果分析

泥土体积应为第二次读数减去第一次读数，即泥土排开的水的体积，则密度ρ为

$$\rho=\frac{m_1-m_2}{V_2-V_1}$$

式中 m_1——备用试样的质量，g；

m_2——称剩余试样的质量，g；

V_1——第一次液面刻度数，cm^3；

V_2——第二次液面刻度数，cm^3。

密度实验用两个试样平行进行，以其结果的算术平均值为最后结果，两个结果之差不得超过 0.02 g/cm^3。

第二节 建筑用砂实验

一、实验目的与依据

（1）对建筑用砂进行实验，评定其质量，为普通混凝土配合比设计提供原材料参数。

（2）建筑用砂实验依据国家标准 GB/T14684—2001《建筑用砂》。

二、取样与处理

（1）取样。在料堆上取样，取样部位应均匀分布。取样前先将取样部位表层除去，然后从不同部位抽取大致等量的砂 8 份。

（2）处理。人工四分法：将所取样品放在平整洁净的平板上，在潮湿的状态下拌和均匀，并摊成厚度约 20 mm 的圆饼，然后沿相互垂直的两条直径把圆饼分成大致相等的 4 份，取其对角线的两份重新搅匀，再堆成圆饼。重复上述过程，直至把样品缩分到实验所需要量为止。

三、砂的筛分析实验

（1）主要仪器设备：天平、方孔筛、毛刷、搪瓷盘等。

（2）实验步骤：

① 称取试样 500 g，将试样倒入按孔径大小从上到下组合的套筛，然后进行筛分。

② 用手均匀摇动筛子 5 min，取下套筛，按筛孔大小顺序再逐个用手筛，筛至每分钟通过量小于试样总量的 0.1%为止。

③ 称出各号筛的筛余量，精确止 1 g。分计筛余量和底盘中剩余重量的总和与筛分前的试样重量之比，其差值不得超过 1%。

（3）实验结果评定：

① 计算分计筛余百分率：各号筛上的筛余量与试样总质量之比，计算精确至 0.1%。

② 计算累计筛余百分率：该号筛的筛余百分率加上该号筛以上各筛余百分率之和。

③ 砂的细度模数 M_x 可按下式计算：

$$M_x = \frac{(A_1 + A_2 + A_3 + A_4 + A_5 + A_6) - 5A_1}{100 - A_1}$$

④ 累计筛余百分率取两次实验结果的算术平均值，精确到 1%。细度模数取两次实验结果的算术平均值，精确到 0.1。

根据细度模数的大小来确定砂的粗细程度：

$M_x = 3.7 \sim 3.1$，为粗砂；

$M_x = 3.0 \sim 2.3$，为中砂；

$M_x = 2.2 \sim 1.6$，为细砂。

⑤ 根据累计筛余百分率对照表确定该砂所属的级配是否合格。

（4）数据处理（见表 3.1）。

表 3.1 砂子细度模数计算表

筛孔尺寸/mm	4.75	2.36	1.18	0.60	0.30	0.15	筛底
筛余质量/g							
分计筛余百分率/%							
累计筛余百分率/%							
细度模数 $M_x = \frac{(A_1 + A_2 + A_3 + A_4 + A_5 + A_6) - 5A_1}{100 - A_1}$							

根据计算出的细度模数选择相应级配范围图（见图 3.1），将累计筛余百分率 A（点）描绘在该图中，连接各点成线，并据此判断试样的级配好坏。

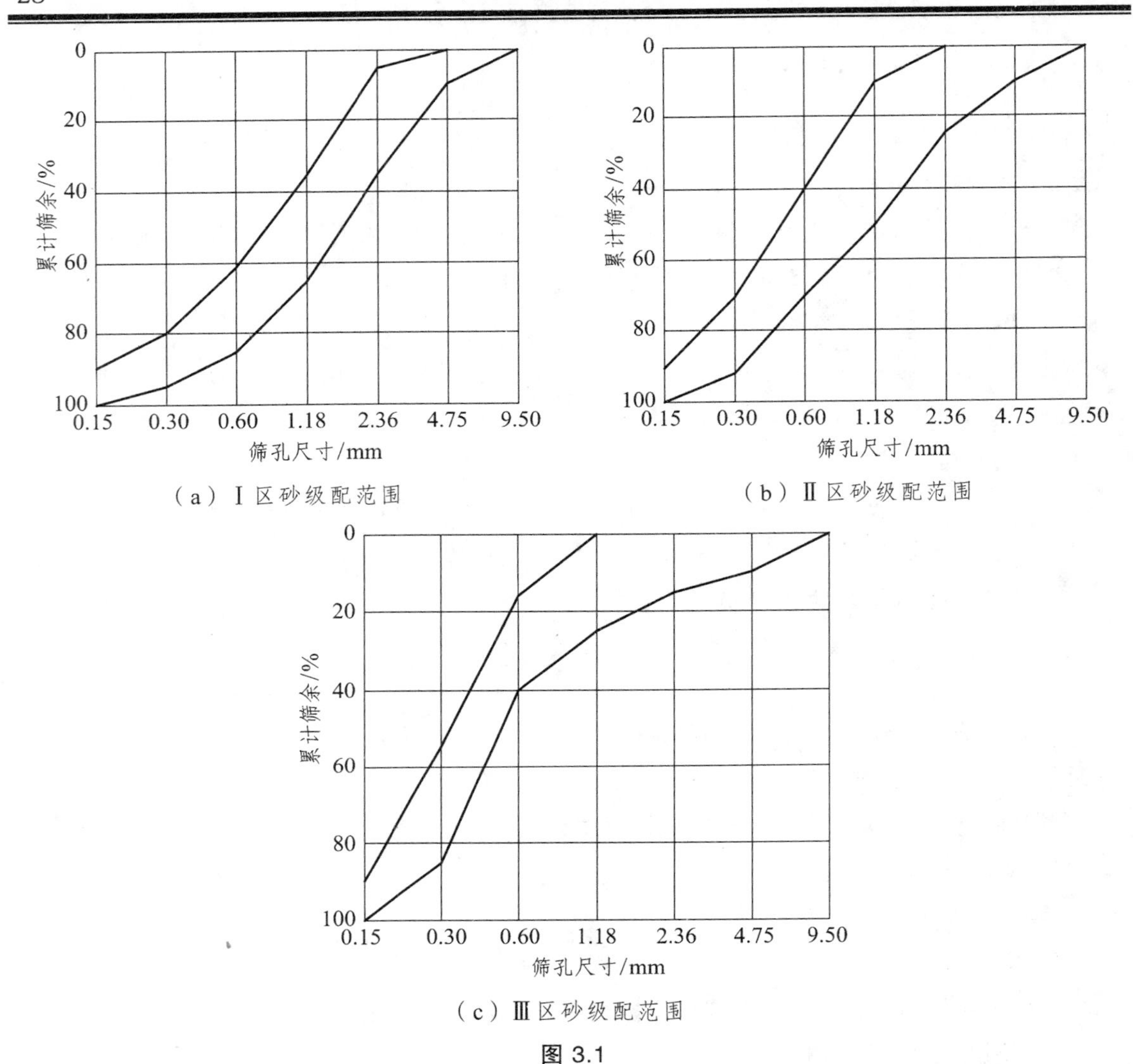

（a）Ⅰ区砂级配范围

（b）Ⅱ区砂级配范围

（c）Ⅲ区砂级配范围

图 3.1

结论：

据细度模数，此砂属于____________砂。

第三节　水泥净浆凝结时间测定

一、实验目的

测定水泥加水至开始失去可塑性（初凝）和完全失去可塑性（终凝）所用的时间，以评定水泥的凝结硬化性能。初凝时间可以保证混凝土施工过程（即搅拌、运输、浇筑、振捣）的顺利完成。终凝时间可以控制水泥的硬化及强度增长，以利于下一道施工工序的进行。

二、实验仪器

凝结时间测定仪（见图 3.2）、水泥净浆搅拌机、天平、水泥标准养护箱等。

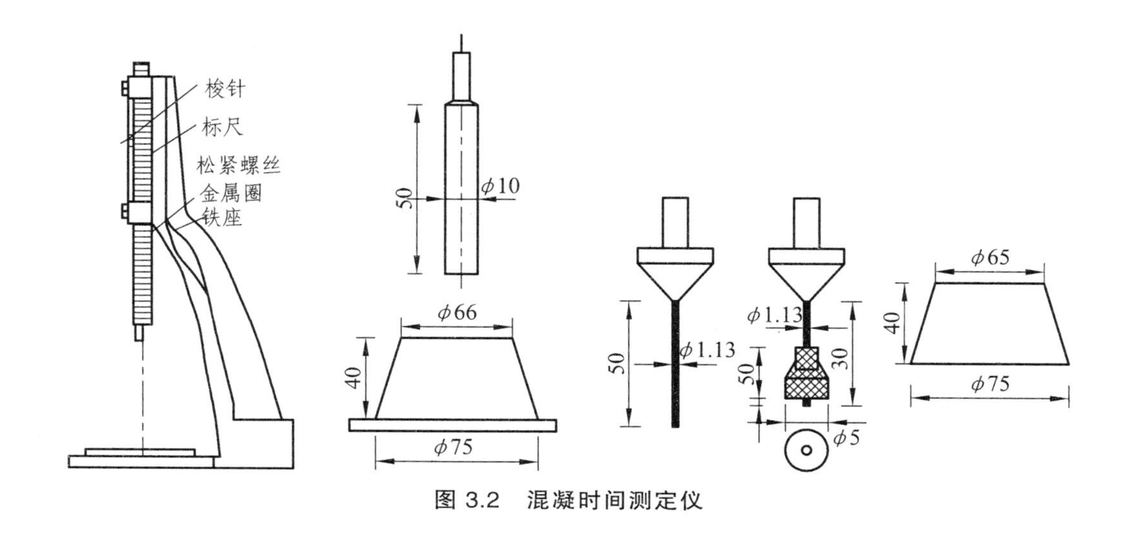

图 3.2　混凝时间测定仪

三、实验步骤

（1）称取水泥试样 500 g，按测定的标准稠度用水量乘以水泥质量数加水，搅拌制备标准稠度的水泥净浆，并记录水泥全部加入水中的时间作为凝结时间的起始时间。

（2）将试模放置在玻璃板上，内侧涂少许机油。将水泥净浆立即一次性装入试模中，振动数次刮平，然后放入湿气养护箱内。

（3）调整测定仪，使试针接触玻璃板时，指针对准零点。测定时，从养护箱中取出试模放到试针下，将试针调到与水泥净浆表面刚要接触时止住。拧紧制动螺丝 1～2 s 后，突然放松，让试针垂直自由地沉入水泥净浆。观察试针停止下沉或释放试针 30 s 时指针的读数。

测定时应注意，在最初测定的操作时应轻轻扶持金属柱，使其徐徐下降，以防试针撞弯，但结果以自由下落时为准。

（4）试件在湿气养护箱中养护至加水后 30 min 后进行第一次测定，以后隔一定时间测一次。临近初凝时，每隔 5 min 测一次；临近终凝时，每隔 15 min 测一次。到达初凝和终凝时应立即重复测一次，两次结论相同时才能定为到初凝或终凝状态。在完成初凝时间测定后，立即将试模连同浆体以平移的方式从玻璃板取下，翻转 180°，直径大端向上、小端向下放在玻璃板上，再放入湿气养护箱中继续养护。每次测定时，试针贯入的位置至少要距试模内壁 10 mm，并不得让试针落入原测试孔内；每次测定后，均须将试模放回养护箱内，并将试针擦净，整个测试过程防止试模受振。

四、实验结果分析

（1）当初凝试针沉至距底板 4 mm ± 1 mm 时，为水泥达到初凝状态；由水泥全部加入水中至初凝状态的时间为水泥的初凝时间，用“min”表示。

（2）当终凝试针沉入试体 0.5 mm，即环形附件开始不能在试体上留下痕迹时，为水泥达到终凝状态；由水泥全部加入水中至终凝状态的时间为水泥的终凝时间，用“min”表示。

第四节　普通混凝土实验

一、实验目的与要求

（1）掌握混凝土各组成材料的性质。

（2）熟悉混凝土的制备过程。

（3）理解混凝土性质各项指标。

二、实验仪器

磅秤、天平、量筒、拌板、拌铲、盛器、坍落度筒（见图 3.3）、捣棒、钢尺。

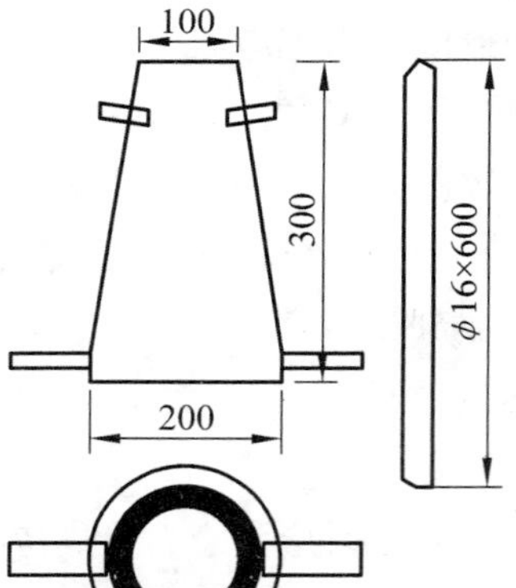

三、实验步骤

（1）按照混凝土的强度等级，计算各组成材料的配合比。

（2）根据配合比，称取各种材料。

（3）将拌板和拌铲用湿布润湿后，将砂倒在拌板上，然后加入水泥，用拌铲自拌板一端翻拌至另一端，如此反复，直至充分混合，颜色均匀。再放入称好的粗集料与之拌和，继续翻拌，直至混合均匀为止。

（4）将干混合物堆成锥形，在中间作一凹槽，将已称量好的水倒入至一半左右（勿使水流出），然后仔细翻拌并徐徐加入剩余的水，继续翻拌，每翻拌一次，用铲在混合料上铲切一次。

图 3.3　坍落度筒及捣棒

（5）拌和物稠度实验。

① 用湿布把拌板及坍落筒内外擦净、润湿，并在筒顶部加上漏斗，放在拌板上，用双脚踩紧脚踏板，使位置固定。

② 取拌好的混凝土用取样勺分三层均匀装入筒内，每层装入高度在插捣后约为筒高的 1/3，每层用捣棒插捣 25 次，插捣应呈螺旋形由外向中心进行，各次插捣均应在截面

上均匀分布；插捣第二层和顶层时，捣棒应插透本层，并使之刚刚插入下一层。在插捣顶层时，如混凝土沉落到低于筒口，则应随时添加；顶层插捣完后，刮去多余混凝土，并用抹刀抹平。

③ 清除筒边底板上的混凝土后，垂直平稳地提起坍落度筒，坍落度筒的提离过程应在 5 ~ 10 s 完成。从开始装料到提起坍落度筒的整个过程应不间断进行，并在 150 s 内完成。

④ 提起坍落度筒后，测量筒高与坍落后混凝土试体最高点之间的高度差，即为该混凝土的坍落度值。

⑤ 观察坍落后的混凝土试体的黏聚性和保水性。

四、实验结果分析

（1）根据混凝土的坍落度值判定混凝土流动性是否符合要求。

（2）根据观察坍落后的混凝土试体的黏聚性和保水性，判断混凝土是否符合实验要求。

（3）黏聚性检测方法：用捣棒在已坍落的混凝土锥体侧面轻轻敲打，此时，如锥体渐渐整体下沉，则表示黏聚性良好；如锥体崩裂或出现离析现象，则表示黏聚性不好。

（4）保水性检测方法：坍落度筒提起后，如有较多的稀浆从底部析出，锥体部分的混凝土拌和物也因失浆而集料外露，则表明保水性不好；坍落度筒提起后，如无稀浆或仅有少量稀浆自底部析出，则表明混凝土拌和物保水性良好。

第五节 水泥胶砂强度实验

一、实验的目的与意义

水泥作为主要的胶凝材料，其强度对结构混凝土的强度有决定性的影响。水泥的强度用标准的水泥胶砂试件抗折和抗压强度来表示，并根据强度测定值来划分水泥的强度等级。

二、实验仪器

胶砂搅拌机、胶砂振动台、试模、水泥电动抗折试验机、压力试验机及抗压夹具、刮刀、量筒、天平等。

三、实验步骤

（1）称料：水泥与标准砂的质量比为 1 : 3，水灰比为 0.50。每成型三条试件需称量：水泥 450 g，标准砂 1 350 g，水 225 mL（$W/C = 0.50$）。

（2）搅拌：把水加入锅中，再加入水泥，把锅放在固定架上，上升至固定位置。然后立即开启机器，低速搅拌 30 s 后，在第二个 30 s 开始的同时均匀地将砂子加入。把机器转至高速再拌 30s。停拌 90 s，在第一个 15 s 内用一胶皮刮具将叶片和锅壁上的胶砂，刮入锅中间，在高速下继续搅拌 60 s。各个搅拌阶段，时间误差应在 ± 1 s 以内，将粘在叶片上的胶砂刮下。

（3）成型：胶砂制备后立即进行成型。将空试模和模套固定在振实台上，用一个适当勺子直接从搅拌锅里将胶砂分两层装入试模：装第一层时，每个槽里约放 300 g 胶砂，用大播料器垂直架在模套顶部沿每个模槽来回一次将料层插平，接着振实 60 次；再装入第二层胶砂，用小播料器播平，振实 60 次。移走模套，从振实台上取下试模，将一金属直尺以近似 90°的角度架在试模模顶的一端，然后沿试模长度方向以横向锯割动作慢慢向另一端移动，依次将超过试模部分的胶砂刮去，并用同一直尺在近乎水平的情况下将试体表面抹平。在试模上作标记或加字条标明试件编号和试件相对于振实台的位置。

（4）养护与脱模：将成型好的试件连试模送入标准养护箱[温度(20±1)°C，湿度大于 90%]养护(22±2) h，然后取出脱模。硬化较慢的水泥允许延期脱模，但须记录脱模时间。

试件脱模后应立即放入恒温箱水槽中养护，试件间应留有空隙，水面至少高出试件 5 cm。

四、强度试验

（1）抗折强度。

① 到时间后，取出三条试件先进行抗折试验。测试前须先擦去试件表面的水分和砂粒，清洁夹具的圆柱表面。

② 将试件一个侧面放在试验机支撑圆柱上，试件长轴垂直于支撑圆柱，通过加荷圆柱以（50±10）N/s 的速度均匀地将荷载垂直地加在棱柱体相对侧面上，直至折断。

③ 以三个试件的算术平均值作为抗折强度试验结果。当三个强度值中有一个超过平均值的 ± 10%时，应剔除后再平均作为抗折强度试验结果。

（2）抗压强度试验。

① 抗折试验后的两个断块应立即进行抗压强度试验，抗压试验须用抗压夹具进行，试件的受压面积为 40 mm × 40 mm。测定前应先清除试件受压面与加压板间的砂粒或杂质，测定时应以试件侧面作为受压面，并使夹具对准压力机压板中心。

② 加荷速度控制在（2.4 ± 0.2）kN/s 范围内，均匀地加荷直至破坏。

③ 抗压强度按下式计算（精确至 0.1 MPa）：

$$R_C = F_C / A$$

式中　F_C——抗压破坏荷载（kN）；

A——受压面积（40 mm × 40 mm = 1 600 mm^2）。

④ 以一组三个棱柱体上得到的六个抗压强度测定值的算术平均值作为抗压强度试验结果。如果六个测定值中有一个超出六个平均值的 ± 10%，就应剔除这个结果，而以剩下五个的平均值为结果；如果五个测定值中再有超出它们平均值 ± 10%的，则此组结果作废。

第六节 砂浆稠度实验

一、实验目的与要求

（1）测定砂浆的基本性能。

（2）熟悉砂浆的制备过程，并熟练实验过程。

二、实验仪器

磅秤、天平、量筒、拌板、拌铲、盛器、砂浆稠度仪（见图 3.4）、捣棒、秒表。

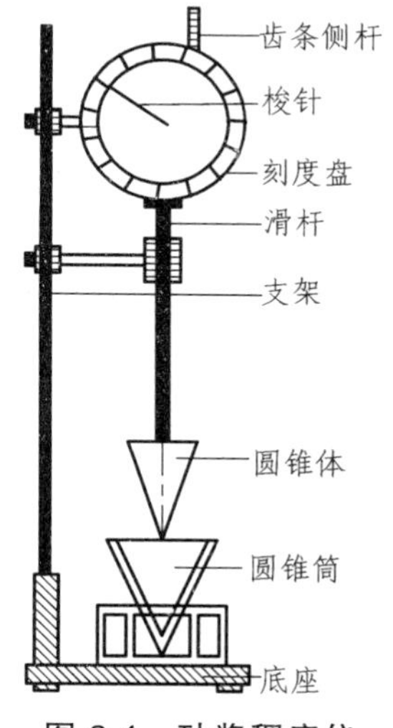

图 3.4 砂浆稠度仪

三、实验步骤

（1）按照砂浆的强度等级，计算各组成材料的配合比。

（2）根据配合比，称取各种材料。

（3）将称好的砂子倒在拌板上，然后加上水泥，用拌铲拌和至混合物颜色均匀为止。

（4）将拌和物堆成堆，在中间做一凹槽，将称好的水倒一半入凹槽，然后拌和，并逐渐加水，直至拌和物色泽一致。

（5）砂浆稠度实验。

① 将盛浆容器和试锥表面用湿布擦净，检查滑杆能否自由滑动。

② 将拌好的砂浆一次性装入圆锥筒内，装至距离筒口约 10 mm 为止，用捣棒捣 25 次，然后将筒在桌上轻轻振动或敲击 5 ~ 6 下，使之表面平整，随后移置于砂浆稠度仪台座上。

③ 放松试锥滑杆的制动螺丝，使试锥的尖端与砂浆表面接触，拧紧制动螺丝。将齿条侧杆下端接触滑杆上端，并将指针对准零。

④ 松开制动螺丝，使试锥自由沉入砂浆，同时开始计时，10 s 后立即固定螺丝，从刻度上读出下沉深度即为砂浆的稠度值。

⑤ 圆锥内的砂浆只允许测定一次稠度，重复测定时应重新取样。

四、实验结果分析

根据砂浆的稠度值来判断砂浆是否符合使用要求，以两次测定结果的算术平均值作为砂浆稠度测定结果；如测定值两次之差大于 20 mm，应重新配料测定。

第七节　砂浆分层度实验

一、实验目的与要求

测定砂浆在运输及停放时的保水能力，保水性的好坏，直接影响砂浆的使用及砌体的质量。

二、实验仪器

分层度测定仪（见图 3.5）、其他仪器同稠度实验仪器。

三、实验方法与步骤

（1）将拌和好的砂浆立即一次性注入分层度测定仪中。

（2）静置 30 min 后，去掉上层 200 mm 砂浆，然后取出底层 100 mm 砂浆重新拌和均匀，再测定砂浆稠度值（mm）。

（3）两次砂浆稠度值的差值即为砂浆的分层度。

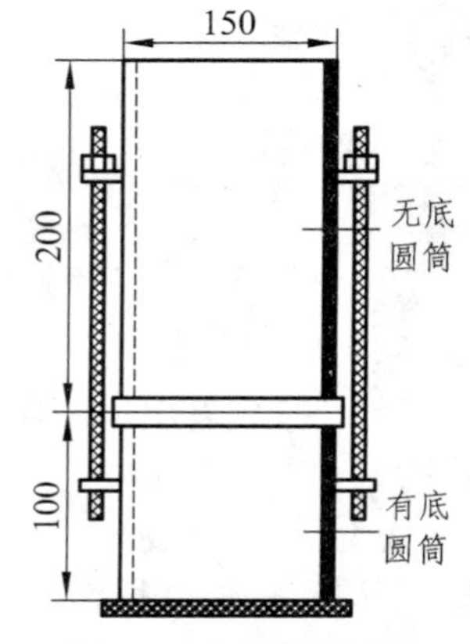

图 3.5　分层度测定仪

四、实验结果评定

以两次试验结果的算术平均值作为砂浆分层度的试验结果。砂浆的分层度宜在 10 ~ 30 mm，如大于 30 mm，易产生分层、离析、泌水等现象；如小于 10 mm，则砂浆过黏，不易铺设，且容易产生干缩裂缝。

第八节　沥青针入度实验

一、实验目的

测定出针入度可以确定石油沥青的稠度，同时针入度也是划分沥青牌号的主要指标。

二、实验仪器

针入度仪（连杆、针与砝码共重 100 ± 0.05 g，见图 3.6）、标准钢针、盛样皿、温度计、水槽（恒温水浴）、平底保温皿、金属皿或瓷皿、秒表。

三、实验准备

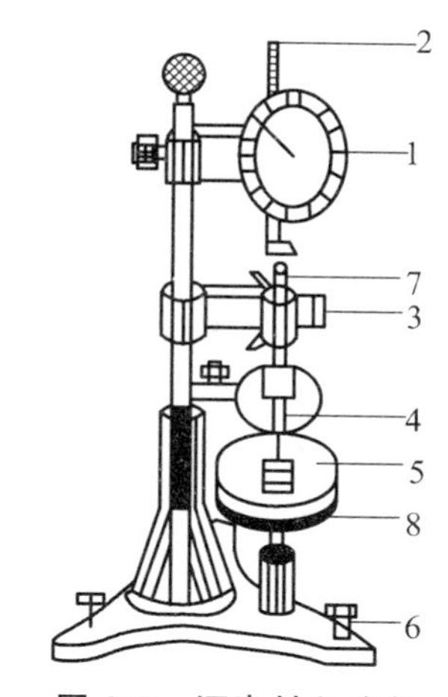

图 3.6 沥青针入度仪

1—送杆；2—连杆；3—旋钮；4—袋；5—试样；6—底脚螺丝；7—度盘；8—转盘

加热样品并不断搅拌防止局部过热，直至样品流动，但加热时间不超过 30 min。加热时，石油沥青加热温度不超过软化点 90 °C，焦油沥青的不超过软化点 60 °C。将样品注入试样皿内，其深度应大于预计穿入深度 10 mm，放置于 15 ~ 30 °C 的空气中冷却 1 ~ 1.5 h(小试样皿)或 1.5 ~ 2.0 h (大试样皿)。冷却时须注意避免灰尘落入，然后将试样皿浸入(25 ± 0.1)°C 的水浴中，水浴的水面应高于试样表面 10 mm 以上。小皿恒温 1 ~ 1.5 h，大皿恒温 1.5 ~ 2.0 h。

四、实验方法与步骤

（1）调整螺丝，使三角底座水平。

（2）用浸有溶剂（汽油）的棉花将针擦干净，然后将针插入连杆中固定。

（3）将恒温的试样皿自水槽中取出，置于水温严格控制为 25 °C 的平底保温皿中，试样表面以上的水层高度应不少于 10 mm，再将保温皿置沥青针入度仪的旋转圆形平台上。

（4）调节标准针使针尖与试样表面恰好接触，移动活杆使与标准针连杆顶端接触，并将刻度盘指标调整至“0”。

（5）用手紧压按钮，同时开动秒表，使标准针自由地针入沥青试样，经 5 s，放开按钮，使针停止下沉。

（6）拉下活杆至与标准针连杆顶端相接触，这时，指针也随之转动，刻度盘指针读数，即为试样的针入度，用 1/10 mm 表示。

（7）在试样的不同点重复试验 3 次，各测点间及测点与金属皿边缘的距离应不小于 10 mm。每次试验时，都应检查保温皿内水温是否恒定在 25 °C；每次试验后，将针取下，用浸有溶剂（汽油）的棉花将针尖端附着的沥青擦干净。

五、实验结果评定

以 3 次试验结果的平均值作为该沥青的针入度，取至整数。3 次试验所测针入度的最大值与最小值之差不应超过表 3.2 的规定，否则重测。

表 3.2 针入度限值

针入度（1/10 mm）	0 ~ 49	50 ~ 149	150 ~ 249	250 ~ 350
允许最大差值	2	4	6	8

第九节　混凝土强度实验

一、实验目的与要求

（1）掌握标准试件的制作方法。
（2）掌握材料实验机的使用方法。
（3）掌握混凝土强度的计算方法。

二、实验仪器

压力实验机、试模、捣棒、小铁铲、金属直尺、抹刀等。

三、实验步骤

（1）在制作试件前，首先要检查试模，拧紧螺栓，并清刷干净；同时在其内壁涂上一薄层脱模剂。

（2）将混凝土拌和物分两层装入试模，每层装料厚度大致相同。插捣时，用垂直的捣棒按螺旋方向由边缘向中心进行。插捣底层时，捣棒应达到试模底面；插捣上层时，捣棒应贯穿到下层深度 20 ~ 30 mm，并用抹刀沿试模内侧插入数次，以防止麻面。捣实后，刮除多余混凝土，并用抹刀抹平。

（3）试件加水养护，养护时间为 24 h 后，进行脱模编号。

（4）继续养护 28 d 后，测定其尺寸，计算受压面积。

（5）将试件安放在压力试验机的下压板上，试件的承压面应与成型时的顶面垂直。试件的轴心应与压力机下压板中心对准，开动试验机，当上压板与试件接近时，调整球座，使接触均衡。

（6）开动实验机，当上压板与试件接近时，调整球座，使接触均衡。

（7）加压时，应连续而均匀地加荷，直至试件破坏，记录荷载 F。

加荷速度：当混凝土强度等级低于 C30 时，加荷速度取 0.3 ~ 0.5 MPa/s；
当混凝土强度等级等于或大于 C30 时，加荷速度取 0.5 ~ 0.8 MPa/s。

四、实验结果计算

（1）土立方体试件的抗压强度：

$$f_{cu} = F/A$$

（2）强度的确定方法：

① 3个试件测值的算术平均值作为该组试件的强度值。

② 3个测定值中最小值或最大值中有一个与中间值的差距超过中间值的15%，则把最小值和最大值同时舍去，取中间值作为该组试件的抗压强度。

③ 如果最小值或最大值中均与中间值的差距超过中间值的15%，则该组试件的实验结果无效。

④ 混凝土抗压强度是以150 mm×150 mm×150 mm的立方体试件作为抗压强度的标准试件，其他尺寸试件的测定强度均应换算成150 mm立方体试件的标准抗压强度值，见表3.3。

表3.3 各尺寸试件换算系数

试件尺寸/mm	200×200×200	150×150×150	100×100×100
换算系数	1.05	1.00	0.95

五、数据处理

混凝土抗压强度试验记录表

试件编号	试件截面尺寸		受压面积 A /mm²	破坏荷载 F /N	抗压强度 f /MPa	平均抗压强度 f_{cu} /MPa
	试块长 a /mm	试块宽 b /mm				
1						
2						
3						

结果评定：

根据国家规定，该混凝土强度等级为：________________。

第十节 砂浆强度实验

一、实验目的与要求

（1）掌握标准试件的制作方法。

（2）掌握材料实验机的使用方法。

（3）掌握砂浆强度的计算方法。

二、实验仪器

试模、压力实验机、捣棒、刮刀等。

三、实验步骤

（1）先将试模清洗干净，并在试模的内表面涂一薄层矿物油脂，将试模放在预先铺有吸水性好的新闻纸的普通砖上。

（2）将测定砂浆稠度的砂浆重新进行均匀搅拌。

（3）向试模内一次性注满砂浆，用捣棒均匀地由外向里按螺旋方向插捣 25 次，然后在四侧用刮刀沿试模壁插捣数次，砂浆应高出试模表面 6 ~ 8 mm。当砂浆表层开始出现麻斑状态时，将高出模口的砂浆沿试模顶面削去、抹平。

（4）加水养护，养护时间为 24 h ± 1 h，立即拆模，并进行编号。

（5）继续养护至规定龄期后，测定其尺寸，计算受压面积。

（6）将试件放在承压板上，试件的承压面应与成型时的顶面垂直。

（7）开动实验机，当上压板与试件接近时，调整球座，使接触均衡。

（8）加压时，应连续而均匀地加荷，直至试件破坏，记录荷载 F。

四、实验结果计算

（1）单个试件的抗压强度按下式计算：

$$f_{cu} = F/A$$

（2）砂浆抗压强度实验值以下面方式判定：

① 按 6 个试件测量值的算术平均值作为该组试件的抗压强度值。

② 当 6 个试件的最大值或最小值与平均值之差超过 20%时，以中间 4 个试件的平均值作为该组试件的抗压强度；若均超过 20%，则本组试件无效；若均未超过 20%，则取平均值。

五、数据处理

砂浆抗压强度试验记录表

试件编号	试件截面尺寸		受压面积 A /mm²	破坏荷载 F /N	抗压强度 f /MPa	平均抗压强度 f_{cu} /MPa
	试块长 a /mm	试块宽 b /mm				
1						
2						
3						
4						
5						
6						

结果评定：

根据国家规定，该混凝土强度等级为：________________。

第四章 “水力学”实验指导

“水力学”是水利、土木、环境、机械、化工等学科的一门骨干基础课，主要研究液体（主要是水）平衡和机械运动规律及其实际应用。课程内容主要有：水静力学、水动力学基础、液流形态和水头损失、有压管道恒定流、有压管中的非恒定流、明渠恒定均匀流、明渠恒定非均匀流、堰流及闸孔出流、泄水建筑物下游水流的衔接和消能、液体运动的流场理论、恒定平面势流、渗流、量纲分析和相似原理等。目前，本课程为水利水电工程、农业水利工程专业等专业本科生的一门必修课，主要培养学生对水力学问题的分析和求解能力，帮助学生掌握一定的实验技能，为今后学习专业课程，从事相关的工程技术和科学研究工作打下坚实基础。

第一节 静水压强

一、实验目的

（1）实测容器中的静水压强。

（2）测定 X 液体的容重。

（3）通过实验，掌握静水压强的基本方法和了解测压计的应用。

二、实验设备

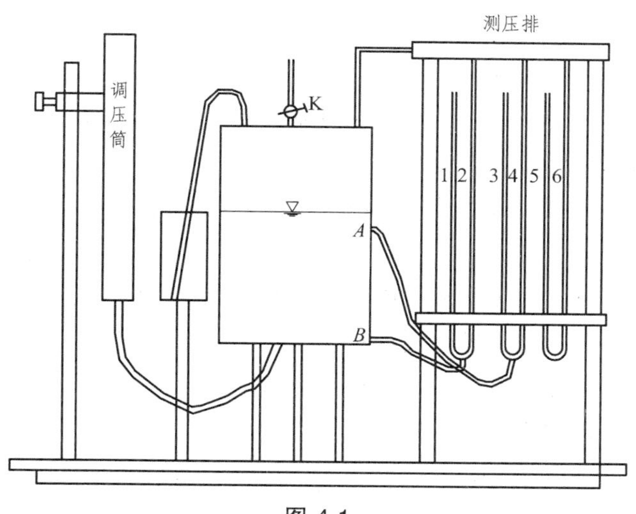

图 4.1

如图 4.1 所示，1 管和 2 管、3 管和 4 管、5 管和 6 管组成三支 U 形管，其中 5 管和 6 管组成的 U 形管装 X 液体，其余 U 形管装水。1 管、3 管和 5 管与大气连通，2 管、4 管和 6 管与水箱顶部连通。3 管和 4 管组成的 U 形管的底部与水箱的 A 点连通，1 管和 2 管组成的 U 形管的底部与水箱的 B 点连通。水箱底部与调压筒连通。

三、实验原理

利用调压筒的升降来调节水箱内液体表面压强和液体内各点的压强。

（1）根据静水压强基本公式：$p = p_0 + \rho gh$ 可得

$$p_A = \rho g_{水}(\nabla_3 - \nabla_A)$$

$$p_B = \rho g_{水}(\nabla_1 - \nabla_B)$$

（2）由于 2、4、6 管与水箱顶部连通，所以 2、4、6 管液面压强与水箱液面压强相同，于是可得

$$p_0 = \rho g_{水}(\nabla_1 - \nabla_2) = \rho g_{水}(\nabla_3 - \nabla_4) = \rho g_{X}(\nabla_5 - \nabla_6)$$

（3）若水箱内气体压强 $p_0 \neq p_a$，则 $p_1 \neq p_2$、$p_3 \neq p_4$、$p_5 \neq p_6$。

当 $p_0 < p_a$ 时，则水箱液体表面真空度 $p_k = \rho g_{水}(\nabla_2 - \nabla_1)$

用水柱高来表示为

$$h_k = \nabla_2 - \nabla_1$$

四、实验步骤

（1）认真阅读实验目的与要求、实验原理和注意事项。

（2）熟悉仪器，记录常数。

（3）第一种状况：

将调压筒放到最低位置，放开水箱顶部的弹簧夹，使水箱内部气压等于大气压，然后夹上弹簧夹，使水箱内部气体与外界大气隔断。

分三次调高调压筒。每次调高后，等到水位稳定后，记录各测压管水位读数。

（4）第二种状况：

将调压筒放到最高位置，放开水箱顶部的弹簧夹，使水箱内部气压等于大气压，然后夹上弹簧夹，使水箱内部气体与外界大气隔断。

分三次调低调压筒。每次调低后，等到水位稳定后，记录各测压管水位读数。

记录表格，见表 4.1、4.2（仅供参考）：

$$\nabla_A = 8.5\ \text{cm},\quad \nabla_B = 0\ \text{cm}$$

表 4.1 测压管水位读数记录表

状态	测次	测压管液面高程读数/cm					
		∇_1	∇_2	∇_3	∇_4	∇_5	∇_6
$p_0'>p_a$	1						
	2						
	3						
$p_0'<p_a$	1						
	2						
	3						

表 4.2 计算结果表

状态	测次	A 点相对压强 p_A/Pa $p_A=\rho g_{水}(\nabla_3-\nabla_A)$	B 点相对压强 p_B/Pa $p_B=\rho g_{水}(\nabla_1-\nabla_B)$	X 液体容重（N/cm³） $\rho g'=\dfrac{\nabla_1-\nabla_2}{\nabla_5-\nabla_6}\rho g_{水}$	水箱气体真空度 h_k/cm $h_k=\nabla_2-\nabla_1$
$p_0'>p_a$	1				
	2				
	3				
$p_0'<p_a$	1				
	2				
	3				

注意事项如下：

① 调压筒时，不能用力过猛，以免损坏仪器。

② 测读测压管水面高程时应迅速、准确，并一律以自由液面的凹面中心点位置为准。观测时，要保持眼睛、凹面中心点及刻度尺的刻度三者在同一水平面上，以排除读数误差。

五、思考题

（1）简述如何测定容器内液体任意点的静水压强。

（2）在什么状态下，U 形管两边的液面在同一水平面上？

（3）在实验中，调压筒的作用是什么？

第二节　能量方程验证实验

一、实验目的

（1）实测有压输水管路中的数据，绘制管路的测压管水头线和总水头线，以验证能量方程并观察测压管水头线沿程随管径变化的情况。

（2）掌握“体积法”测流量的方法。

（3）观察弯道水流压强分布规律。

二、实验设备

实验装置由实验桌、供水系统、回水系统、量测装置、实验管道等组成，见图 4.2。其中，实验管道由直管、收缩渐变管、扩散渐变管、弯管组成，在管道内安装有微型比托管，并有连通管与测压管相连接；实验管道壁上开有测压孔，同样有连通管与测压管相连接。

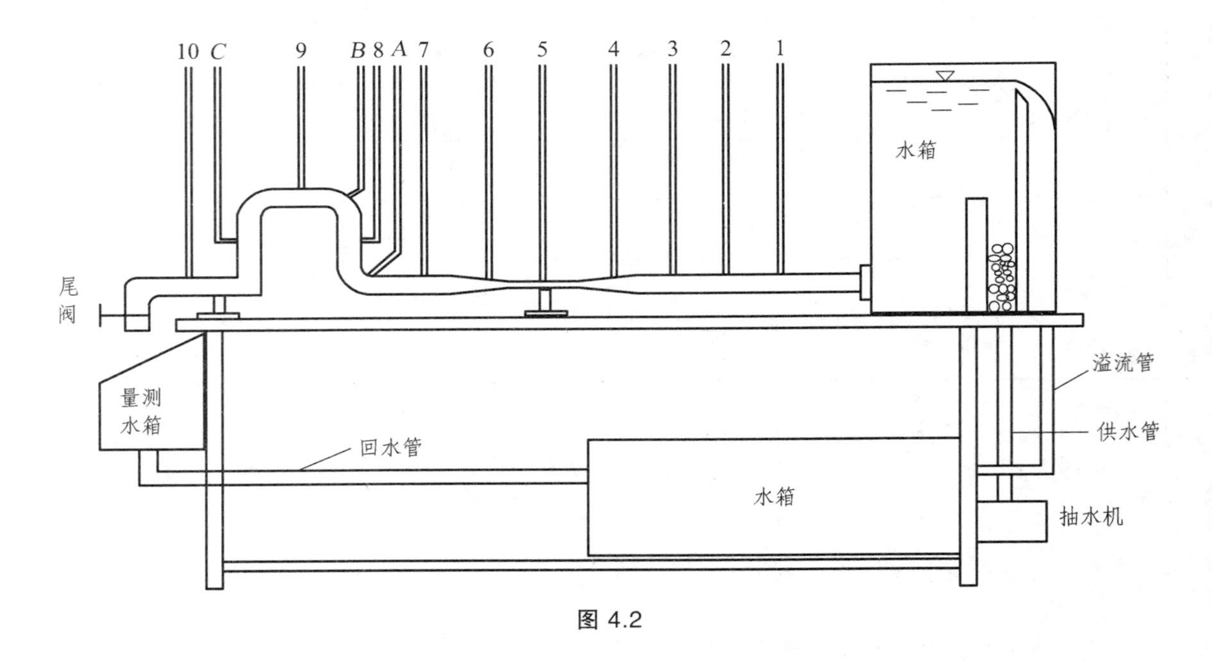

图 4.2

三、实验原理

（1）在直管、渐变管壁上开的测压孔所测的数值即是测压孔所在位置断面的测压管水头，

即 $z+\frac{p}{\rho g}$。将各断面的测压管水头水位沿流向连接起来，即是测压管水头线。

（2）用体积法可测出管道通过的流量，利用连续性方程可计算出各断面的平均流速和流速水，将各断面的测压管水头与该断面流速水头相加，即可得到该断面的总水头。各断面的总水头的连线，即为总水头线。

（3）微型比托管所测的水头为比托管管嘴所在位置的总水头。

四、实验步骤

（1）熟悉实验设备后，打开尾阀，接通电源，启动供水系统。

（2）等到供水稳定后，用吸耳球排除测压管中的气体。关闭尾阀，观察测压管中的水位是否在同一水平面上，判断是否排完气体。

（3）打开尾阀，调节流量，使测压管水位在适当高度。等到水位稳定后，开始测量。根据表 4.3 数据，完成下列作业。

表 4.3 管道断面直径、面积表

断面编号	1	2	3	4	5	6	7
直径/cm	1.9	1.9	1.9	1.45	1	1.45	1.9
面积/cm^2	2.84	2.84	2.84	1.65	0.78	1.65	2.84

水头数据记录表：

断面编号	1	2	3	4	5	6	7
测压管水头							
比托管所测总水头							

流量测定记录：（仅供参考）

有关常数：量测水箱水平面积 $A=\underline{145}$ cm^2。

测次	量测水箱			体积 V/cm^3	时间 t/s	流量 Q/（cm^3/s）	平均流量 Q/（cm^3/s）
	初高 H_1/cm	终高 H_2/cm	净高 ΔH/cm				
1							
2							

计算结果表：（仅供参考）

断面编号	1	2	3	4	5	6	7
断面平均流速 v/（cm/s）							

续表

断面编号	1	2	3	4	5	6	7
流速水头 $\frac{v^2}{2g}$/cm							
测压管水头 $\left(z+\frac{p}{\rho g}\right)$/cm							
总水头 $\left(z+\frac{p}{\rho g}+\frac{v^2}{2g}\right)$/cm							

五、注意事项

（1）流量不要太大，以免有些测压管水位过低，影响读数，甚至引起管道吸进空气，影响实验。

（2）一定要在水流恒定后才能量测。

（3）实验结束后，一定要关闭电源，拔掉电源插头。

（4）流速较大时，测压管水位有波动，读数时要读取时均值。

（5）实验时一定要注意安全用电。

六、思考题

（1）计算 1 断面和 5 断面比托管所测点流速。

（2）绘制测压管水头线和总水头线。

（3）比较比托管所测总水头和用平均流速计算出的总水头之间的大小。

（4）分析水流在直道和弯道处的测压管水头在各部位的大小情况。

第三节　文丘里实验

一、实验目的

（1）测定文丘里管流量系数μ值。

（2）绘制文丘里管的流量 Q 与压差计压差Δh 之间的关系曲线。

（3）学习、了解自动量测系统的使用方法。

二、实验设备

实验装置由实验桌、供水系统、回水系统、文丘里管等组成，其中文丘里管由收缩段、喉管和扩散段组成，见图 4.3。在收缩段和喉管上开有测压孔，并与测压管连通。实验装置另外配备有自动测压和流量自动量测系统。

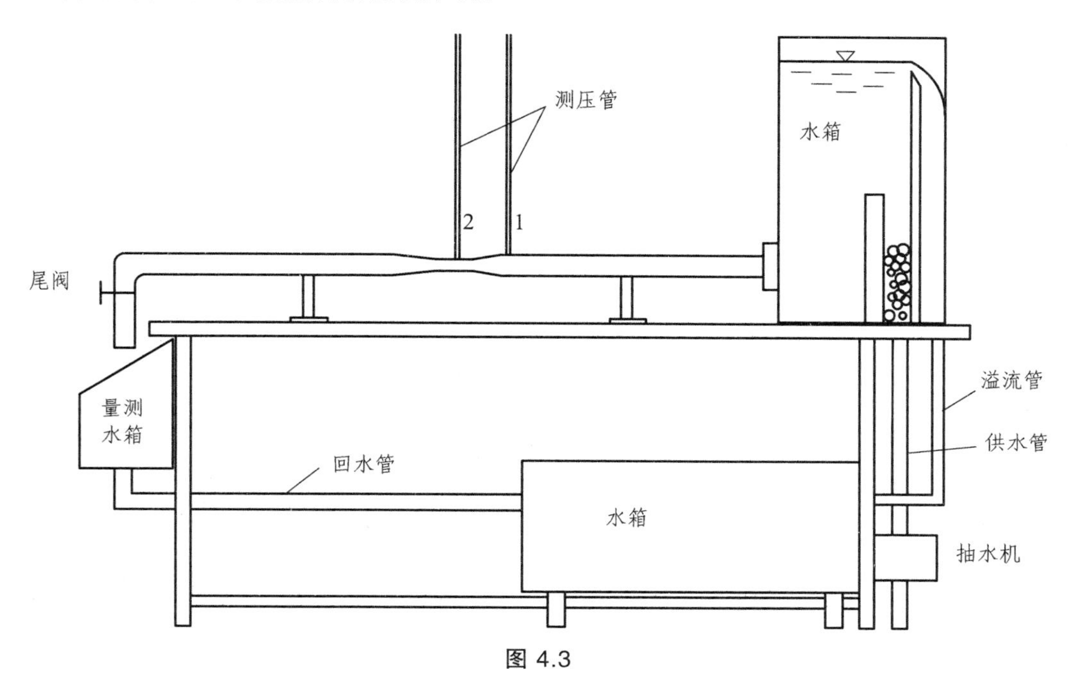

图 4.3

三、实验原理

首先列出 1 断面和 2 断面的能量方程式，并设 $a_1 \approx 1$，$a_2 \approx 1$，且不考虑两断面之间的水头损失，则有：

$$\frac{p_1}{\rho g} + \frac{v_1^2}{2g} = \frac{p_2}{\rho g} + \frac{v_2^2}{2g} \tag{4-1}$$

因为 $$v_1 A_1 = v_2 A_2$$

故 $$v_2 = v_1 \frac{A_1}{A_2}$$

代入式（4-1），得

$$\frac{p_1 - p_2}{\rho g} = \frac{v_1^2}{2g}\left[\left(\frac{A_1}{A_2}\right)^2 - 1\right]$$

$$v_1=\sqrt{\frac{2g}{\left[\left(\frac{A_1}{A_2}\right)^2-1\right]}}\sqrt{\frac{P_1-P_2}{\rho g}}$$

理论流量：$Q_T=A_1v_1=A_1\sqrt{\frac{2g}{[(\frac{A_1}{A_2})^2-1]}}\sqrt{\frac{p_1-p_2}{\rho g}}$

Q_T为文丘里的理论常数。由于实际液体在运动中存在水头损失，故实际通过的流量 Q 与理论流量 Q_T 有误差，所以把 Q/Q_T 叫做文丘里管流量系数，用μ表示：

$$\mu=\frac{Q}{Q_T}$$

四、实验步骤

（1）熟悉实验指导书，了解实验目的、原理和设备结构。

（2）打开尾阀，接通水泵电源，给水箱供水。

（3）关闭尾阀，排除管道和测压管中的气体，直到两根测压管的水位读数相等。

（4）打开尾阀，使管道通过较大流量，且测压管的水位均能读数。等到水流稳定后，开始测定测压管水位和流量，并记录。

（5）控制尾阀，减小流量，使测压管水位差减小 4 cm 左右，等到水流稳定后，继续测定。

（6）测定次数多于 6 次，且压差分布均匀，实验即可结束。

（7）关闭电源。

流量数据记录表：（仅供参考）

量测水箱水平面积：$A=\underline{145}\ \text{cm}^2$

测次	量测水箱				时间 t/s	流量 Q/（cm^3/s）	测压管水头	
	初高 H_1/cm	终高 H_2/cm	净高 ΔH/cm	体积 /cm^3			h_1/cm	h_2/cm
1								
2								
3								
4								
5								
6								

文丘里管断面直径、面积：$d_1=\underline{1.9}$ cm，$d_2=\underline{\ 1\ }$ cm，$A_1=$____cm^2，$A_2=$____cm^2

测次	测压管压差 Δh/cm	文丘里管理论常数 C_T	理论流量 Q_T/（cm^3/s）	实际流量 Q/（cm^3/s）	文丘里管流量系数 μ
1					
2					
3					
4					
5					
6					
7					

五、注意事项

（1）在实验中，一定要注意用电安全。
（2）在操作过程中，动作不要过大、过猛，以免损坏仪器。
（3）使用自动量测系统时，一定要按老师要求进行操作。

六、思考题

（1）分析文丘里流量计所测理论流量与实际流量之间的大小，并分析其原因。
（2）文丘里管能否倒装，并说明原因。
（3）绘制 Q-h 关系曲线。

第四节　孔口与管嘴出流实验

一、实验目的

（1）观察典型孔口及管嘴出流时的流动现象及圆柱形管嘴的局部真空。
（2）测定孔口及管嘴出流时的流量系数μ值。

二、实验设备

实验装置由供水系统、恒定水头水箱、回水系统和量测系统组成，见图 4.4。在恒定水头水箱的侧壁上安装管嘴（或开有孔口）。另外，配备秒表一块。

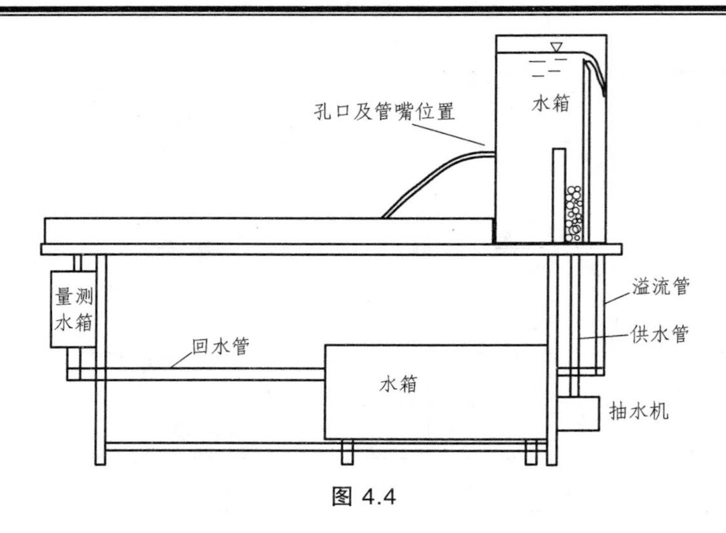

图 4.4

三、实验原理

孔口（管嘴）出流的计算公式：

$$V_c = \frac{1}{\sqrt{1+\zeta}}\sqrt{2gH} = \phi\sqrt{2gH}$$

$$Q = A_c \times V_c = \varepsilon A\phi\sqrt{2gH} = \mu A\sqrt{2gH}$$

$$\mu = \frac{Q}{A\sqrt{2gH}}$$

式中，V_c为孔口出流时收缩断面处的平均流速，H为孔口中心线上的水头，Q为流量，A_c为收缩断面的面积。

四、实验步骤

（1）接通电源，开启水泵，给水箱供水。

（2）等到水位稳定后，逐个开通孔口（管嘴），认真观察出流现象，并测量水头及流量。圆柱管嘴出流时，测量其收缩断面处的真空度。

数据记录表：

量测水箱水平面积 A = 100 cm^2

	初高/cm	终高/cm	净高/cm	时间/s	流量/（cm^3/s）	水头/cm	流量系数 μ	断面尺寸	备注
孔口（收缩）								d = 1.2 cm	
孔口（喇叭）								d = 1.2 cm	
孔口（方孔）								1.2×1.2 cm^2	

管嘴（圆柱）								$d=1.2$ cm	
管嘴（收缩）								$d=1.2$ cm	

五、注意事项

（1）接通、关闭电源时要注意安全。

（2）实验时，动作要轻，不能用力过猛，以免损坏仪器。

六、思考题

比较各孔口及管嘴的流量系数大小，并说明原因。

第五节 动量方程实验

一、实验目的

实测射流对平板或曲板的作用力，并验证恒定流动量方程式。

二、实验设备

实验装置如图 4.5 所示，由实验桌、有压供水系统、喷流装置、天平、流量量测装置和回水系统组成。

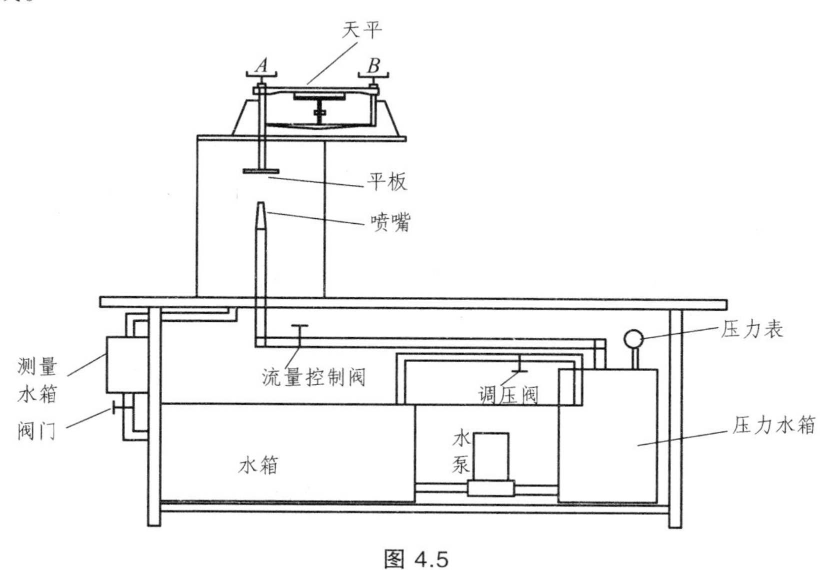

图 4.5

三、实验原理

恒定总流的动量方程为

$$\sum F = \rho Q(\beta_2 v_{2x} - \beta_1 v_{1x})$$

水流从喷嘴中，以速度射向平面（或曲面），当水流被阻挡以后，对称分开，若不考虑摩擦力的作用，水流将以同样大小的速度离开平面（或曲面），即 v_1 和 v_2 的大小相等，但方向不同。

当水流以流速 v 从喷嘴口射出，经过一个射流高度 z 到达平面（或曲面）后，其流速将变为 v_1，其关系为

$$\frac{v^2}{2g} = \frac{v_1^2}{2g} + z \quad 即 \quad v_1 = \sqrt{v^2 - 2gz}$$

根据以上情况可得动量方程：

$$R = \rho Q(v_1 - v_2\cos\alpha)$$

由于$\rho = \dfrac{\gamma}{g}$，$v_1 = v_2 = \sqrt{v^2 - 2gz}$，并设$\beta_2 = 1$、$\beta_1 = 1$，可得

$$R = \frac{\gamma}{g} Q\sqrt{v^2 - 2gz}\,(1 - \cos\alpha) \quad （\alpha 为流入方向与流出方向的夹角）$$

$$V = \frac{Q}{A} \quad （A 为喷嘴口断面面积）$$

四、实验步骤

（1）认真阅读实验目的、原理和注意事项。

（2）熟悉实验设备构造。

（3）调平天平，关闭流量调节阀。

（4）接通电源，打开水泵。稍等片刻后，调节调压阀，排除压力水箱中的气体，并将水压调。

（5）用定位件固定天平，在天平 A 端加上砝码。

（6）缓慢打开流量调节阀。调整流量大小，使天平平衡，稍等片刻后测定流量。

（7）增加砝码，再次测量。

（8）关闭流量调节阀，关闭电源，结束实验。

数据记录表：（仅供参考）

喷嘴口直径 d = 0.8cm　　喷嘴口面积 A = ______cm²

喷嘴口距平（曲）面板距离 z = ___cm　　测量水箱水平面积 S = 200 cm²　　α = ___°

测次	砝码重量 G/g	水位初高 h_1/cm	水位终高 h_2/cm	水位净高 Δh/cm	时间 t/s	流量 Q/（cm^3/s）	v/（cm/s）	v_1/（cm/s）	R/N
1									
2									
3									
4									
5									

五、注意事项

（1）在开水泵前，一定要关闭流量控制阀，以免损坏天平。

（2）控制流量时，一定要缓慢。

（3）实验做完后，要先关流量控制阀，再关水泵。

（4）实验时一定要注意用电安全。

六、思考题

（1）为什么控制流量时，一定要缓慢？

（2）比较实测作用力与计算作用力的大小，分析其原因。

第六节　雷诺实验

一、实验目的

（1）观察水流的流态，即层流和紊流现象。

（2）测定临界雷诺数。

二、实验设备

实验装置由实验桌、供水系统、实验管道、流量量测系统、流线指示装置和回水系统组成。

三、实验原理

实际液体有两种不同的运动形态，即层流和紊流。

当流速较小时，各流层的液体质点有条不紊运动，互不混杂，这种形态的流动叫做层流。当流速较大时，各流层的液体质点形成涡体，在流动过程中，互相混掺，这种形态的流动叫做紊流。

水流的形态由其流动时的雷诺数决定，即

$$雷诺数\ Re=\frac{vd}{\upsilon}$$

式中 v——管中平均流速；

d——管径；

υ——运动黏滞系数，

$$\upsilon=\frac{0.017\,75}{1+0.033\,7T+0.000\,22\,T^2}\quad（T\ 为水温）$$

据前人实验资料得知，下临界雷诺数比较稳定，$Re=2\,000$；而上临界雷诺数变化很大，一般为 5 000 ~ 20 000。因此一般认为：

$Re<2\,000$ 时，为层流；

$Re>2\,000$ 时，为紊流。

四、实验步骤

（1）熟悉实验指示书。

（2）接通电源，开启水泵给水箱供水。

（3）到水箱里的水开始溢流后，轻轻打开尾阀，使管道通过小流量，再打开指示剂开关，使颜色水流入管道。

（4）反复缓慢增大（或减小）流量，仔细观察层流和紊流现象。

（5）从大到小（或从小到大）缓慢调整流量，在临界流速时（即流态开始转换时），测定其雷诺数。

（6）实验完毕，先关闭指示剂开关，然后关闭水泵，拔掉电源。

实验记录表：（仅供参考）

管径 $d=$ ____cm　　　　水温 $T=$ ____°C

量测水箱水平面积 $A=$ ____cm^2

测次	量测水箱				时间 t/s	流量 Q /（cm^3/s）	流速 v /（cm/s）	雷诺数 Re	状态
	初高 H_1/cm	终高 H_2/cm	净高 ΔH/cm	体积 /cm^3					
1									
2									
3									
4									
5									

6									
7									
8									
9									
10									

五、注意事项

（1）调整流量时，一定要慢，且要单方向调整（即从大到小或从小到大），不能忽大忽小。指示剂开关的开度要适当，不要过大或过小。

（2）判断临界流速时，一定要准确。

（3）不要震动水箱、水管，以免干扰水流。

（4）实验时，一定要注意用电安全。

六、思考题

（1）为什么调整流量时，一定要慢，且要单方向调整?

（2）要提高实验精度，应该注意哪些问题?

第七节 管流沿程阻力实验

一、实验目的

（1）测定有压管流沿程水头损失及沿程阻力系数λ值。

（2）绘制 $\lg h_f$-$\lg v$ 和 $\lg Re$-$\lg\lambda$关系曲线，确定 $h_f = Kv^n$ 中的 n 值。

二、实验设备

实验装置由实验桌、供水系统、实验管道、流量量测水箱和回水管组成。其中在实验管道上开有两个测压孔，并安装有测压管，测压孔的距离为 L。

三、实验原理

列出 1、2 断面的能量方程：

$$z_1 + \frac{p_1}{\rho g} + \frac{\alpha_1 v_1^2}{2g} = z_2 + \frac{p_2}{\rho g} + \frac{\alpha_2 v_2^2}{2g} + h_f$$

由于管道直径不变，所以两断面流速水头相等，于是有：

$$h_f = \left(z_1 + \frac{p_1}{pg}\right) - z_2 + \frac{p_2}{pg} = \Delta h$$

即 1、2 两断面间的沿程水头损失等于两断面间的测压管水头差。

根据达西公式：

$$h_f = \lambda \frac{L}{d} \cdot \frac{V^2}{2g}$$

于是 $$\lambda = \frac{2gd}{v^2 L}，h_f = \frac{2gd}{v^2 L}\Delta h$$

式中 λ——管道沿程阻力系数；

d——实验管管径；

h_f——1、2 两断面间的沿程水头损失；

L——1、2 两断面间的距离；

v——管中平均流速；

g——重力加速度。

用体积法测定管道通过的流量 Q，由于管径已知，所以可求得平均流速 v。由此可以计算出沿程阻力系数λ。

水流在不同的流区及不同的流态下，其沿程水头损失与断面平均流速的关系是不同的。在层流状态下，沿程水头损失与断面平均流速成正比；在紊流状态下，沿程水头损失与断面的平均流速的 1.75 ~ 2 次方成正比。

四、实验步骤

（1）认真阅读实验指导书，熟悉实验目的和要求。

（2）熟悉实验装置的结构。

（3）接通电源，开启水泵给水箱供水，打开尾阀。

（4）等到水开始溢流后，排除测压管中的气体。在关闭尾阀的条件下，检查两根测压管的液位是否在同一平面上，从而判断气体是否排完。

（5）把尾阀开到最大，这时实验管道通过的流量最大，测压管的液位差最大（即压差最大）。水流稳定后，开始测量流量和压差，并做记录。

（6）减小尾阀的开度，并减小实验流量，压差的减少量控制在 4cm 左右（即压差比上次减小 2 cm）。水流稳定后，再开始测量水温、流量和压差，并做记录。

（7）重复实验，每次压差下降要均匀，直到流量为 0。检查数据无误后，关闭电源，结束实验。

数据记录表：（仅供参考）

管径 $d=$ ___cm　实验段长度 $L=70$ cm　水温 $T=$ ____°C

测量水箱面积 $S=145$ cm^2

测次	量测水箱			时间 t/s	流量 Q /（cm^3/s）	流速 v /（cm/s）	测压管/cm		λ	Re
	初高 H_1/cm	终高 H_2/cm	净高/cm				h_1	h_2		
1										
2										
3										
4										
5										
6										
7										
8										
9										
10										
11										
12										

注：初高 H_1、终高 H_2 是指测量水箱里的水位。

测次	1	2	3	4	5	6	7	8	9	10	11	12
$\lg h_f$												
$\lg v$												
$\lg Re$												
lg												

五、注意事项

（1）实验操作时，动作一定要轻，不要用力过猛，以免损坏仪器。

（2）压差下降要均匀，便于绘制曲线，提高实验精度。

（3）水位波动时，读取时均值。

（4）整理资料时，一定要注意单位的统一。

（5）实验时一定要注意用电安全。

六、思考题

（1）分析最大流量和最小流量的流态及流区。
（2）为什么调整流量时，压差下降要均匀？
（3）绘制 $\lg h_f$-$\lg v$ 和 $\lg Re$-$\lg\lambda$曲线。

第八节　管流局部阻力实验

一、实验目的

（1）测定圆管突然扩大的局部水头损失，掌握管流局部水头损失的测定方法。
（2）验证圆管突然扩大、突然缩小局部水头损失的理论公式。
（3）绘制测压管水头曲线。

二、实验设备

实验装置由实验桌、供水系统、实验管道、测压管、流量量测水箱和回水系统等组成，见图 4.6。其中，实验管道由细管到粗管的突然扩大部分、粗管到细管的突然缩小部分和弯道部分组成。

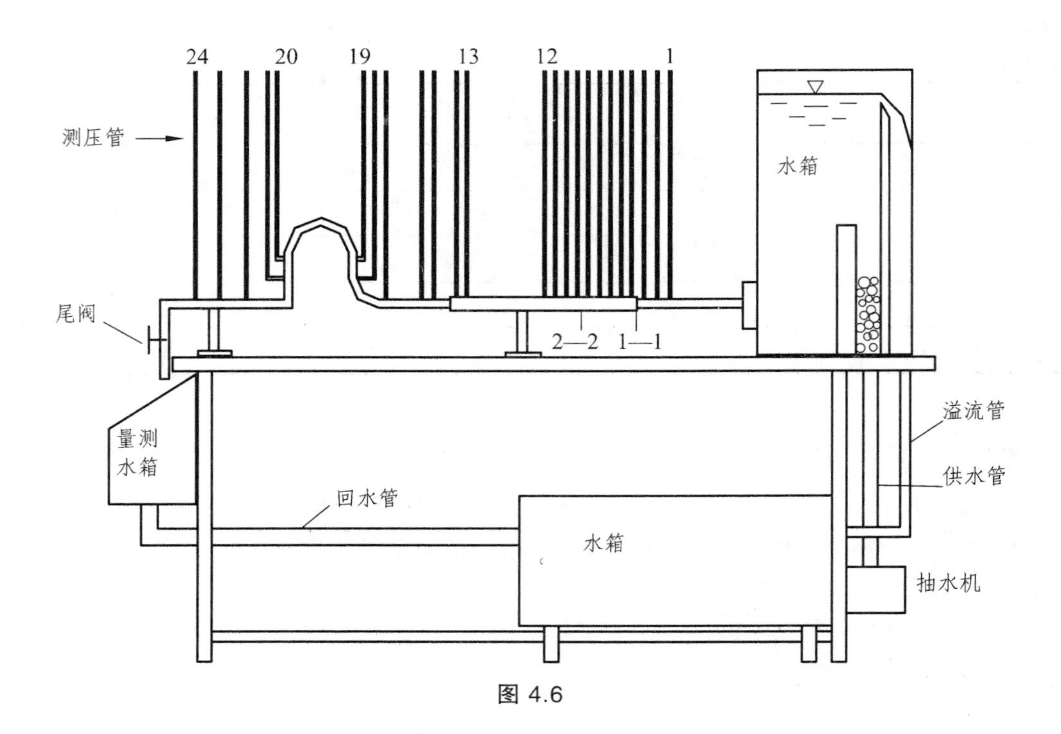

图 4.6

三、实验原理

在实际管流中，由于管径的变化或结构局部的突变，使流动结构重新调整，并产生旋涡，造成能量损失。如管道直径的突然扩大或缩小、急弯、岔口等情况。

由能量方程可知，管流突然扩大的局部水头损失即是图中 1—1 断面到 2—2 断面的水头损失，即

$$h_{j实}=\left(z_1+\frac{p_1}{\rho g}+\frac{\alpha_1 v_1^2}{2g}\right)-\left(z_2+\frac{p_2}{\rho g}+\frac{\alpha_2 v_2^2}{2g}\right)$$

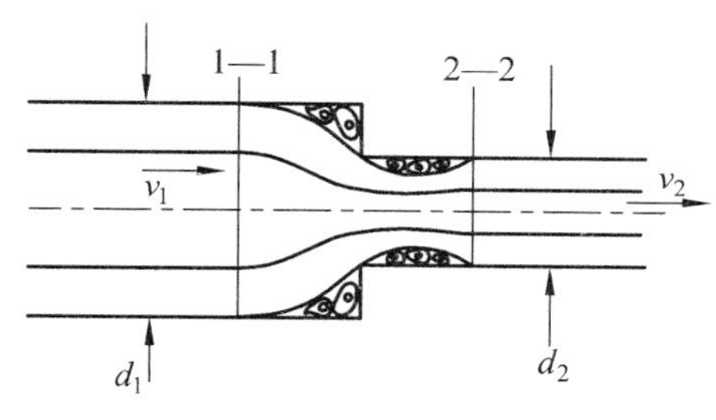

式中，α_1、α_2 取 1，测压管水头 $\left(z_1+\frac{p_1}{\rho g}\right)$、$\left(z_2+\frac{p_2}{\rho g}\right)$ 从测压管中直接读取。流速水头 $\frac{\alpha_1 v_1^2}{2g}$、$\frac{\alpha_2 v_2^2}{2g}$ 则根据体积法所测的流量 Q 和管径 d_1、d_2 算出流速 v_1、v_2 而得到。

管流突然扩大局部水头损失的理论公式：

$$h_{j理}=\left(1-\frac{A_1}{A_2}\right)^2\frac{v_1^2}{2g}=\left[1-\left(\frac{d_1}{d_2}\right)^2\right]^2\frac{v_1^2}{2g}$$

$$\zeta_{理}=\left(1-\frac{A_1}{A_2}\right)^2=\left[1-\left(\frac{d_1}{d_2}\right)^2\right]^2$$

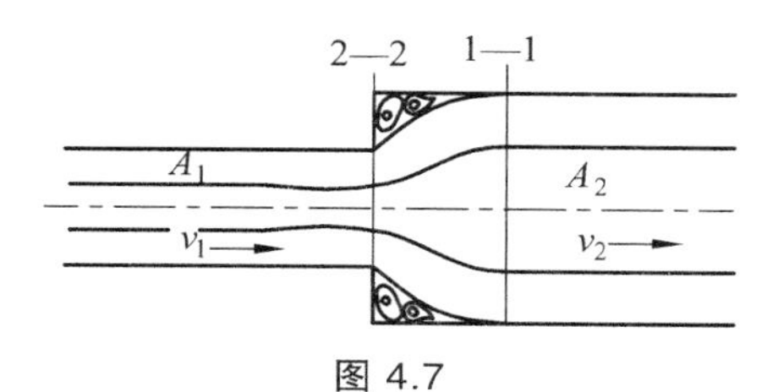

图 4.7

由能量方程可知，管道突然缩小的局部水头损失即是图中 1—1 断面到 2—2 断面的能量损失：

$$h_{j实}=\left(z_1+\frac{p_1}{\rho g}+\frac{\alpha_1 v_1^2}{2g}\right)-\left(z_2+\frac{p_2}{\rho g}+\frac{\alpha_2 v_2^2}{2g}\right)$$

式中，α_1、α_2 取 1，测压管水头 $\left(z_1+\frac{p_1}{\rho g}\right)$、$\left(z_2+\frac{p_2}{\rho g}\right)$ 直接在测压管中读取，流速水头 $\frac{\alpha_1 v_1^2}{2g}$、$\frac{\alpha_2 v_2^2}{2g}$ 则根据体积法所测流量 Q 和管径 d_1、d_2 计算出流速 v_1、v_2 后，从而得到经验公式：

$$h_j=\zeta\frac{v_2^2}{2g}$$

$$\zeta=0.5\left(1-\frac{A_2}{A_1}\right)$$

式中，ζ 叫做局部水头损失系数。

四、实验步骤

（1）熟悉实验指导书、实验装置。

（2）打开尾阀，接通电源，开启水泵，给水箱供水。

（3）等到水箱开始溢水后，关闭尾阀，排除管道、测压管中的气体，并观察测压管中的水位是否在同一水平面上。

（4）打开尾阀，使管道通过水流，并调节流量大小，使测压管水位保持在适当的高度。

（5）测量各断面的测压管水头，用测量水箱测定流量。

（6）检查数据无误后，改变流量，再次测量。

（7）关闭水泵，拔掉电源，结束实验。

五、注意事项

（1）实验时，一定要安全用电。

（2）操作时，用力不要过猛，以免损坏仪器。

（3）计算时，要注意断面的位置。

测压管水头数据表：（仅供参考）

测次	管号	1	2	3	4	5	6	7	8
1	管径/cm								
	测压管水头/cm								
	管号	9	10	11	12	13	14	15	16
	管径								
	测压管水头/cm								
	管号	17	18	19	20	21	22	23	24
	管径								
	测压管水头/cm								
2	管号	1	2	3	4	5	6	7	8
	管径								
	测压管水头/cm								
	管号	9	10	11	12	13	14	15	16
	管径								
	测压管水头/cm								
	管号	17	18	19	20	21	22	23	
	管径								
	测压管水头/cm								

流量测定数据表：（仅供参考）

测次	测量水箱水位/cm			时间 t/s	流量/（cm^3/s）		平均流量 Q /（cm^3/s）	备注
	初高 H_1	终高 H_2	净高 ΔH		Q_1	Q_2		
1								测量水箱水平面积 $A=145\ cm^2$
2								

管流突然扩大局部水头损失计算表:（仅供参考）

细管直径 $d_1 = \underline{1.4}$ cm　　粗管直径 $d_2 = \underline{2.5}$cm　局部阻力系数ζ= ____

测次	$\frac{v_1^2}{2g}$ /cm	$\left(z+\frac{p}{\gamma}\right)_1$ /cm	$\frac{v_1^2}{2g}+\left(z+\frac{p}{\gamma}\right)_1$ /cm	$\frac{v_2^2}{2g}$ /cm	$\left(z+\frac{p}{\gamma}\right)_2$ /cm	$\frac{v_2^2}{2g}+\left(z+\frac{p}{\gamma}\right)_2$ /cm	$h_{j理}$	$h_{j实}$
1								
2								

管流突然缩小局部水头损失计算表:（仅供参考）

粗管直径 $d_1 = \underline{2.5}$ cm　　细管直径 $d_2 = \underline{1.4}$ cm　局部阻力系数 ζ = ____

测次	$\frac{v_1^2}{2g}$ /cm	$\left(z+\frac{p}{\gamma}\right)_1$ /cm	$\frac{v_1^2}{2g}+\left(z+\frac{p}{\gamma}\right)_1$ /cm	$\frac{v_2^2}{2g}$ /cm	$\left(z+\frac{p}{\gamma}\right)_2$ /cm	$\frac{v_2^2}{2g}+\left(z+\frac{p}{\gamma}\right)_2$ /cm	$h_{j理}$	$h_{j实}$
1								
2								

六、思考题

（1）比较管流突然扩大的实测局部水头损失和理论局部水头损失的大小，并分析其原因。

（2）为什么管流突然扩大的 2—2 断面要取粗管上测压管水头最高的断面？

第九节　明渠断面流速分布测定

一、实验目的

（1）了解比托管的构造和测速原理，掌握用比托管测点流速的方法。

（2）了解旋桨流速仪的使用方法。

（3）绘制明渠断面垂线的流速分布曲线图。

二、实验设备

实验装置由实验水槽、比托管（或旋桨流速仪）等组成，见图 4.8。水槽宽 $b = 60$ cm，水槽底坡 $i = 0$，水槽前端安装有量水堰，为了调节水深，水槽尾部安装有尾门。

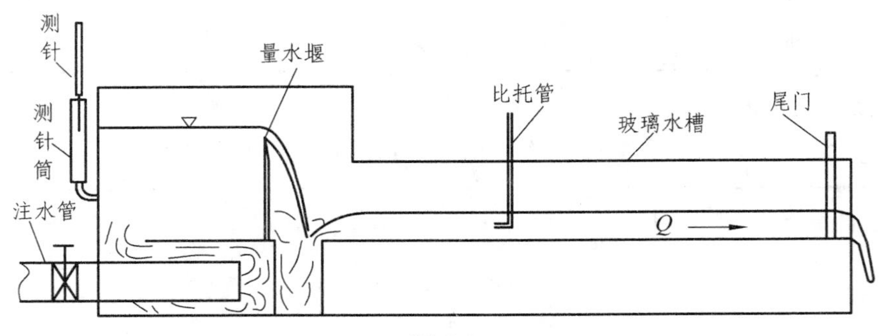

图 4.8

三、实验原理

（1）比托管测流速原理。

比托管前端和侧面都开有测压孔，分别由两根不相通的细管接入测压管。由于比托管前端对水流的阻挡，使水流到达比托管的前端面时，流速变为零，动能全部转化为压能，故比托管前端测压孔所测水头为该点总水头。比托管侧面测压孔与水流方向垂直，对流速影响很小（忽略不计），所以所测水头为该点测压管水头。

根据比托管前端孔所测总水头和侧面孔所测测压管水头，可以算出该点的流速水头，即

$$h_1 - h_2 = \frac{v^2}{2g}$$

$$v = \sqrt{2g(h_1 - h_2)}$$

式中 h_1——比托管前端孔所测总水头，$h_1 = z + \frac{P}{\gamma} + \frac{v^2}{2g}$；

h_2——比托管侧面孔所测测压管水头，$h_2 = z + \frac{P}{\gamma}$。

故

$$v = \sqrt{2g(h_1 - h_2)}$$

在实验中，为了更准确地测定，我们使用可倾斜比压计，如倾斜比压计的倾斜角为α，则在计算流速时，所测压差应乘 $\sin\alpha$。由于比托管对水流的干扰和测压孔位置的不同，故需

乘上比托管的校正系数μ，一般为 0.98 ~ 1，因此点流速为

$$v = \mu\sqrt{2g(h_1 - h_2)\sin\alpha}$$

（2）旋桨流速仪测流速原理。

旋桨和水流相对运动，桨叶受到垂直于旋桨径向的作用力，作用于每只桨叶的力对桨轴的力矩使桨叶绕轴旋转。流速是旋桨转动速率或转动周期的函数。

采用计数法测流速时，流速与脉冲数之间的关系为

$$v = K\frac{N}{t} + C$$

式中 v——流速；

N——施测时间；

K——流速系数，旋桨每转动 1/2 周水流质点前进的距离；

C——旋桨起动流速值。

周期法测流速时，流速与脉冲周期之间的关系为

$$v = 2K\frac{1}{T} + C$$

式中 T——旋桨每转动一周的时间。

四、实验步骤

（1）认真阅读实验指导书，了解实验目的。

（2）熟悉比托管（旋桨流速仪）的实际构造和使用方法。

（3）打开水槽进水阀门，将水槽水深控制在 15 ~20 cm。

（3）调平比托管测压排基座。

（4）用自来水（或真空泵）给比托管排气，气体排完后，在测压管上方放入部分空气。

（5）将比托管管头放入静水中，检查测压管读数是否相等。如果相等，则说明比托管和连通管中的气体已经排完，用弹簧夹夹好排气管；否则，继续排气。

（6）将比托管放到要测定的位置上，管头正对水流方向。

（7）将管头放到槽底，等到测压管水位稳定后读取水位值和比托管高程值。升高比托管高程 2 cm，再读数，直到水面。

五、注意事项

（1）实验中，比托管管头不能露出水面。

（2）比托管管头一定要正对水流方向。

（3）一定要等到测压管液面稳定后才读数。

六、思考题

（1）使用比托管时，为什么要排气？施测过程中，为什么比托管管头不能露出水面？

（2）测流速时，比托管管头为什么要正对水流方向？

（3）绘制断面垂线上的流速分布曲线。

比托管测流速记录表：（仅供参考）

测点编号	施测点高程∇/cm	比压计读数		压差Δh/cm	点流速 v	备注
		h_1/cm	h_2/cm			

比压计倾角α=

校正系数μ=

槽宽 B=

第十节　水面曲线演示实验

一、实验目的

在变坡有机玻璃矩形水槽中，演示棱柱体渠道中非均匀渐变流的主要几种水面曲线及其衔接形式。

二、实验设备

实验设备如图 4.9 所示，由进水口、坡度标尺、水槽、升降机、出水口等组成。

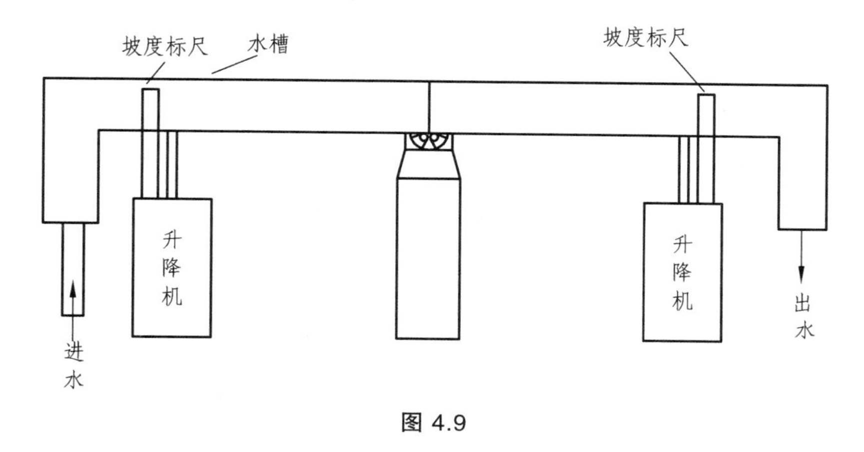

图 4.9

三、实验原理

在流量、矩形断面、尺寸为一定的明渠中，临界底坡的计算公式：

$$h_k = \sqrt[3]{\frac{q^2}{g}}$$

式中　h_k——临界水深；

q——单宽流量。

$$i_k = \frac{gA_k}{\alpha C_k^2 R_k B_k} = \frac{gx_k}{\alpha C_k^2 B_k}$$

式中，R_k、x_k、C_k 分别渠中水深为临界水深时所对应的水力半径、湿周、谢才系数。

为了区别各种坡型，需首先确定临界底坡。在已知流量的情况下，根据试算法或图解法求临界水深 h_k，然后计算出临界底坡 i_k。

另外，可以根据断面平均流速和微波相对速度的大小来判断水流的流态：

$v<v_w$时，水流为缓流；

$v=v_w$时，水流为临界流；

$v>v_w$时，水流为急流。

在水流为均匀流的状态下，水流为临界流时，水槽的底坡为临界底坡。

水面曲线根据水深划分为三个区，即当实际水深大于正常水深和临界水深时为 a 区，当实际水深在正常水深和临界水深之间时为 b 区，当实际水深小于正常水深和临界水深时为 c 区。根据底坡情况分为五类，即 1、2、3、0、“′”。由于临界坡度时 $K—K$ 先与 $N—N$ 线重合，平坡和反坡时 $N—N$ 线无限远，所以可归纳为 12 种类型的水面曲线。

水面曲线的类型和名称见表 4.4。

表 4.4 水面曲线的类型和名称表

水槽底坡情况		水面曲线符号		
		a 区	b 区	c 区
$i>0$	$i<i_k$	a_1	b_1	c_1
	$i>i_k$	a_2	b_2	c_2
	$i=i_k$	a_3		c_3
$i=0$			b_0	c_0
$i<0$			b'	c'
水面曲线类型		壅水曲线	降水曲线	壅水曲线

四、实验步骤

（1）取掉水槽中的建筑物，接通电源，开启水泵，给水槽供水。

（2）等到水流稳定后（均匀流），点击水面，观察水波的形态，并反复调整水槽坡度，当微波向上游传播的绝对速度为零时，水流为临界流，水深为临界水深，水槽坡度为临界坡度，并记录。

（3）放下闸门，插入水中。水流稳定后，观察 a_3 和 c_3 曲线，见图 4.10。

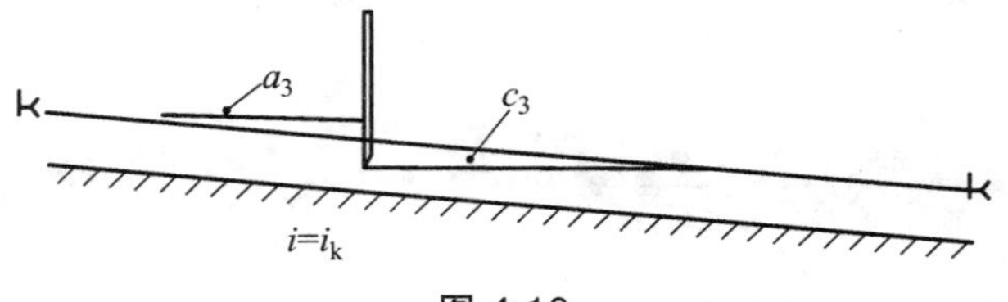

图 4.10

（4）取掉闸门，调整上下游槽底坡度，使上游坡度（为缓坡），下游坡度（为陡坡）。在水槽下游段前端出现 b_1、b_2 型降水曲线，见图 4.11。

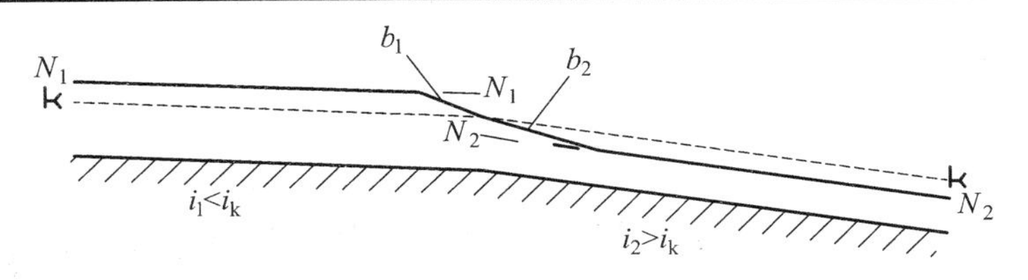

图 4.11

（5）在上下段都安上闸门，使开度都小于实际水深和临界水深，这时会出现 a_1、a_2、c_1、c_2 水面曲线，见图 4.12。

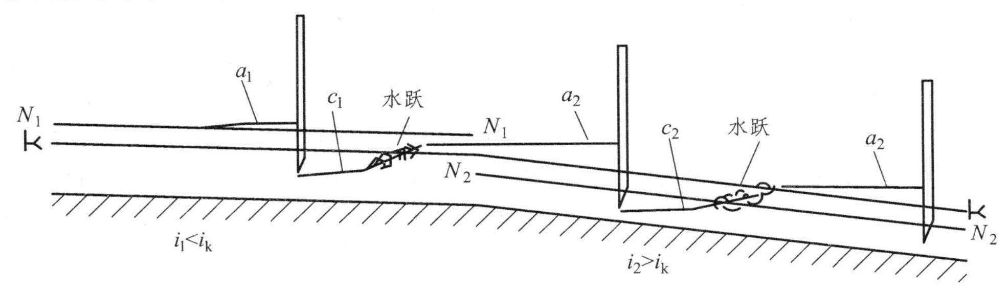

图 4.12

（6）打开闸门，将上段水槽底坡调为 0，下段水槽底坡调为逆坡，这时会出现 b_0、b'型水面曲线，见图 4.13。

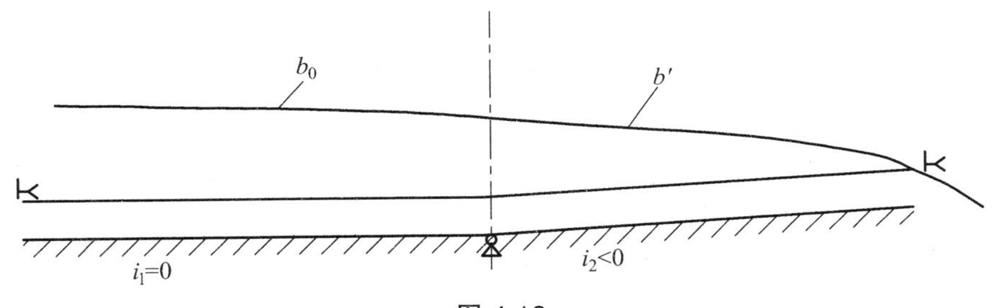

图 4.13

（7）插入闸门，这时会出现 c_0、c'型水面曲线，见图 4.14。

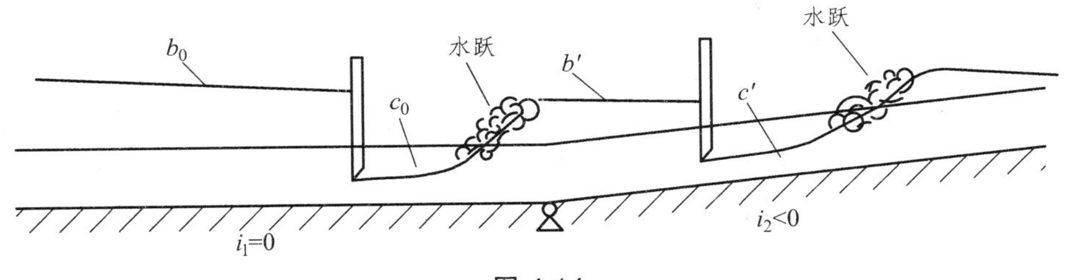

图 4.14

五、注意事项

（1）实验时，动作要轻，以免损坏有机玻璃水槽。特别在插入和抽出闸门时，一定要轻。

（2）在调节水槽坡度时，升降开关不能从升到降（或降到升），中间一定要暂停。

第五章 “工程水文学”实验指导

“工程水文学”是水文学的一个分支，是为工程规划设计、施工建设及运行管理提供水文依据的一门科学，主要分为水文分析计算和水文预报两方面。水文学的基本原理和方法，包括水文资料的收集与统计、设计洪水、流域分析计算、水质及水质评价。主要内容包括：水循环与径流形成；水文资料的观测、收集与处理；水文统计基本知识；文学知识河川径流，水文学的基本原理和方法，水文资料的收集与统计，设计洪水，流域分析计算，水质及水质评价；设计年径流及径流随机模拟；由流量资料推求设计洪水；流域产流、汇流计算；由暴雨资料推求设计洪水；排涝水文计算；水文预报；水文模型；古洪水与可能最大降水及可能最大洪水；水污染及水质模型；河流泥沙的测验及估算。

第一节 流量实验

一、实验目的

帮助学生加深对流量测验基本理论的理解，掌握河流流量与断面流速的测定方法，掌握流速仪、测深杆等仪器设备的使用方法。

要求：布置适当的垂线，测量流速和过水断面，计算流量。

二、实验原理

通过河流某一断面的流量 Q 可表示为断面平均流速 v 和过水断面面积 A 的乘积，即 $Q=v\cdot A$，因此，流量测验应包括断面测量和流速测验两部分工作。流速仪法测流，就是以上式为依据，将过水断面划分为若干部分，用普通测量的方法测算出各部分断面的面积，用流速仪测算出各部分面积上的平均流速，部分面积乘以相应部分面积上的平均流速，称为部分流量。部分流量的总和即为断面的流量。

三、主要仪器

包括流速仪、测深仪、经纬仪。

旋杯式流速仪 LS78，仪器的起转速：$v_0\leqslant 0.018$ m/s；旋杯的回转直径为 128 mm；每两次信号间旋杯的转数：1 转；检定公式的均方差 $m\leqslant \pm 2\%$。

旋杯式流速仪 LS45-2，测速范围：0.015 ~ 3.5 m/s。工作水深：0.05 ~ 3 m。（受信号线长度限制，如果入水深度超过 6 m，则要向工厂另购加长线、密封接头、加长测杆等。）工作温度：－10 °C ~ ＋45 °C。流速、流量计算：由 HR-2 型流速仪测算仪完成直读。仪器全线相对均方差≤2%。仪器每转信号数：4 个。信号接收处理：HR-2 型流速仪测算仪。

四、实验内容和步骤

（1）流速仪测速原理与点流速测定（见图 5.1）。

流速仪是用来测定水流中任意指定点沿流向水平流速的仪器。我国采用的主要有旋杯式和旋桨式两类。它们都由感应水流的旋杯器（旋杯或旋桨）、记录信号的计数器和保持仪器正对水流的尾翼等三部分组成。当仪器放入水中时，旋杯或旋桨受水流冲动而旋转，流速越大，旋转越快。根据每秒转数和流速的关系，便可计算出测点流速。流速仪转子的转速 n 与流速 v 的关系，在流速仪检定槽中通过实验率定，其关系式一般为 $v = Kn + C$（式中，K、C 分别为仪器检定常数与摩阻系数）。测流时，对于某一测点，记下仪器的总转数 N 和测速历时 T，求出转速 $n = N/T$，由式即可求出该测点的流速 v。为消除流速脉动的影响，常要求 T>100 s。

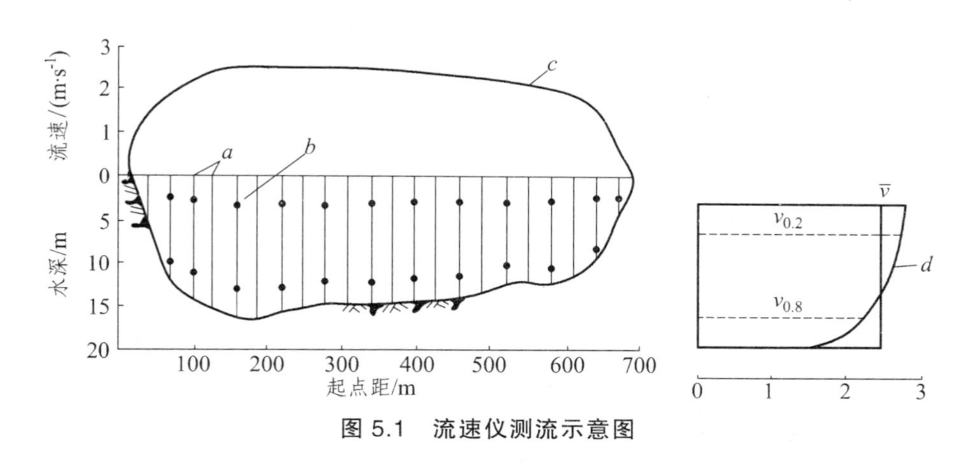

图 5.1 流速仪测流示意图

（2）流速垂线及测速点布置。

流速仪测速时，必须在断面上布设测速垂线和测速点，以计算测量断面面积上的流速。测速的方法，根据布设垂线、测点的多少繁简程度而分为精测法、常测法和简测法。流速仪测速垂线的数目主要是根据水面宽度和水深而定。具体规定见表 5.1。

表 5.1 我国精测法、常测法最少测速垂线数目的规定

水面宽/m	<5.0	5	50	100	300	1 000	>1 000
精确法	5	6	10	12 ~ 15	15 ~ 20	15 ~ 25	>25
常规法	3 ~ 5	5	6 ~ 8	7 ~ 9	8 ~ 13	8 ~ 13	>13

在每条测速垂线上，流速随水深而变化，为求得垂线平均流速，须在各测速垂线不同水深点上测速。具体要求见表 5.2。

表 5.2 精测法测速点的分布

水深/m		垂线上测点数目和位置	
悬杆悬吊	悬索悬吊	畅流期	冰期
>1.0	>3.0	五点（水面、0.2、0.6、0.8 水深、河底）	六点（水面、0.2、0.4、0.6、0.8 水深、河底）
0.4 ~ 1.0	1.5 ~ 3.0	三点（0.2、0.6、0.8 水深） 二点（0.2、0.8 水深）	
0.16 ~ 0.40	0.6 ~ 1.5	一点（0.6 或 0.5 水深）	
	<0.6	改用悬杆悬吊或其他测流方法	改用悬杆悬吊
<0.16		改用小浮标或其他测流方法	

五、流量计算

流量计算一般都以列表方式进行。方法是：由测点流速推求垂线平均流速，由垂线平均流速推求部分面积上的平均流速，部分平均流速和部分面积相乘得部分流量，各部分流量之和即为全断面流量。

（1）垂线平均流速计算。

一点法 $v_m = v_{0.6}$ 或 $v_m = (0.90 \sim 0.95)v_{0.5}$

二点法 $v_m = (v_{0.2} + v_{0.8})/2$

三点法 $v_m = (v_{0.2} + v_{0.6} + v_{0.8})/3$

五点法 $v_m = (v_{0.0} + 3v_{0.2} + 3v_{0.6} + 2v_{0.8} + v_{1.0})/10$

式中 v_m——垂线平均流速，m/s；

$v_{0.0}$，$v_{0.2}$，$v_{0.6}$，$v_{0.8}$，$v_{1.0}$——水面，0.2 H，…，河底处的测点流速，m/s。

（2）部分面积平均流速的计算。

部分面积平均流速是指两测速垂线间部分面积的平均流速，以及岸边或死水边与断面两端测速垂线间部分面积的平均流速，见图 5.2。图的下半部表示断面图，上半部表示垂线平均流速沿断面的分布图。

① 中间部分面积平均流速的计算：

$$v_2 = (v_{m1} + v_{m2})/2$$

② 岸边部分面积平均流速的计算：

$$v_1 = a v_{m1}$$

式中 a——岸边系数，与岸边性质有关，斜岸边 $a = 0.67 \sim 0.75$，陡岸边 $a = 0.8 \sim 0.9$，死水边 $a = 0.5 \sim 0.67$。

（3）部分面积计算。

部分面积以测速垂线为分界。中间部分按梯形计算，岸边部分按三角形计算（见图 5.2）

① 中间部分面积，例如 $A_2 = (H_1 + H_2) \cdot b_2/2$

② 岸边部分面积，例如 $A_1 = H_1 \cdot b_1/2$

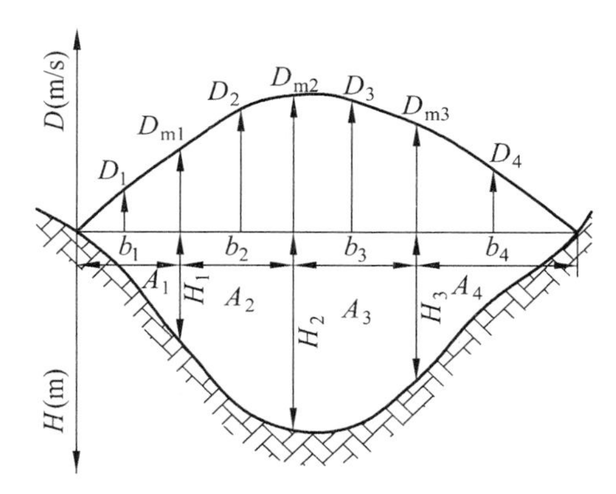

图 5.2 流量及部分面积计算示意图

（4）断面流量计算：

$$Q = A_1v_1 + A_2v_2 + \cdots + A_nv_n = q_1 + q_2 + \cdots + q_n$$

式中 q_i——各部分面积的流量。

（5）断面平均流速计算：

$$v = Q/A$$

式中 A——过水断面面积（m^2），等于各部分面积之和。

（6）相应水位的计算：

计算得到本次流量测量的成果后，在发报前，还需计算该流量对应的水位。一般计算方法为算术平均法。将流量测验开始、结束时刻对应的水位平均，即为该流量对应的水位。

六、实验要求

（1）测出各垂线的水深和起点距。

（2）测出各垂线上的点流速。

（3）计算断面流量。

用测深杆配合测流速，施测时 6 人一组，1 人指挥，3 人进行测量，1 人记录，1 人看秒表。按观测断面进行调换。

第二节　参观水文站

一、实验目的

帮助学生加深对降雨、蒸发、水位、流量测验仪器的认识，掌握部分仪器安装使用。

二、实验原理

仪器认识实习，各类水文测验实验仪器介绍（仪器的安装使用、测验原理等）。

三、实验仪器

翻斗式雨量器、E601 型水面蒸发皿、浮子式自记水位仪、流速仪、便携式超声波水深仪、气泡式自记水位仪、超声波自记水位计、泥沙采样器、遥测蒸发器、遥测水位计。

四、降雨量观测

（1）遥测雨量计（翻斗式）JTZ05-1，分辨力 0.5 mm 适用降雨强度：0 ~ 8 mm/min；测量精度：± 4% ~ 5%。电源：太阳能电池供电，配备 16 Ah/6 V 蓄电池和 12 W 太阳能电池板，可保证 30 天连续阴天，设备正常工作。

（2）数字雨量计 RW-UR-01，记录精度：当降雨强度在 0 ~ 4 mm/min 范围内变化记录误差应在 ± 4%；时间误差：3 分钟/月；分辨率：0.1 ~ 1.0 mm，（根据雨量传感器分辨率设置 0.1、0.2、0.5、1.0 mm）；传输距离：≤500 m，存储容量：128 kB，可以存储 20 000 笔雨量数据。

五、流速测量

（1）旋桨式流速仪 LS20B-LJ20，旋桨回转直径：120 mm；旋桨水力螺距：$b = 250$ mm，左旋；旋桨材料：PC 工程塑料；仪器起转速：$v_0 \leqslant 0.025$ m/s；测速范围：0.04 ~ 10 m/s；临界速度：$v_k \leqslant 0.14$ m/s；检定公式均方差：$m \leqslant 1.5\%$；仪器工作水深：$0.16\ \text{m} \leqslant H \leqslant 50$ m；两信号间转数：1 转 1 个信号。

（2）旋杯式流速仪 LS78，仪器的起转速：$v_0 \leqslant 0.018$ m/s；旋杯的回转直径：128 mm；每两次信号间旋杯的转数：1 转；检定公式的均方差 $m \leqslant \pm 2\%$。

（3）旋杯式流速仪 LS45-2，测速范围：0.015 ~ 3.5 m/s。工作水深：0.05 ~ 3 m（受信号线长度限制，如果入水深度超过 6 m 则要向工厂另购加长线、密封接头、加长测杆等）。工作温度：－10 °C ~ ＋45 °C。流速、流量计算：由 HR-2 型流速仪测算仪完成直读。仪器全线相对均方差≤2%。仪器每转信号数：4 个。信号接收处理：HR-2 型流速仪测算仪。

六、水深水位测量

（1）浮子式光电数字水位计 WFX-40，测量范围：水位变幅 10 m；测量误差：10 m 变幅范围内，累计误差绝对值≤2 cm；时间误差：3 min/月；分辨率：1 mm；水位变化率：≤50 cm/min；浮子直径：ϕ70 mm；定时 1 h；存储容量：128 kb，可以存储 20 000 笔数。

（2）便携式超声波水深仪 SSX-1D。量程：100 m；盲区：<0.5 m；最大误差：量程 × 3%。

（3）浮子式自记水位计 WFH-2A，全量；分辨率：1 cm；最大量程：40 m；浮子直径：150 mm。

（4）气泡水位计 SEBA。量程：10 m；全量程精度：小于 cm；长期稳定性：± 0.1%每年；存储容量：32 kb。

（5）超声波自记水位计 YCH-1D。设备组成：超声波传感器、温度传感器、测量端机、数据接收处理机、太阳能（10 W）、Ni-Cd 电池组（7AH）、接收处理及整编软件等相关附件。测量指标：变幅：1 ~ 10 m；分辨率：1 cm；精度：± 2 cm；概率≥95%；工作温度：– 25 °C ~ 55 °C；湿度：20% ~ 90%RH；信号输出：TTL/RS232/RS485/电流环/格雷码；工作方式：定时或连续测量。

（6）日记水位计 SW40。记录时间：24 h；时间记录误差：± 5 min/d；水位变幅：可循环连续记录；水位比例：1 : 1、1 : 2、1 : 5、1 : 10 四种；水位记录误差：水位变幅 10 m，比例为 1 : 1、1 : 2 时，误差 ± 1.5 cm；比例为 1 : 5、1 : 10 时，误差 ± 2 cm；时间（横）坐标：每小格（2 mm）表示 10 min，每大格（12 mm）表示 60 min，共 26 h；水位（纵）坐标：每小格为 1 mm，每大格为 1 cm，共 40 cm；浮筒直径：ϕ200 mm，内装 1.3 kg 砂石；环境温度：– 5° ~ 45 °C（水面不结冰）。

七、泥沙采样

（1）积时式泥沙采样器。工作水深：< 3 m；取样容积：1 900 ~ 2 000 mL；弹簧压紧力≥3.5 kg。适于河流、渠道采取过水断面预定测点的悬移质水样。

（2）瞬时泥沙采样器。采水容量 1 000 mL；误差在 2%以内；仪器质量：5 kg。

八、水面蒸发观测

（1）遥测蒸发器 FZZ-01。蒸发距离：200 mm；自动记录蒸发量；人工补水；分辨率：0.1 mm。

（2）水面蒸发器 CQSFZR。本仪器是在原 E601B 型水面蒸发器的基础上改造的。桶身改用特种玻璃钢制造，测针改用电测针和音响器。本仪器的特点是桶身防锈、防腐，仪器寿命长、隔热性能好、膨胀系数小、观测方便、可靠、精度较高，广泛应用于各级水文测站和气象部门观测水面蒸发量和降雨量。

第六章 “理论力学”实验指导

第一节 求不规则物体的重心

一、实验目的

用悬吊法和称重法求出不规则物体的重心的位置。

二、实验设备仪器

ZME-1 型理论力学多功能实验台、直尺、积木、磅秤、胶带、白纸等。

三、实验原理

（1）悬吊法求不规则物体的重心。

本方法适用于薄板形状的物体。先将纸贴于板上，再在纸上描出物体轮廓，把物体悬挂于任意一点 A，如图 6.1（a）所示，根据二力平衡公理，重心必然在过悬吊点的铅直线上，于是可在与板贴在一起的纸上画出此线。然后将板悬挂于另外一点 B，同样可以画出另外一条直线。两直线的交点 C 就是重心，如图 6.1（b）所示。

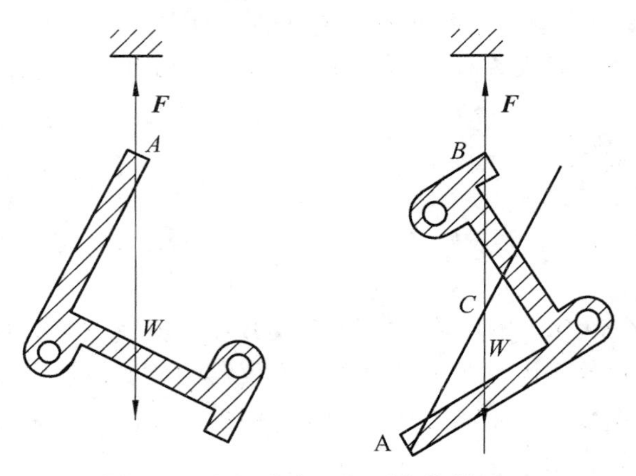

图 6.1 悬吊法求不规则物体的重心

（2）称重法求轴对称物体的重心。

对于由纵向对称面且纵向对称面内有对称轴的均质物体，其重心必在对称轴上，见图 6.2。

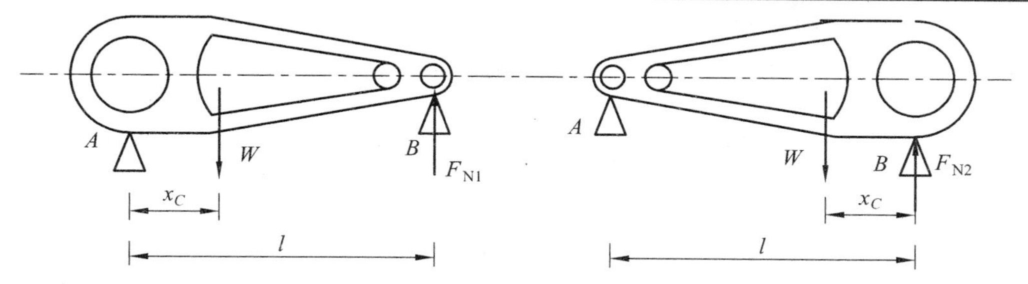

图 6.2 称重法求轴对称物体的重心

首先将物体支于纵向对称面内的两点，测出两个支点间的距离 l，其中一点置于磅秤上，由此可测得 B 处的支反力 F_{N1} 的大小；再将连杆旋转 1 800，仍然保持中轴线水平，可测得 F_{N2} 的大小。重心距离连杆大头端支点的距离 x_C。根据平面平行力系，可以得到下面的两个方程：

$$F_{N1}+F_{N2}=W$$
$$F_{N1}\cdot l-W\cdot x_C=0$$

根据上面的方程，可以求出重心的位置：

$$x_C=\frac{F_{N1}\cdot l}{F_{N1}+F_{N2}}$$

四、实验数据与处理

（1）悬吊法求不规则物体的重心，见图 6.3。

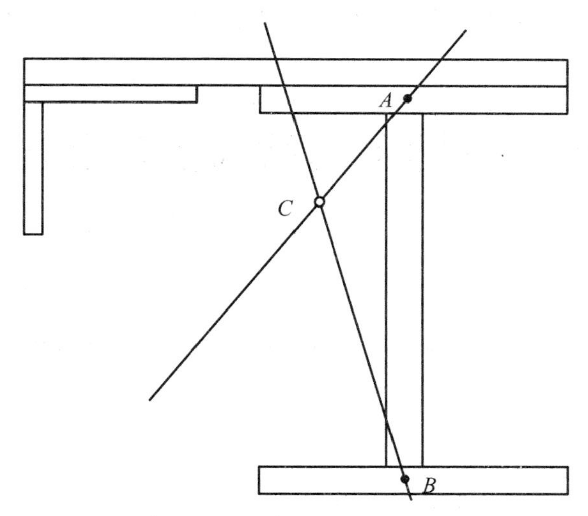

图 6.3 悬吊法求不规则物体的重心

（2）称重法求对称连杆的重心，见图 6.4。

① 将磅秤和支架放置于多功能台面上。将连杆的一端放于磅称上，另一端放于支架上，使连杆的曲轴中心对准磅秤的中心位置。并利用积木块调节连杆的中心位置使它成水平。记录此时磅秤的读数 $F_{N1}=1\ 375$ g。

② 取下连杆，记录磅秤上积木的质量 $F_{J1} = 385$ g。

③ 将连杆转 180°，重复步骤①，测出此时磅秤读数 $F_{N2} = 1\,560$ g。

④ 取下连杆，记录磅秤上积木的重量 $F_{J1} = 0$ g。

⑤ 测定连杆两支点间的距离 $l = 221$ mm。

⑥ 计算连杆的重心位置：

$$x_C = \frac{(1\,375 - 385) \times 221}{1\,375 - 385 + 1\,560} = 86\ (\text{mm})$$

重心距离连杆大头端支点的距离 $x_C = 86$ mm。

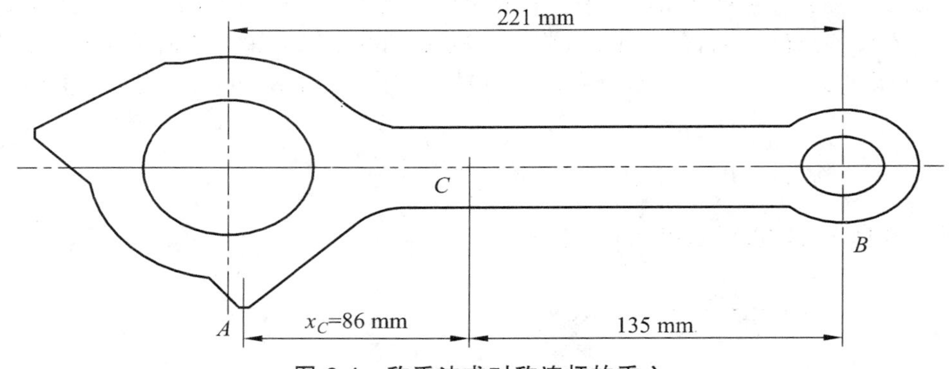

图 6.4 称重法求对称连杆的重心

五、思考题

在进行称重法求物体重心的实验中，哪些因素将影响实验的精度？

第二节 四种不同载荷的观测与理解

一、实验目的

通过实验理解渐加载荷、冲击载荷、突加载荷与振动载荷的区别。

二、实验仪器

ZME-1 型理论力学多功能实验台，磅秤，沙袋。

三、实验原理方法

（1）取出装有一定重量砂子的沙袋，将砂子连续倒在左边的磅秤上，观察磅秤的读数；（渐加载荷）

（2）将砂子倒回沙袋，并使沙袋处于和磅秤刚刚接触的位置上，突然释放沙袋；（突加载荷）

（3）将沙袋提取到一定高度，自由落下；（冲击载荷）

（4）把与沙袋重量完全相同的能产生激振力的模型放在磅秤上，打开开关使其振动。（振动载荷）

四、思考题

（1）四种不同载荷（见图 6.5）分别作用于同一座桥上时，哪一种最不安全？

（2）请简述通过这次实验的收获。

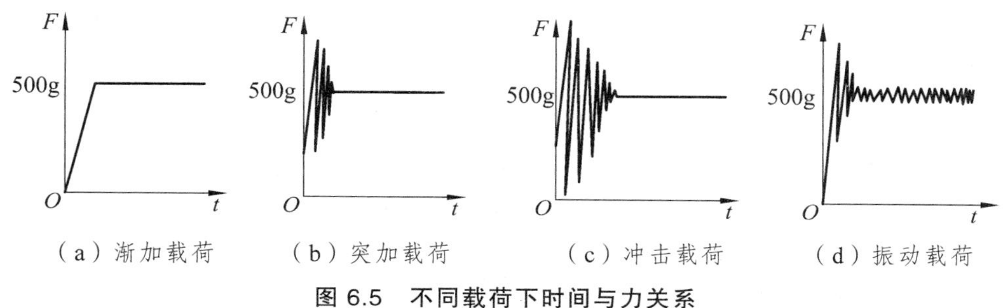

图 6.5 不同载荷下时间与力关系

第三节 转动惯量

一、实验目的

测量刚体绕轴旋转的转动惯量。

二、实验仪器

ZME-1 型理论力学多功能实验台、秒表、直尺、磁性圆柱铁等。

三、实验原理

如图 6.6 所示三线摆，均质圆盘质量为 m，半径为 R，三线摆悬吊半径为 r。当均质圆盘作扭转角为小于 6°的微振动时，有

$$r\theta = L\psi$$

系统最大动能：

$$E_{K\max}=\frac{1}{2}J_0\dot{\theta}_{\max}{}^2=\frac{1}{2}J_0\omega^2\theta_0{}^2$$

系统最大势能：

$$E_{P\max}=mgL(1-\cos\psi_0)=\frac{1}{2}mgL\psi_0{}^2=\frac{1}{2}mg\frac{r^2}{L}\theta_0{}^2$$

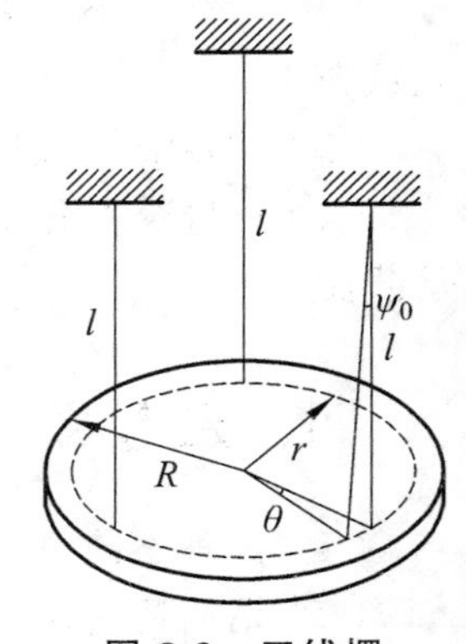

图 6.6　三线摆

式中　θ_0——圆盘的扭转振幅；

ψ_0——摆线的扭转振幅。

对于保守系统机械能守恒，即

$$E_K=E_P$$

经化简得　$$\omega^2=\frac{mgr^2}{J_0L}$$

由于　$$T=\frac{2\pi}{\omega}$$

则圆盘的转动惯量：

$$J_0=\left(\frac{T}{2\pi}\right)^2\frac{mgr^2}{L}$$

四、实验数据与处理

（1）圆盘转动惯量的理论计算与实验测量。

已知：

圆盘直径 $d=100$ mm，$R=d/2=50$ mm，厚度为 $\delta=5.5$ mm，材料密度 $\rho=7.75\times10^3$ kg/m^3，吊线半径为 $r=41$ mm。用理论公式计算圆盘转动惯量：

$$J_0=\frac{1}{2}mR^2=\frac{1}{2}\pi R^2\delta\rho R^2=\frac{1}{2}\pi\times5.5\times50^4\times10^{-15}\times7.75\times10^3=4.184\,7\times10^{-4}\ (\text{kg}\cdot\text{m}^2)$$

实验测量：转动右边手轮，使圆盘三线摆下降约 60 cm，给三线摆一个初始角（小于 6°），释放圆盘后，使三线摆发生扭转振动，用秒表记录扭转 10 次或以上的时间，算出振动周期 T。

用三线摆测周期计算圆盘转动惯量：

$$J_0=\left(\frac{T}{2\pi}\right)^2\frac{mgr^2}{L}$$

将实测和计算结果填入表 6.1 中。

表 6.1 实测与计算结果表

线长 L/cm	30	40	50	60
周期 T/s	0.95	1.09	1.22	1.34
转动惯 J_0/kg · m^2	4.206 85e^{-4}	4.153 596e^{-4}	4.162 76e^{-4}	4.184 94e^{-4}
误差/%	0.529	0.743	0.524	0.005 7

由计算结果可以看出，随着摆长的增加，测量精度提高。

（2）用等效方法求非均质（由铝合金、铜、钢、记忆合金组成）发动机摇臂的转动惯量

分别转动左边两个三线摆的手轮，让有非均质摇臂的圆盘三线摆下降至可接受的三线摆线长（≥600 mm），也使配重相同的带有磁性的两个圆柱铁三线摆下降至相同的位置。

已知等效圆柱直径 $d = 20$ mm，高 $h = 18$ mm，材料密度 $\rho = 7.75\times10^3$ kg/m^3，则两圆柱对中心轴 O 的转动惯量计算公式：

$$J_0 = 2\left(\frac{1}{2}m\left(\frac{d}{2}\right)^2 + m\left(\frac{s}{2}\right)^2\right)$$

式中 s——两圆柱的中心距。

分别以不同的中心距 s 测出相应的扭转震荡周期 T，并用理论公式计算出两个圆柱对中心轴的转动惯量 J_0，填入表 6.2 中。

表 6.2 转动惯量计算表

中心距 S/mm	30	40	50	60
周期 T/s	0.775	0.863	0.975	1.1
转动惯量 J_0/(kg·m^2)	2.41e^{-5}	3.96e^{-5}	5.29e^{-5}	8.33e^{-5}

并可绘制一定质量、一定摆长下周期与转动惯量之间的关系图（见图 6.7）。

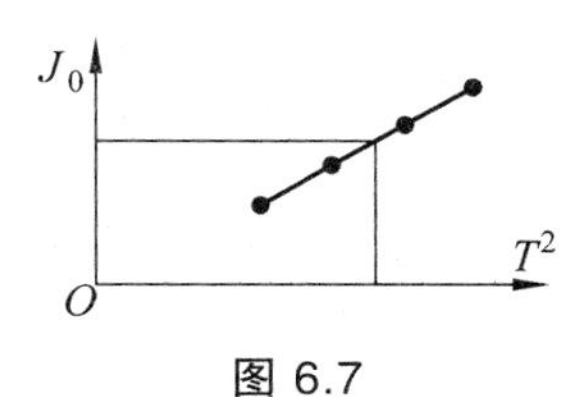

图 6.7

测出与两个圆柱等重的非均质发动机摇臂的扭转振动周期：

$$T = 0.925\ \text{s}$$

运用插入法，求得摇臂的转动惯量：

$$J_0 = 5.01\text{e}^{-5}\ \text{kg}\cdot\text{m}^2$$

五、思考题

分析发动机摇臂质心和轴心相距较大时，对实验精度的影响。

第四节　单自由度系统振动

一、实验目的

掌握单自由度振动系统固有频率 ω_n 与振动质量 m 和系统弹簧刚度 k 之间的关系：

$$\omega_\text{n}=\sqrt{\frac{k}{m}}$$

演示自激振动现象及其与自由振动和强迫振动的区别。

二、实验仪器

ZME-1 型理论力学多功能实验台、风速表、转速表、秒表等。

三、实验原理

（1）单自由度线性系统的自由振动。

由一个质量块及弹簧组成的系统，在受到初干扰（初位移或初速度）后，仅在系统的恢复力作用下在其平衡位置附近所作的振动称为自由振动。其运动微分方程为

$$m\ddot{x}+kx=0\text{（无阻尼）}$$

其解为

$$A\sin(\omega_\text{n}t+\alpha)$$

其中，$A=\sqrt{x_0^2+\dfrac{v_0^2}{\omega_\text{n}^2}}$，$\alpha=\arctan\dfrac{\omega_\text{n}x_0}{v_0}$，$\omega_n=\sqrt{\dfrac{k}{m}}$

（2）单自由度线性系统的强迫振动。

在随时间周期性变化的外力作用下，系统作持续振动称为强迫振动，该外力称为干扰力。其振动微分方程为

$$m\ddot{x}+2n\dot{x}+\omega_\text{n}^2x=h\sin\omega t\text{（有阻尼）}$$

方程全解为

$$x=Ae^{-\omega t}\sin(\sqrt{\omega_\text{n}{}^2-n^2t}+\alpha)+B\sin(\omega-\varepsilon)$$

强迫振动的振幅 B 可以表示为

$$B=\frac{B_0}{\sqrt{\left[1-\left(\frac{\omega}{\omega_n}\right)^2\right]^2+4\left(\frac{n}{\omega_n}\right)^2\left(\frac{\omega}{\omega_n}\right)^2}}$$

式中，$B_0=\frac{h}{\omega_n^{\ 2}}=\frac{H}{k}$ 称为静力偏移，表示系统在干扰力的幅值 H 的静力作用下的偏移。

（3）自激振动的基本特性。

自激振动是一种比较特殊的现象。它不同于强迫振动，因为其没有固定周期性交变的能量输入，而且自激振动的频率基本上取决于系统的固有特性。它也不同于自由振动，因为它并不随时间而衰减，系统振动时，维持振动的能量不像自由振动时一次输入，而是像强迫振动那样持续地输入。但这一能源并不像强迫振动时通过周期性的作用对系统输入能量，而是对系统产生一个持续的作用，这个非周期性作用只有通过系统本身的振动才能变为周期性的作用，能量才能不断输入振动系统，从而维持系统的自激振动。因此，它与强迫振动的一个重要区别在于系统没有初始运动就不会引起自激振动，而强迫振动则不然。

四、实验项目

（1）求单自由度系统的振动频率。

已知：高压输电模型的质量 $m=0.138$ kg，砝码规格分别为 100 g 和 200 g。

用不同砝码挂吊在半圆形模型下部中间的圆孔上，观察弹簧系统的变形，记录下质量振动的位移，见表 6.3。

表 6.3 不同质量的砝码作用下弹簧的位移

砝码重 W/N	0.98	1.96	3.92	5.88
位移 ΔL/mm	8.5	16.5	32.5	48.5

计算系统的等效刚度和振动频率：

$$k_{eq}=\frac{W}{\Delta L}=\left(\frac{0.98}{8.5}+\frac{1.96}{16.5}+\frac{3.92}{32.5}+\frac{5.88}{48.5}\right)/4=118.975\ \text{（N/m）}$$

$$f=\frac{1}{2\pi}\sqrt{\frac{k_{eq}}{m}}=\frac{1}{2\pi}\sqrt{\frac{118.975}{0.138}}=4.673\ \text{（Hz）}$$

（2）演示自激振动现象及其与自由振动和强迫振动的区别，观察并定性分析风速与振幅、风速与振动频率的关系。

开启变压器旋钮分别调至 90 ~ 200 V 共分 5 级，使风机由低速逐级增速，用转速仪、风速仪、秒表分别测出转速、风速、振幅、振动周期，并做记录（注意：记录振幅时视线应与指针保持水平，测试间隔 3 ~ 5 分钟），最后把变压器调至 0，再观察振动情况。

电压/V	90	100	110	150	0
转速/(r/m)					
风速/(m/s)					
振幅/mm					
周期/s					

分析整个过程中那段为__________振动，那段为________振动。为什么振动周期无变化？

（3）用现有的实验装置和配件演示强迫振动现象。

五、思考题

自由振动、自激振动和强迫振动的区别和各自的特点是什么？

第七章 “材料力学”实验指导

“材料力学”主要研究材料在各种外力作用下产生的应变、应力、强度、刚度、稳定和导致各种材料破坏的极限，一般是机械工程和土木工程以及相关专业的学生必须修读的课程。学习材料力学一般要求学生先修高等数学和理论力学。材料力学与理论力学、结构力学并称三大力学。材料力学的研究对象主要是棒状材料，如杆、梁、轴等。对于桁架结构的问题在结构力学中讨论，板壳结构的问题在弹性力学中讨论。

第一节 拉伸试验

拉伸试验是测定在静载荷作用下材料力学性能的一个最基本、最重要试验。通过拉伸试验中得到的屈服强度、抗拉强度、延伸率、截面收缩率等力学性能指标，是工程中强度和刚度计算的主要依据，也为工程设计中各种材料的选择提供了数据。在本次拉伸试验中，我们选择低碳钢与铸铁作为塑性材料和脆性材料的代表，分别进行试验。

一、试验目的

（1）测定低碳钢材料（塑性材料）拉伸时的屈服极限σ_s、强度极限σ_b、延伸率δ和截面收缩率ψ。

（2）测定铸铁材料（脆性材料）拉伸时的强度极限σ_b。

（3）观察两种材料拉伸过程中的各种现象、拉断后的断口情况，分析二者的力学性能。

（4）熟悉万能材料试验机和其他仪器的使用。

二、试验设备

（1）WEW-300D 微机屏显式万能材料试验机。

（2）游标卡尺。

三、拉伸试件介绍

由于试件的形状和尺寸对试验结果有一定的影响，为便于互相比较，应按统一规定加工成标准试件。按国家有关标准的规定，拉伸试件分为比例试件和非比例试件两种。在试件中部，用来测量试件伸长的长度，称为原始标距（简称标距）。比例试件的标距 L_0 与原始横截面面积 A_0 的关系规定为

$$L_0 = k\sqrt{A_0}$$

式中，系数 k 的取值为：取 5.65 时，为短试件；取 11.3 时，为长试件。对直径为 d_0 的圆截面试件，短试件和长试件的标距 L_0 分别为 5 d_0 和 10 d_0，非比例试件的 L_0 和 A_0 不受上述关系限制。

本次材料拉伸试验采用 L_0 = 10 d_0（L_0 为标距即工作段长度；d_0 为直径，d_0 = 10 mm）圆形截面试样（见图 7.1）。为确保材料处于单向拉伸状态以衡量它的各种性能，拉伸试样有工作部分、过渡部分和夹持部分。其中工作部分即标距处必须表面光滑，以保证材料表面的单向应力状态；过渡部分必须有适当的台肩和圆角，以降低应力集中，保证该处不会变形或断裂；试样两端的夹持部分是装入试验机夹头中的，起传递拉力的作用。

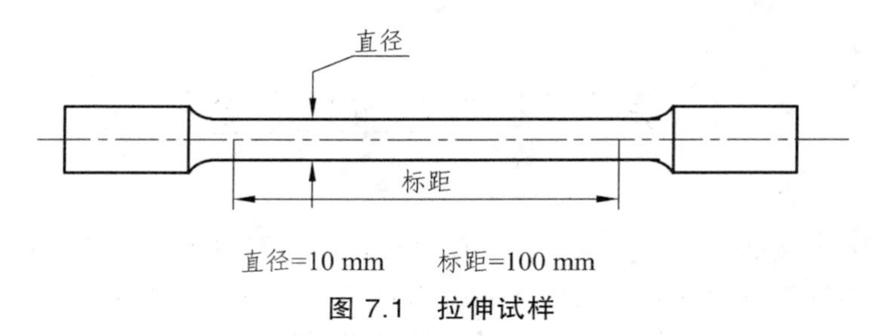

图 7.1　拉伸试样

试验前，需对低碳钢试样打标距，用试样打点机或手工的方法在试样工作段确定 L_0 = 100 mm 的标记。由于塑性材料径缩局部及其影响区的塑性变形在断后延伸率中占很大比例，显然同种材料的断后延伸率不仅取决于材质，而且取决于试样的标距。试样越短，局部变形所占比例越大，δ 也就越大。为便于相互比较，试样的长度应当标准化。

四、试验原理

（1）为了检验低碳钢拉伸时的机械性质，应使试件轴向受拉直至断裂，在拉伸过程中以及试件断裂后，测读出必要的特征数据（如屈服载荷 P_s、最大载荷 P_b、断后标距部分长度 L_1、断后最细部分截面直径 d_1）经过计算，便可得到表示材料力学性能的指标：屈服极限 σ_s、强度极限 σ_b、延伸率 δ 和断面收缩率 ψ。由此可计算：

屈服极限：$\sigma_s = \dfrac{P_s}{A_0}$；强度极限：$\sigma_b = \dfrac{P_b}{A_0}$

延伸率：$\delta = \dfrac{L_1 - L_0}{L_0} \times 100\%$；断面收缩率：$\psi = \dfrac{A_0 - A_1}{A_0} \times 100\%$

① 屈服极限 σ_s 及强度极限 σ_b 的测定。

弹性阶段过后，当到达屈服阶段时，低碳钢的 P-Δl 曲线（见图 7.2）呈锯齿形。与最高载荷 P_P 对应的应力称为上屈服点，它受变形速度和试样形状的影响，一般不作为强度指标。同样，载荷首次下降的最低点（初始瞬时效应）也不作为强度指标。一般将初始瞬时效应以

后的最低载荷 P_s，除以试样的初始横截面面积 A_0，作为屈服极限σ_s，即$\sigma_s=\dfrac{P_s}{A_0}$。

屈服阶段过后，进入强化阶段，试样又恢复了抵抗继续变形的能力，强化后的材料就产生了残余应变，卸载后再重新加载，具有和原材料不同的性质，材料的强度得到提高。但是断裂后的残余变形相对原来降低。这种常温下经塑性变形后，材料强度提高，塑性降低的现象称为冷作硬化。载荷到达最大值 P_b 时，试样某一局部的截面明显缩小，出现“颈缩”现象，试样即将被拉断。以试样的初始横截面面积 A_0 除 P_b 得强度极限σ_b，即$\sigma_b=\dfrac{P_b}{A_0}$。

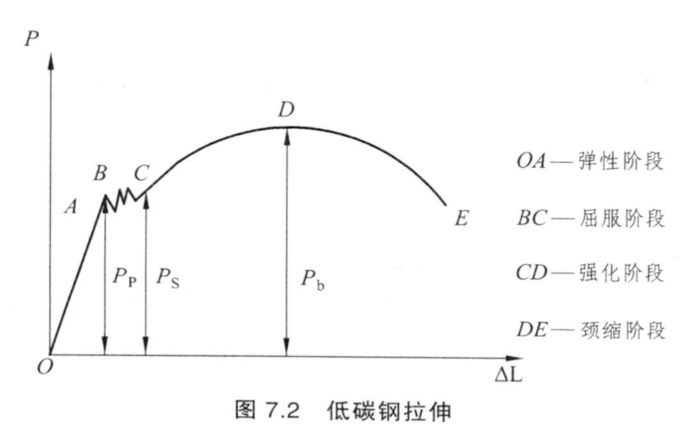

图 7.2 低碳钢拉伸

② 延伸率δ及断面收缩率ψ的测定。

试样的标距原长为 L_0，拉断后将两段试样紧密地对接在一起，量出拉断后的标距长为 L_1，断后延伸率应为

$$\delta=\frac{L_1-L_0}{L_0}\times 100\%$$

断口附近塑性变形最大，所以 L_1 的量取与断口的部位有关。对于塑性材料，断裂前变形集中在紧缩处，该部分变形最大，距离断口位置越远，变形越小，即断裂位置对延伸率是有影响的。为了便于比较，规定断口在标距中央 1/3 范围内测出的延伸率为测量标准。如断口不在此范围内，则需进行折算，也称断口移中。具体方法如下：以断口 O 为起点，在长度上取基本等于短段格数得到 B 点，当长段所剩格数为偶数时，见图 7.3（b），则由所剩格数的一半得到 C 点，取 BC 段长度将其移至短段边，则得断口移中的标距长。其计算式为

$$L_1=\overline{AB}+2\overline{BC}$$

如果长段取 B 点后所剩格数为奇数，如图 7.3（c）所示，则取所剩格数加一格之半得 C_1 点和减一格之半得 C 点，移中后标距长为

$$L_1=\overline{AB}+\overline{BC_1}+\overline{BC}$$

将计算所得的 L_1 代入式中，可求得折算后的延伸率δ。

试样拉断后，设颈缩处的最小横截面面积为 A_1，由于断口不是规则的圆形，应在两个相

互垂直的方向上量取最小截面的直径，以其平均值计算 A_1，然后按下式计算断面收缩率：

$$\psi=\frac{A_0-A_1}{A_0}\times 100\%$$

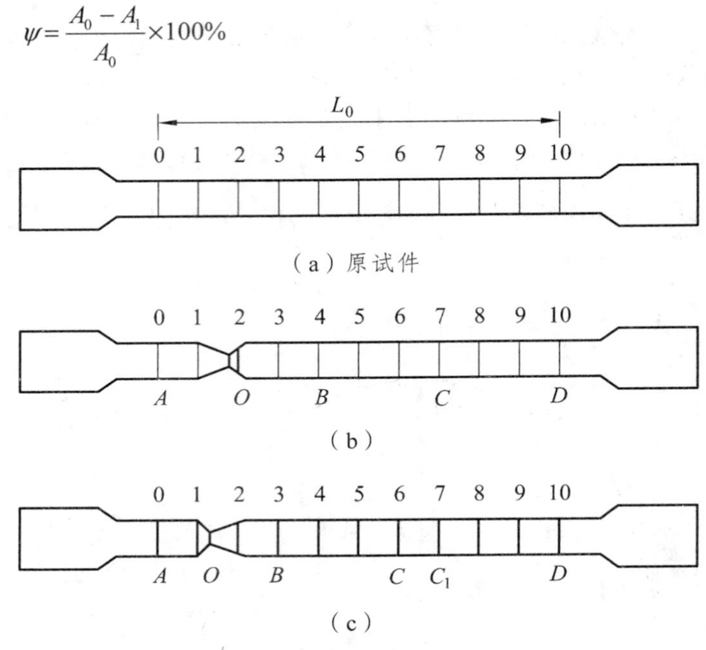

图 7.3 断口移中示意图

（2）铸铁属脆性材料，轴向拉伸时，在变形很小的情况下就断裂，故一般测定其抗拉强度极限 σ_b。

五、试验方法与步骤

（1）试件准备与尺寸测量。

用划线机划上试件的标距，并将其分成 10 格（见图 7.4），以便观察标距范围内沿轴向的变形情况。用游标卡尺测量试件标距部分的直径。在标距范围的中间及两端处，每处两个互相垂直的方向上各测量一次，取其平均值为该处直径。用所测得的三个平均值中的最小的值计算试件的横截面面积 A_0，计算 A_0 时取两位有效数字，将测得数据记录在试验报告的表格中。

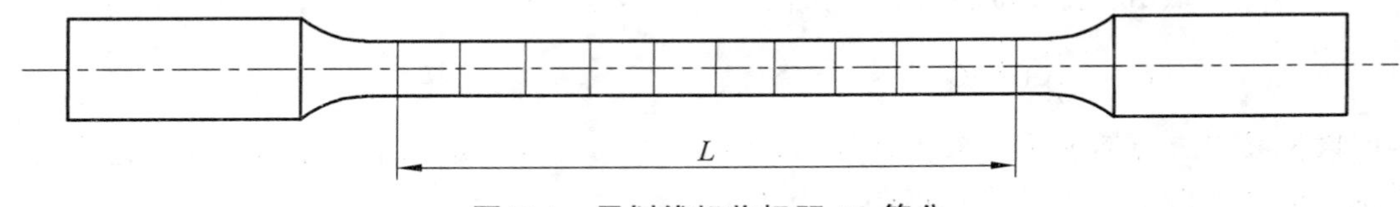

图 7.4 用划线机将标距 10 等分

（2）开机、准备进行试验。

① 接好电源线，打开计算机进入 winPws 软件界面，按油源控制柜“电源开”按钮，指示灯亮。

② 按“油泵开”按钮，启动油泵，预热 30 min（此步骤可先于其他工作提前做），根据试样尺寸把相应的钳口装入上下钳口座内，调整钳口位置，对中。

③ 逆时针旋转送油阀手轮，使工作台上升 10 mm，然后顺时针旋转送油阀手轮关闭送油阀。如果工作台已升起，则不必开泵送油。

④ 将旋钮旋至“夹紧”档，将试样一端夹持于上钳口中。

⑤ 根据试样性质，记录试样直径或厚度，并输入到 winPws。

⑥ 将横梁钳口升降到合适高度，调整零点。

⑦ 将试样另一端夹持于下钳口中。

⑧ 将旋钮旋至“工作”档，缓慢地拧开送油阀进行加荷试验。加荷应保持匀速、缓慢。测出屈服载荷 P_s 后，可稍加试验速率，最后直到将试件拉断，记录最大载荷 P_b。对铸铁试件，应缓慢匀速加载，直至试件被拉断，记录最大载荷 P_b。

⑨ 试样断裂后，关闭送油阀，取下断裂的试样。

⑩ 处理、保存试验结果，退出 winPws 软件界面，关闭计算机。

⑪ 按“油泵关”按钮，停止油泵工作。

⑫ 打开回油阀，工作台落到初始位置后按“电源关“按钮，关闭电源。

注意事项：

a. 试验过程中碎片可能飞溅，为避免发生事故，请勿靠近主机面对试样。

b. 试验结束时，将活塞降到最低位置。

（3）试验后的测量和断口的观察。

低碳钢材料拉断后，须计算其延伸率和截面收缩率，因此要测量断后标距部分长度 L_1、断后最细部分截面直径 d_1。

分析拉伸试样的断口，对于评价材料的质量是很重要的，而且还有助于判断材料的塑性、强度及其综合性能。观察低碳钢铸铁两种材料的断口，并分析原因。

低碳钢：断后有较大的宏观塑性变形，断口呈灰暗色纤维状，不完全杯锥状，周边为 45°的剪切唇——塑性较好。

铸铁：断口与正应力方向垂直，没有颈缩现象，长度没有变化，断口齐平为闪光的结晶状组织——脆性。

（4）试验后力学性能比较。

对不同材料力学性能的比较，我们主要从拉伸过程中材料表现出的不同现象和试样拉断后断裂的现象进行比较。同学们在试验过程中要仔细观察。

（5）低碳钢与铸铁强度指标与塑性指标的计算。

① 低碳钢。

屈服极限：$\sigma_s = \dfrac{P_s}{A_0}$（MPa），$1\ \text{MPa} = 1\dfrac{N}{\text{mm}^2}$

强度极限：$\sigma_b = \dfrac{P_b}{A_0}$（MPa）

延伸率：$\delta = \dfrac{(L_1 - L_0)}{L_0} \times 100\%$

断面收缩率：$\psi = \frac{(A_1 - A_0)}{A_0} \times 100\% = \frac{(d_0^2 - d_1^2)}{d_0^2} \times 100\%$

② 铸铁。

强度极限：$\sigma_b = \frac{P_b}{A_0}$（MPa）

注：以上 $A_0 = \frac{1}{4}\pi d_0^{\ 2}$，$d_0$ 为所测三个平均值中的最小值。

第二节　拉伸时低碳钢弹性模量 E 的测定

弹性模量 E 是材料的弹性常数。对于使用在重要部门（如军工）的某些材料，要严格测定 E。在新材料机械性能测定中，E 也是重要的内容。

弹性模量 E 几乎贯穿于材料力学的全部计算之中，通过本次试验对这个弹性常数建立一定的感性认识和数量概念。

一、试验目的

测定低碳钢的弹性模量 E 。

二、试验设备

（1）WEW-300D 微机屏显式万能材料试验机。
（2）游标卡尺。
（3）电子引伸仪。

三、试验原理

由材料力学可知，弹性模量是材料在弹性变形范围内应力与应变的比值，即

$$E = \frac{\sigma}{\varepsilon}$$

式中　E——材料的弹性模量；
σ——应力；
ε——应变。

因为 $\sigma = \frac{P}{A}$，$\varepsilon = \frac{\Delta L}{L_0}$，所以弹性模量 E 又可以表示为

$$E=\frac{PL_0}{A\Delta L}$$

式中 P——试验时所施加的荷载；

A——以试件直径的平均值计算的横截面面积；

L_0——引伸仪标距；

ΔL——试件在载荷 P 作用下，标距 L_0 段的伸长量。

可见，在弹性变形范围内，对试件作用拉力 P，并量出拉力 P 引起的标距内伸长 ΔL，即可求得弹性模量 E。试验时，拉力 P 值由试验机配套计算机示出，标距 $L_0=50$ mm（不同的引伸仪标距不同），试件横截面面积 A 可算出，只要测出标距段的伸长量 ΔL，就可得到弹性模量 E。

在弹性变形阶段内试件的变形很小，标距段的变形（伸长量 ΔL）需用放大倍数为 200 倍的电子引伸仪来测量。为检验荷载与变形之间的关系是否符合胡克定律，并减少测量误差，试验时一般用等增量法加载，即把载荷分成若干个等级，每次增加相同的载荷 ΔP，逐级加载。为保证应力不超过弹性范围，以屈服载荷的 70%～80%作为测定弹性模量的最高载荷 P_n。此外，为使试验机夹紧试件，消除试验机机构的间隙等因素的影响，对试件应施加一个初始载荷 P_0（本试验中 $P_0=2.0$ kN）。

试验时，从 P_0 到 P_n 逐级加载，载荷的每级增量均为 ΔP。对应每级载荷 P_i，记录相应的伸长 ΔL_i，ΔL_{i+1} 与 ΔL_i 之差即为变形增量 $\Delta(\Delta L)_i$，它是 ΔP 引起的变形（伸长）增量。在逐级加载中，如果得到的 $\Delta(\Delta L)_i$ 基本相等，则表明 ΔL 与 P 为线性关系，符合胡克定理。完成一次加载过程，将得到 P_i 与 ΔL_i 的一组数据，按平均法计算弹性模量，即

$$E=200\times\frac{\Delta P\cdot L_0}{A\cdot\bar{\Delta}(\Delta L)}$$

其中，$\bar{\Delta}(\Delta L)=\frac{1}{n}\sum_{i=1}^{n}\Delta(\Delta L)_i$，为变形增量的平均值；200 为测量变形时的放大系数。

四、试验方法与步骤

（1）测量试件的直径。在标距两端及中部三个位置上，沿互相垂直的方向，测量试件直径，以其平均值计算弹性模量。

（2）安装试件，安装引伸仪。

（3）进行预拉（只用于低碳钢拉伸试验）。为了检查机器是否处于正常状态，先把荷载预加到略小于 P_n（测定弹性模量 E 时最大荷载），然后卸载到 $0\sim P_0$。

（4）加载。在测定低碳钢的弹性模量时，先加载至 P_0，调整引伸仪读数为零或记录初始读数。加载按等增量法进行，记录每级荷载下的引伸仪读数，载荷最大加至 P_n，然后取下引伸仪。加载应保持匀速、缓慢。测出屈服载荷 P_s 后，可稍加试验速率，最后直到将试件拉断，记录最大载荷 P_b。对铸铁试件，应缓慢匀速加载，直至试件被拉断，记录最大载荷 P_b。

（5）取下试件，将试验机恢复原状，观察试件并测量有关数据。

五、计算低碳钢的弹性模量 E

$$E = 200\times\frac{\Delta P\cdot L_0}{A\cdot\bar{\varDelta}(\Delta L)}$$

其中，ΔP 为载荷增量，$\bar{\varDelta}(\Delta L)=\frac{1}{n}\sum_{i=1}^{n}\varDelta(\Delta L)_i$，为变形增量的平均值；$A=\frac{1}{4}\pi d^2$，$d$ 为平均直径。

第三节　压缩试验

在实际工程中有些构件承受压力，而材料由于受力形式的不同，其表现的机械性能也不同。因此，除了通过拉伸试验了解金属材料的拉伸性能外，有时还要作压缩试验来了解金属材料的压缩性能。一般，对于铸铁、水泥、砖、石头等主要承受压力的脆性材料才进行压缩试验，而对塑性金属或合金进行压缩试验的主要目的是为了材料研究。例如，灰铸铁在拉伸和压缩时的极限不同，因此工程上就利用铸铁压缩强度较高这一特点来制造机床底座、床身、汽缸、泵体等。

一、试验目的

（1）测定压缩时低碳钢的屈服极限σ_s、铸铁的强度极限σ_b。

（2）观察两种材料的破坏现象，并比较这两种材料受压时的特性。

二、试验设备

（1）WEW-300D 微机屏显式万能材料试验机。

（2）游标卡尺。

三、压缩试件介绍

本次压缩试验用短形试样如图 7.5 所示。试样两端须经研磨平整，互相平行，且端面须垂直于轴线。试样尺寸$\frac{H}{C}$对压缩变形量和变形抗力均有很大影响。为使结果能互相比较，必须采取相同的$\frac{H}{C}$值。此外，试样端部的摩擦力不仅影响试验结果，而且改变破断形式，应尽量减少。本次试验试样规格 $H:C=2:1$。

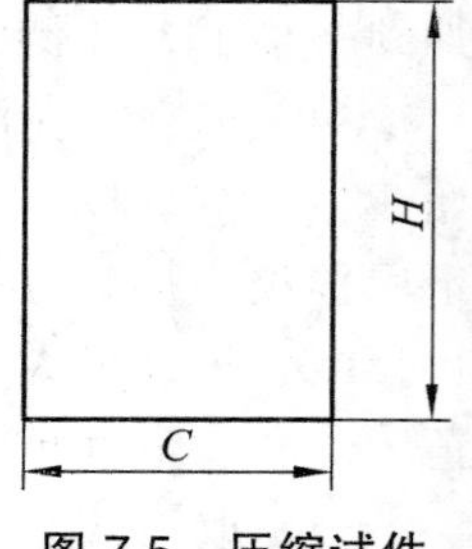

图 7.5　压缩试件

四、试验原理

压缩试验是研究材料性能常用的试验方法，对铸铁、铸造合金、建筑材料等脆性材料尤为合适。通过压缩试验观察材料的变形过程、破坏形式，并与拉伸试验进行比较，可以分析不同应力状态对材料强度、塑性的影响，从而对材料的机械性能有比较全面的认识。

当试件受压时，其上下两端面与试验机支撑之间产生很大的摩擦力，使试件两端的横向变形受到阻碍，故压缩后试件呈鼓形。摩擦力的存在会影响试件的抗压能力甚至破坏形式。为了尽量减少摩擦力的影响，试验时试件两端必须保证平行，并与轴线垂直，使试件受轴向压力。另外，端面在加工时应有较高的光洁度。

低碳钢压缩时也会发生屈服，但并不像拉伸那样有明显的屈服阶段。因此，在测定 P_s 时要特别注意观察。在缓慢均匀加载下，试验力值均匀增加，当材料发生屈服时，试验力值增加将减慢，甚至减小，这时对应的载荷即为屈服载荷 P_s。屈服之后加载到试件产生明显变形即停止加载。这是因为低碳钢受压时变形较大而不破裂，因此越压越扁。横截面增大时，其实际应力不随外载荷增加而增加，故不可能得到最大载荷 P_b，因此也得不到强度极限 σ_b，所以在试验中是以变形来控制加载的。

铸铁试件压缩时，在达到最大载荷 P_b 前出现较明显的变形然后破裂，此时试验力值迅速减小，铸铁试件最后略呈鼓形，断裂面与试件轴线大约呈 45°。

五、试验方法与步骤

（1）试验前的准备工作。

接到试样后，核对压缩试样是否与要测试的材料相符，然后检查外观是否符合要求。工程中，对于短试样用游标卡尺在互相垂直的方向上测量两次，记录数据，并将试样信息输入到 winPws。

（2）开机、准备进行试验。

① 安装压缩试验用的上下压盘，将试样放到下压盘中央，并按刻线放正。试样放置的中心线必须与压板中心线重合，避免偏心受力。

② 按下按钮盒“移动横梁：下降”，使下移动横梁向下移动，当上压盘表面和试样上表面距离间距为 2 ~ 3 mm 的位置时，停止移动。

③ 调节送油阀，使试样随工作台向上移动进行压缩试验。

④ 对于低碳钢加载时，载荷缓慢均匀增加，试样逐渐压扁，记录好其屈服载荷 P_s 后，继续开送油阀直至压成圆鼓形，观察其变形。

对铸铁材料加载时，要眼睛盯住试验力值加载，破坏时，记录最大载荷 P_b，迅速关闭送油阀，记录峰值或打印结果，保存结果，退出 winPws，关闭计算机。打开回油阀，使活塞回落至初始位置，取出试样观察其变形。

注意事项：

a. 试验过程中碎片可能飞溅，为避免发生事故，请勿靠近主机面对试样。

b. 试验结束时，将活塞降低到最低位置。

（3）试验后材料破坏情况。

观察低碳钢、铸铁两种材料的破坏变形情况（见图 7.6），分析原因：

低碳钢：试样逐渐被压扁，形成圆鼓状。这种材料延展性很好，不会被压断，压缩时产生很大的变形，上下两端面受摩擦力的牵制变形小，而中间受其影响逐渐减弱。

铸铁：压缩时变形很小，承受很大的力之后在大约 45°方向产生剪切断裂，说明铸铁材料受压时其抗剪能力小于抗压能力。

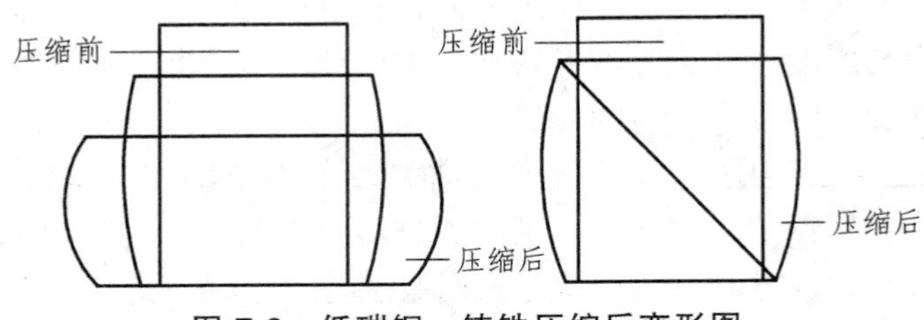

图 7.6 低碳钢、铸铁压缩后变形图

六、强度指标的计算

（1）低碳钢。

屈服极限 $\sigma_s=\dfrac{P_s}{A_0}$（MPa），$1\ \text{MPa}=1\dfrac{N}{\text{mm}^2}$

（2）铸铁。

强度极限 $\sigma_b=\dfrac{P_b}{A_0}$（MPa）

第四节 剪切试验

对于以剪断为主要破坏形式的零件，进行强度计算时，引用了受剪面上工作剪应力均匀分布的假设，并且除剪切外，不考虑其他变形形式的影响。这当然不符合实际情况。为了尽量降低此种理论与实际不符的影响，作了如下规定：这类零件材料的抗剪强度，必须在与零件受力条件相同的情况下进行测定。此种试验，叫做直接剪切试验。

一、试验目的

测定低碳钢的剪切强度极限 τ_b，观察试样破坏情况。

二、试验设备

（1）WEW-300D 微机屏显式万能材料试验机。

（2）剪切器。

（3）游标卡尺。

三、试验原理

将圆柱形剪切试样插入剪切器，用万能材料试验机对剪切器施加载荷 P，随着载荷 P 的增加，受剪面处的材料经过弹性、屈服等阶段，最后沿受剪面发生剪断裂。取出剪断了的三段试样，可以观察到两种现象。其中一种现象是这三段试样略带些弯曲，如图 7.7 所示。

它表明：尽管试样是剪断的，但试样承受的作用却不是单纯的剪切，而是既有剪切也有弯曲，不过以剪切为主。

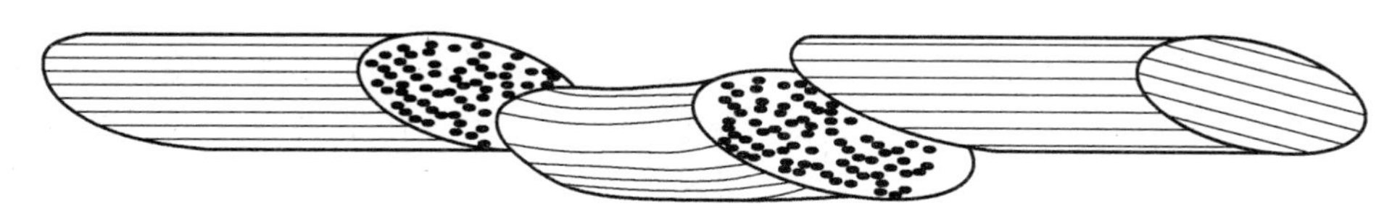

图 7.7 试样弯曲变形

另一种现象是断口明显的区分为两部分：平滑光亮部分与纤维状部分。断口的平滑光亮部分，是在屈服过程中形成的。在这个过程中，受剪面两侧的材料有较大的相对滑移却没有分离，滑移出来的部分与剪切器是密合接触的，因而磨成了光亮面。断口的纤维部分，是在剪断裂发生的瞬间形成的。在此瞬间，由于受剪面两侧材料又有较大的相对滑移，未分离的截面面积已缩减到不能再继续承担外力，于是产生了突然性的剪断裂。剪断裂是滑移型断裂，纤维状断口正是这种断裂的特征。

四、试验方法与步骤

（1）测量试样截面尺寸。测量部位应在受剪面附近，用游标卡尺在两个互相垂直的方向上各测量一次，取其平均值为该处直径，用所测得的直径 d 计算横截面积 A，将所得的数据记录在试验报告的表格中，并输入计算机。

（2）安装剪切器及试样，进行剪切试验并读取最大载荷。将剪切支座放置到工作台上，剪切块放置在剪切支座之间，试样从中间插入。上压头用紧固螺钉紧固在下移动横梁上。打开送油阀，使工作台上升，移动剪切支座，使上压头对准活动剪切块，开始进行剪切试验。加载直到试样剪断，读取最大载荷 P_b。

（3）试验完毕，做好常规的清理工作，填写试验数据。

五、强度指标计算

剪切强度极限 $\tau_b = \dfrac{P_b}{A}$（MPa），$1\ \text{MPa} = 1\ \dfrac{N}{\text{mm}^2}$

第八章 “岩石力学”实验指导

“岩石力学”是一门研究岩石在外界因素（如荷载、水流、温度变化等）作用下的应力、应变、破坏、稳定性及加固的学科，又称岩体力学，是力学的一个分支。岩石力学的研究目的在于解决水利、土木工程等建设中的岩石工程问题。它是一门新兴的、与有关学科相互交叉的工程学科，需要应用数学、固体力学、流体力学、地质学、土力学、土木工程学等知识，并与这些学科相互渗透。

第一节 蜡封法测定岩石的干容重

一、试验目的

掌握蜡封法测定岩石干容重的方法。

二、试验仪器

石蜡、熔蜡锅、天秤、细线、烘箱、干燥箱、水中称量装置。

三、岩样制备

选取有代表性的边长约 40 mm 的近似立方体岩石，选 3 块，削除试件表面的松、浮土以及尖锐棱角。

四、测定步骤

（1）用细线系住岩样，放入烘箱中烘至恒重后取出，放在干燥器内冷却至室温，称重得 g_1。

（2）将石蜡加热至刚过熔点，手持细线将岩样浸入石蜡中，使岩样表面覆盖一薄层严密的石蜡。若岩样蜡膜上有气泡，需用热针刺破气泡，再用石蜡填充针孔，涂平孔口。冷却后在天平上称得蜡封岩样重 g_2。

（3）将蜡封岩样浸没在纯水中，用水中称量装置称得重 g_3。

（4）将蜡封试件从水中取出，擦干石蜡表面水分，在空气中称其重量 g_4，将其与步骤（2）

中所称重量相比，若重量增加，表示水分进入试件中；若浸入水分质量超过 0.03 g，应舍去该组数据。

（5）计算平均值。

五、计算结果

（1）把测定的数据记录到记录表里。

（2）按公式计算干容重：

$$\gamma_d = \frac{g_1}{\dfrac{g_2 - g_3}{\gamma_W} - \dfrac{g_2 - g_1}{\gamma_\mu}}$$

式中 γ_d——干容度；

γ_W——水的容重；

γ_μ——蜡的容重。

（3）计算平均值。见表 8.1。

表 8.1 蜡封法测定岩石的干容重

岩石编号	烘干质量 g_1/g	蜡封岩样质量 g_2/g	水中质量 g_3/g	水中取出后质量 g_4/g	侵入岩样水分质量（g_4-g_2）/g	干容重/（kN·m^{-3}）	备注
平均容重							

第二节 点荷载强度试验

一、试验目的

学习使用点荷载试验仪测岩石的点荷载强度。

二、试验仪器

STDZ-2 型数显点载荷试验仪、液压（油压）千斤顶、卡尺。

三、试样制备

（1）试件分组：将工程地质特征大致相同的岩石试件分为一组，试件需要 15 块。

（2）本试验用不规则岩块样，对试件的尺寸要求如下：其长（L）、宽（W）、高（h）应尽可能满足 $L \geqslant W \geqslant h$，试件高度（$h$）一般控制在 0.5 ~ 10 cm。另外，试件加荷点附近的岩面要修平整。

（3）试件含水状态选择天然含水状态（可根据需要、烘干状态、饱和状态或其他含水状态）。

四、试验步骤

（1）试件描述：包括岩石名称、颜色、矿物成分、结构、风化程序、胶结物性质等，除描述上述岩性外，还需描述结构构造特征（如颗粒粗细，排列以及节理、层理等发育特征）及风化程度等；试件含水状态，加荷方向与层理、节理、裂隙的关系等的描述。

（2）试件尺寸粗测：对不规则岩块样，可过试件中心点测量试件的长（L）、宽（W）、高（h）的尺寸。

（3）安装试件：对不规则块体进行试验时，选择试件最小尺寸方向为加荷方向。将试件放入球端圆锥之间，使上下锥端位于试件中心处并与试件紧密接触。

（4）加荷：试件安装后，调整压力表指针到零点，以在 10 ~ 80 s 内能使试件破坏（相当于 0.05 ~ 0.1 MPa/s）的加荷速度匀速加荷，直到试件破坏，记下破坏时的压力表读数（F）。

（5）描述试件破坏的特点：正常的试件破坏面应同时通过上、下两个加荷点；如果破坏面只通过一个加荷点，便产生局部破坏，则该次试验无效，应舍弃。破坏面的描述还应包括破坏面的平直或弯曲等情况。

（6）破坏面尺寸测量：试件破坏后，须对破坏面的尺寸进行测量，测量的尺寸包括上、下两加荷点间的距离（D）和垂直于加荷点连线的平均宽度（W_f）。

五、试验成果整理

（1）把数据填在试验数据记录表里。

（2）计算公式。

① 按下式计算试件破坏荷载：

$$P = C \cdot F$$

式中 P——试件破坏时总荷载（N）；

C——仪器标定系数（为千斤顶的活塞面积，mm^2），一般在各仪器的说明书都有该仪器的标定系数供参考；

F——试件破坏时的油压表读数（MPa）。

② 按下式计算试件的破坏面积和等效圆直径的平方值：

$$A_f = D \cdot W_f$$

$$D_e^2 = 4 \cdot A_f / P$$

式中 A_f——试件的破坏面面积（mm^2）；

D——在试件破坏面上测量的两加荷点之间的距离（mm）；

W_f——试件破坏面上垂直于加荷点连续的平均宽度（mm）；

D_e——等效圆直径，为面积与破坏面面积相等的圆的直径（mm）。

（3）按下式计算岩石试件的点荷载强度：

$$I_5 = \frac{D}{D_e^2}$$

式中 I_5——试件点荷载强度（MPa）；

其余符号同前。

（4）求平均值。

当测得的点荷载强度数据在每组 15 个以上时，将最高和最低值各删去 3 个；如果测得的数据较少时，则仅将最高和最低值删去，然后再求其算术平均值，作为该组岩石的点荷载强度。各项数据填入表 8.2。

表 8.2 数据记录表

1	岩石名称		仪器型号		仪器系数 C	
2	试件编号					
3	试件描述					
4	试件尺寸	长 L/mm				
5		宽 W/mm				
6		高 H/mm				
7	加荷方向					
8	压力表读数 F/MPa					
9	总荷载 $P=C \cdot F$/N					
10	加荷点间距离的 D/mm					
11	破坏面宽度 W_f/mm					
12	等效圆直径平方 $D_e^2 =（4 \cdot D \cdot W_f）/mm^2$					
13	点荷载强度 $I_s = P/（D_e^2）$/MPa					
14	试件破坏特征					

第三节　加工高精度立方体实验

一、试验目的

学习使用 SCM-200 型自动双端面磨平机加工出高精度的立方体测试试件。

二、试验仪器

SCM-200 型自动双端面磨平机。

三、试样制备

普通的立方体岩块 1 块。

四、试验步骤

（1）夹持好样块，注意两边对称，紧贴夹具。

（2）将两磨头退出，使工作台运动时样块撞不着磨轮为止。

（3）装上防护罩，开启水源开关。

（4）按动总电源按钮。

（5）分别按动磨头按钮使磨头按箭头指示方向转动，否则将总电源调相，绝对不允许反转。

（6）按动工作台按钮。

（7）手动进给磨头，使之磨削；需自动进行时，将手柄扳至自动位置即可，两磨头分别进行。磨好后将手柄扳至手动位置，再往复磨几次，确保标样的光洁度。

（8）磨好后退出磨头。

第九章 “结构力学”实验指导

“结构力学”是固体力学的一个分支，主要研究工程结构受力和传力的规律，以及如何进行结构优化的学科。它是土木工程专业和机械类专业学生必修的学科。结构力学研究的内容包括结构的组成规则、结构在各种效应（外力、温度效应、施工误差及支座变形等）作用下的响应，包括内力（轴力、剪力、弯矩、扭矩）的计算、位移（线位移、角位移）计算以及结构在动力荷载作用下的动力响应（自振周期、振型）的计算等。

第一节 结构力学求解器的运用

一、实验名称

结构力学求解器的运用。

二、实验目的

通过本次实验，要求学生能够熟练掌握结构力学求解器的使用方法，能够运用该软件计算各类结构力学问题，并校正平时作业答案。

三、实验内容

（1）学习结构力学求解器软件的使用方法，掌握结构力学问题建立模型、求解的一般步骤。
（2）运用结构力学求解器软件完成教材中结构组成分析习题一个（题目任选）。
（3）运用软件完成教材中组合结构习题建模一个，并分析其内力、位移图（题目任选）。
（4）运用软件完成教材中刚架习题建模一个，并分析其内力、位移图（题目任选）。
（5）运用软件完成教材中多跨连续梁习题建模一个，并分析其内力、位移图（题目任选）。
（6）运用本软件完成平时作业的校正。

第二节 框架结构计算简图的选取和计算

一、实验名称

框架结构计算简图的选取与计算。

二、实验目的

通过本次实验，要求学生能够熟练掌握框架结构简化计算的一般原则，能够从给定的某建筑结构布置图中确定横、纵向框架的结构计算简图，并运用结构力学求解器软件计算框架在指定荷载作用下的内力，并绘制弯矩、剪力、轴力图。

三、实验内容

（1）实验条件。

某 3 层框架结构平面布置与截面尺寸如图 9.1 ~ 9.3 所示，纵向框架主梁截面尺寸为 300 mm × 800 mm；横向框架主梁截面尺寸为 300 mm × 700 mm，走道框架主梁截面尺寸为 300 mm × 500 mm；框架的次梁截面尺寸为 300 mm × 700 mm。柱子 1 层截面尺寸为 600 mm × 600 mm，计算高度为 5.13 m；2 ~ 3 层截面尺寸为 500 mm × 500 mm，柱子计算高度为 4.2 m。梁、板采用 C30 混凝土（$E_c = 3.0 \times 10^4$ N/mm^2），柱子采用 C35 混凝土（$E_c = 3.15 \times 10^4$ N/mm^2）。

已知各楼面荷载设计值（含板梁柱自重）为各位学生学号的后四位数，单位为 N/m^2。

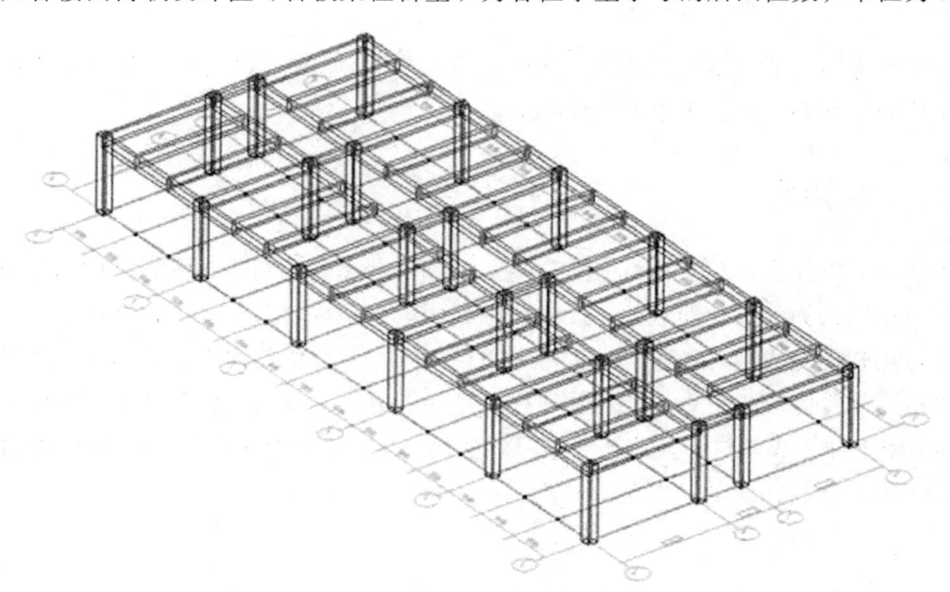

图 9.1 框架结构底层线框图

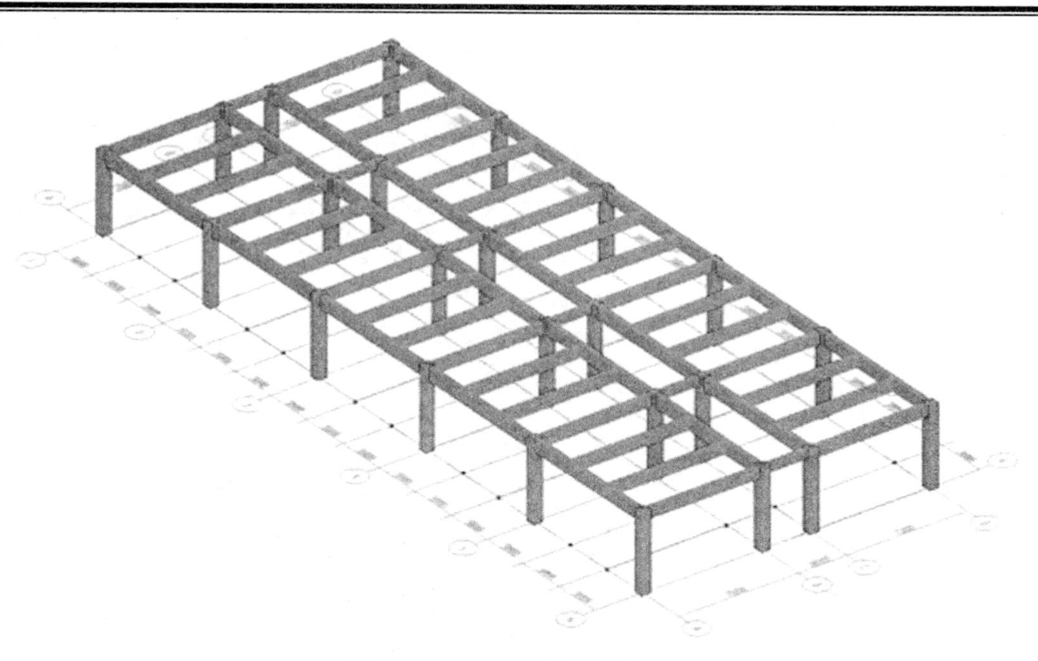

图 9.2 框架结构底层消隐图

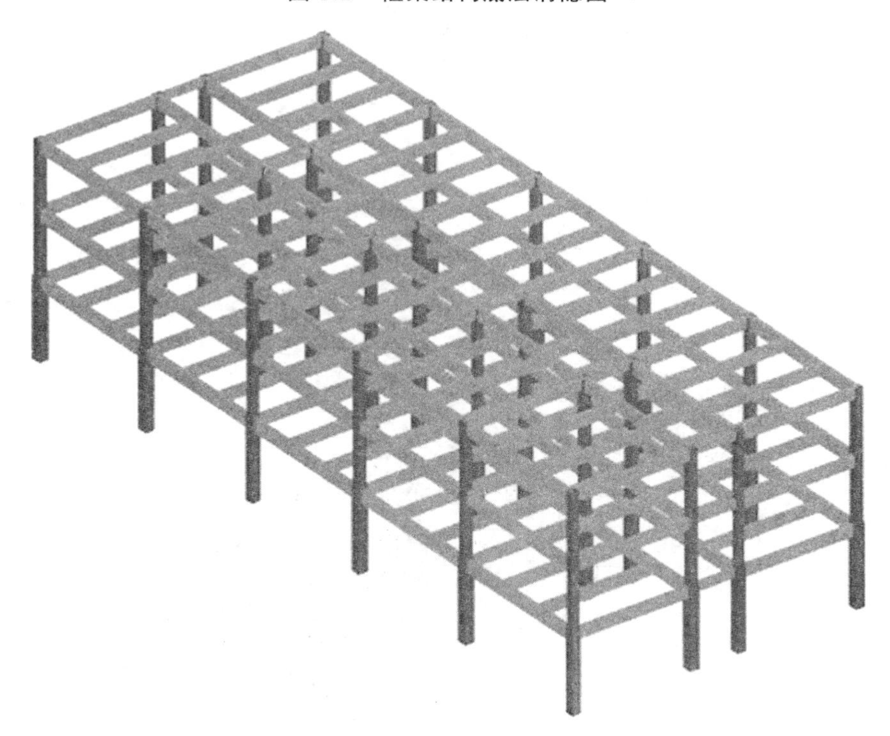

图 9.3 框架结构三维消隐图

（2）实验内容。

① 以 O3 轴线框架结构为计算单元，确定横向框架计算简图，并确定横向框架结构的荷载；

② 以 OB 轴线框架结构为计算单元，确定纵向框架计算简图，并确定纵向框架结构的荷载；

③ 将以上横向框架结构在结构力学求解器中的建模并进行内力、变形计算，纵向框架结构由课后练习。

提示：注意框架结构荷载传递关系，板→次梁→主梁→柱→基础，并注意框架结构单元受荷载范围的选择，参见 9.4～9.5 图。本次实验所有板均是单向板，荷载只向短边方向传递。截面惯性矩计算公式：$I=\frac{bh^2}{12}$。

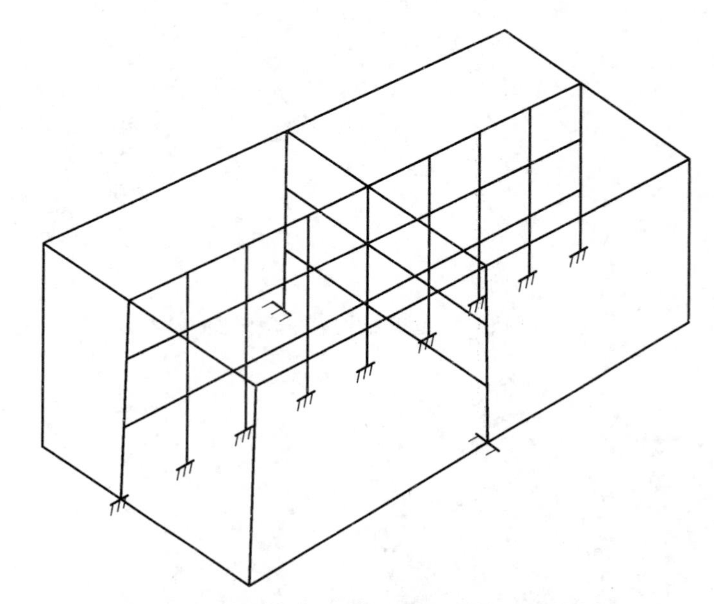

图 9.4 框架结构纵横平面结构简化示意图

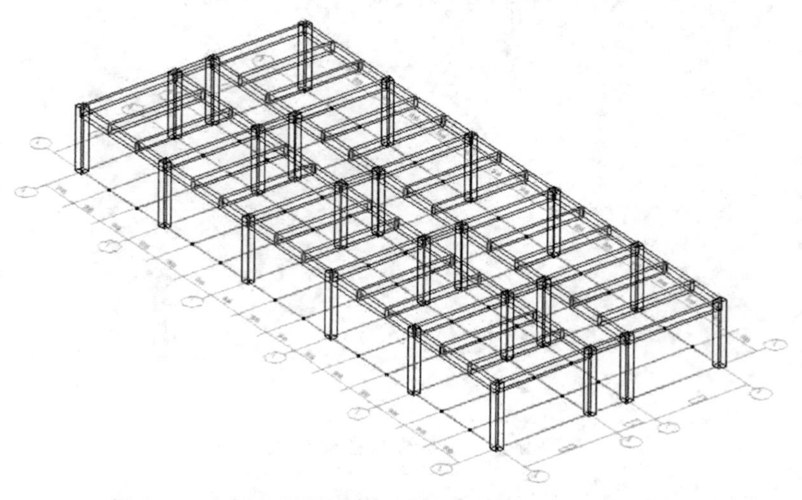

图 9.5 本框架结构纵横平面框架受荷载区域示意图

例如：横向框架计算简图如图 9.6 所示：

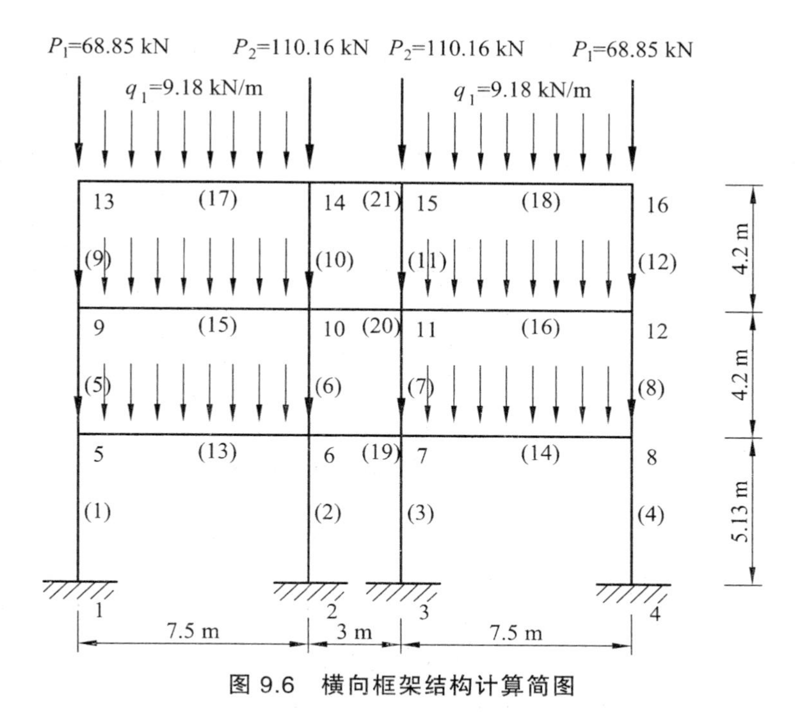

图 9.6 横向框架结构计算简图

$q_1 = 3.06 \times 3 = 9.18$（kN/m）（A 区）

$P_1 =$（$3.06 \times 3 \times 7.5/2$）$\times 2 = 68.85$（kN）（B 区）

$P_2 =$（$3.06 \times 3 \times 7.5/2$）$\times 2 + 3.06 \times 3/2 \times 9 = 110.16$（kN）（C 区）

底层柱： $EA = 3.15 \times 104 \times 600 \times 600 = 11\ 340\ 000$（kN）

$EI = 3.15 \times 104 \times 600 \times 6003/12 = 340\ 200$（$\text{kN} \cdot \text{m}^2$）

2、3 层柱： $EA = 3.15 \times 104 \times 500 \times 500 = 7\ 875\ 000$（kN）

$EI = 3.15 \times 104 \times 500 \times 5\ 003/12 = 164\ 062.5$（$\text{kN} \cdot \text{m}^2$）

横向框架主梁截面尺寸为 300mm × 700 mm 时：

$EA = 3.0 \times 104 \times 300 \times 700 = 6\ 300\ 000$（kN）

$EI = 3.0 \times 104 \times 300 \times 7\ 003/12 = 257\ 250$（$\text{kN} \cdot \text{m}^2$）

横向框架走道主梁截面尺寸为 300 mm × 500 mm 时：

$EA = 3.0 \times 104 \times 300 \times 500 = 4\ 500\ 000$（kN）

$EI = 3.0 \times 104 \times 300 \times 5\ 003/12 = 1\ 125\ 000$（$\text{kN} \cdot \text{m}^2$）

纵向框架计算简图如图 9.7 所示：

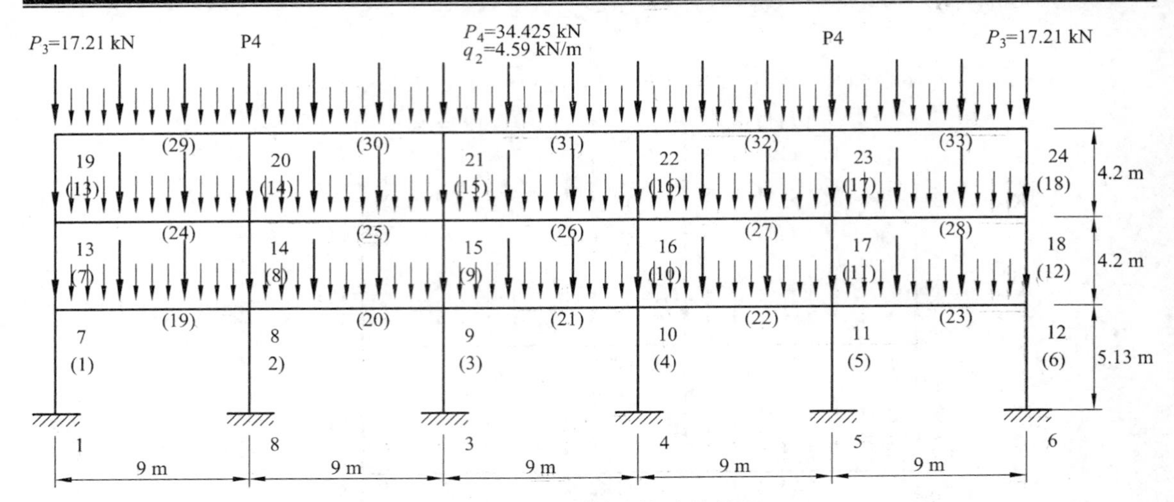

图 9.7 纵向框架结构计算简图

$q_2 = 3.06 \times 1.5 = 4.59$（kN/m）（D 区）

$P_3 = 3.06 \times 1.5 \times 7.5/2 = 17.21$（kN）（E 区）

$P_4 = 3.06 \times 3 \times 7.5/2 = 34.425$（kN）（F 区）

底层柱：$EA = 3.15 \times 104 \times 600 \times 600 = 11\ 340\ 000$（kN）

$$EI = 3.15 \times 104 \times 600 \times 6003/12 = 340\ 200 \text{（kN·m}^2\text{）}$$

2、3 层柱：$EA = 3.15 \times 104 \times 500 \times 500 = 7\ 875\ 000$（kN）

$$EI = 3.15 \times 104 \times 500 \times 5003/12 = 164\ 062.5 \text{（kN·m}^2\text{）}$$

纵向框架主梁截面尺寸为 300 mm × 800 mm 时：

$$EA = 3.0 \times 104 \times 300 \times 800 = 7\ 200\ 000 \text{（kN）}$$

$$EI = 3.0 \times 104 \times 300 \times 8\ 003/12 = 384\ 000 \text{（kN·m）}$$

四、实验报告要求

（1）要求同学们独立完成结构计算简图的选取、荷载的确定，并建立结构力学求解器中的模型图。

（2）将横向计算简图（结构力学求解器中的模型图）与计算结果（内力、位移图）拷贝到 Word 文档中形成实验报告，文件名以“自己的学号 + 姓名 + 班级”。

第十章 “土力学”实验指导

“土力学”是一门必修的专业基础课，理论性和实践性较强。本课程的主要任务是掌握土力学的基本原理和基本概念，了解主要的工程地质知识，结合有关结构设计理论和施工知识，能分析和解决一般地基基础工程问题，要求学生掌握工程土的分类和特征，学会阅读和使用工程地质勘察报告；掌握工程土的物理性质，地基的应力、变形、抗剪强度、地基承载力和土压力的基本概念和基本原理。

第一节 液限试验和塑限实验

一、实验目的

测定细粒土的液限塑限。确定土的类型，计算塑性指数，供设计施工使用。液限是细粒土成可塑状态与流动状态的分界含水率。塑限是细粒土可塑状态与半固态的分界含水率。

二、实验方法

液塑限联合测定法。

三、实验设备

光电式液塑限联合测定仪（测定仪的圆锥质量为 76 g，锥角为 30°），天平（称量范围 3 000 g，感量 0.01 g），鼓风干燥箱，调土杯，调土刀，试验杯，铝盒，凡士林油，滴管，等。

四、实验步骤

（1）将一定量土放入调土杯中，加少量水，用调土刀搅拌成均匀土膏。

（2）将调好的土膏压入试样杯中，一定要压实填密，不要留有孔隙。填满后用调土刀的水平段将土样刮平。

（3）取圆锥仪，在表层涂以薄层润滑油脂，打开电源，把 76 g 圆锥吸在测定仪的电磁铁上。检查锥上的零线和显示屏上的刻度线是否重合；如不重合，调整显示屏下的红色或黑色旋钮调零点。把联合测定仪的升降台降下来，放上试样杯。

（4）将联合测定仪的手动自动换挡开关放到手动挡。让升降台慢慢地上升，与圆锥接触，此时接触指示灯亮。

（5）按手动复位钮，锥自由下落，待读数指示灯亮后，读锥下落的深度。

（6）当锥的下落深度在 4 ~ 5 mm、9 ~ 10 mm、16 ~ 18 mm 时，测土样的含水率值。

（7）将三个含水率与相应的圆锥下沉深度绘于双对数坐标图上，三点连成一直线，如图中的 *A* 线。如果三点不在一直线上，通过高含水率的一点与其余二点连两根直线，在圆锥下沉深度为 2 mm 处查得相应的两个含水率。如果二者差值不超过 2%，用平均值的点与高含水率点作一直线，图中的 *B* 线作为试验曲线；若两个含水率差值超过 2%，应补做试验。

第二节　含水率实验

一、实验目的

测定湿土在 105 ~ 110 °C 下烘到恒量时所失去的水质量和达恒量后干土质量的比值（以百分数表示）。

二、实验方法

烘干法。

三、实验设备

天平（称量范围 3 000 g，感量 0.01 g），鼓风干燥箱，铝盒，削土刀，等。

四、实验步骤

（1）记录铝盒盒盖上所标的盒号，称量盒质量，记入记录表格相应位置。

（2）将切好的土样表层去掉，取具有代表性的土样 15 ~ 30 g，放入称量盒内，称盒加湿土质量，记入表 10.1。

（3）打开盒盖，放入烤箱烘干。

（4）干后，称取盒加干土质量，按下式计算土的含水率值。

$$\omega=\left(\frac{m}{m_{\mathrm{s}}}-1\right)\times100\%$$

式中　ω——含水率，%；

m——湿土质量，g；

m_{s}——干土质量，g。

含水率测定记录测定方法：烘干法。

表 10.1

盒号（①）	盒质量/g（②）	盒＋湿土质量/g（③）	盒＋干土质量/g（④）	水质量/g（③－④）	干土质量/g(④－②）	含水率 w/%

第三节 固结实验

一、实验目的

测定试样在侧限与轴向排水条件下的变形与压力（或孔隙比）和压力的关系、变形与时间的关系，以便计算土的压缩系数 a_v、压缩指数 C_c、回弹指数 C_s、压缩模量 E_s、固结系数 C_v 及原状土的先期固结压力 p_c 等。

二、实验仪器

（1）测限条件下的高压固结仪，它的最高压力为 320 t/m^2。

① 固结容器：由环刀、护环、导环、透水石、加压上盖和量表架等组成。

② 加压设备：杠杆比例 1∶10。

③ 变形测量设备：百分表量程 10 mm，分度值 0.01 mm，或位移量测传感器（准确度为全量程的 0.2%）。

（2）环刀：面积 50 cm^2。

（3）天平：精度 0.01 g。

（4）测微表：精度 0.01 mm。

（5）其他：土样、秒表、滤纸、玻璃板、削土刀、刮土刀、砝码。

三、实验步骤

（1）用环刀切备好的试样，切土时要边修边压，注意减少对土样的扰动，最后将上下两端刮平。同时用铝盒测量土样的含水率。

（2）擦净环刀外壁，称环刀加湿土质量。如试样需要饱和，按规定方法饱和。

（3）将带有环刀的试样，刀口向下小心地装入压缩容器的护环内。

（4）在压缩容器内，顺次放上护环（将护环的缺口向下与压力盒的缺口相对压入压力盒中），将洁净而润湿的大透水石小孔向上放入护环内，再放入一张潮湿滤纸，将带有试样的环刀刀口向下放入容器内并放好导环及滤纸各一，覆盖直径略小于试样的洁净润湿的小透水石，最后放上加压上盖。

（5）放上加压框架，调整加压框架，使杠杆前端水平，砝码盘上的小砝码为平衡重。

调整百分表的位置，调零时要让百分表的杆尽量往上，小针调零时要上下移动表的支架。

夹百分表的夹子为支架，然后再对大针，大针调零时，直接转动百分表的外表盘调零，读数时，要看百分表的红字。百分表大针每走一格为 0.01 mm。小针每走一格是 1 mm。

（6）将土样装入仪器后加压，读出各级荷载下某一时间的试样变形量，求出在各级压力作用下的孔隙比，实验结束后大家便可以绘制荷载 p 和孔隙比 e 的关系曲线和固结曲线与先期固结压力曲线。实验中一共要加 7 级荷载，这 7 级荷载分别 12.5、25、50、100、200、400、800 kPa。由于杠杆的比例为 1∶10，每次应加的砝码为 0.625、0.625、1.25、2.5、5、10、20 kg。每次加砝码时手要轻，2.5 kg（含以下）均轻轻地加在上面的小砝码盘上，平衡重不取下。1 为平衡重。将 5、10 kg 的砝码加到大砝码盘上，加时要轻轻地放。

由于土的变形稳定需要一定的时间，按规范要求应该是一级荷载变形稳定以后再加下一级荷载，但我们课时有限，每级荷载只加 12 min 15 s 就加下一级荷载。每级荷载中我们测 0.25 min、0.5 min、1 min、2 min 15 s、4 min、6 min 15 s、9 min、12 min 15 s 几个时间土样的变形量。

试验结束后，按照加压顺序卸掉荷载。

试验结果整理：

环刀号_______，环刀高度__________ cm，环刀体积__________ cm^3，环刀质量______ g，环刀加湿土质量_________ g，干土质量_________g，试验前含水率____ %，试验前密度_______ g/cm^3，土粒比重________，仪器号____________，试样的初始孔隙比________。

试验记录表格：

各级加荷历时/min	各级荷载下测微表读数							
	12.5 kPa	25 kPa	50 kPa	100 kPa	200 kPa	400 kPa	800 kPa	1600 kPa
0								
0.1								
0.15								
0.25								
1								
2.25								
4								
6.25								
9								
12.25								
16								
总变形量/mm								
仪器变形量/mm								
试样相对沉降量								
试样变形后空隙比								

第四节 直剪试验

一、实验目的

测定土的抗剪强度指标 C、φ，以防地基土承受过大的荷载而发生剪切破坏。

二、实验仪器

（1）应变控制式直剪仪。

其主要部件如下：

① 剪切盒分为上下两盒。

上盒一端顶在量力环的一端，下盒与底座连接，底座放在两条轨道滚珠上，可以移动。

② 加力及量测设备

垂直荷重：通过杠杆（1∶10）放砝码来施加。

水平荷重：通过旋转手轮推进螺杆顶压下盒来施加。荷重大小，从量力环的变形间接求出。

（2）环刀：面积 32.2 cm^2，高度 2 cm。

（3）测微表（百分表）：最大量距 10 mm，精度 0.01 mm。

（4）其他：秒表、天平、鼓风干燥箱、修土刀、推土器、砝码等。

三、实验步骤

（1）用环刀取试样，称环刀加湿土质量，测出密度，三块试样的密度误差不得超过 0.03 g/cm^3。

（2）将剪切盒内壁擦净，上下盒口对准，插入销钉，使上下盒固定在一起，不能相对移动，在下盒透水石上放一张塑料纸（快剪）。

（3）将带试样的环刀平口向下对准上盒盒口，放好，在试样上面顺序放塑料纸和透水石，然后用推土器将试样平稳地推入上下盒中，移去环刀。

（4）顺序放上传压板，钢珠和加压架，按规定加垂直荷重（一般一组做 3 次试验，建议采用 100、200、300 kPa）。

（5）按顺时针方向徐徐转动手轮至上盒前端的钢珠刚与量力环接触（即量力环内的测微计指针刚要开始移动）时为止。调整测微计读数为 0。

（6）拔去销钉，开动秒表，以每分钟 4 ~ 12 转的均匀速率转动手轮（我们选择每分钟 6 转）转动过程中不应中途停顿或时快时慢，使试样在 3 ~ 5 min 内剪破。手轮每转一圈应测记测微表读数一次，直至量力环中的测微计指针不再前进或后退，即说明试样已剪破。如测微计指针一直缓慢前进，说明不出现峰值，则破坏以变形控制进行到剪切变形达 4 mm 时为止。（注：手轮每转一圈推进下盒 0.2 mm）。

（7）剪切结束后，倒转手轮，然后按顺序去掉荷载，加压架，钢珠，传压板与上盒，取出试样。

重复上述步骤，做其他各垂直压力下的剪切试验。

四、计算与绘图

（1）密度的计算。

（2）抗剪强度：

$$\tau_f = C_0 \times R$$

式中 R——量力环中测微计最大读数，或位移 4 mm 时的读数（0.01 mm）；

C_0——量力环率定系数（100 kPa/0.01 mm）。

（3）剪切位移的计算：

$$\Delta L = 20 \times n - R$$

式中 ΔL——剪切位移（0.01 mm）；

n——手轮转数。

（4）以抗剪强度为 τ_f 为纵坐标，垂直压力为横坐标，画出抗剪强度包线，该线的倾角即为土的内摩擦角，该线在纵坐标上的截距即为土的凝聚力 C。

试验结果及记录如下：

直接剪切试验试验记录

仪器号_______，土粒比重_________，环刀面积_______ cm^2，环刀高度________ cm，环刀体积__________ cm^3

垂直荷载		100 kPa	200 kPa	300 kPa	400 kPa
密度	环刀编号/g				
	环刀 + 湿土质量/g				
	环刀质量/g				
	湿土质量/g				
	湿密度/（g/cm^3）				
抗剪强度					

第十一章 “农村饮水安全工程建设与管理”实验指导

第一节 YSI9500型多参数水质分析仪演示实验

一、实验目的

熟练掌握YSI9500型多参数水质分析仪原理、检测项目。

二、实验步骤

（1）采集饮用水水样100 mL，分别装入10个检测试管内；
（2）10个检测试管内分别加入相应的检测项目的药品试剂，轻轻震碎并完全溶解；
（3）分别放入测试槽内，放好光线屏蔽罩，进行检测；
（4）读取数值并做好记录。

三、实验要求

（1）掌握YSI9500型多参数水质分析仪原理、检测项目；
（2）严格按操作规程要求进行试验；
（3）注意检测药品的安全管理。

四、实验作业

收集相关资料的基础上，详尽说明YSI9500型多参数水质分析仪原理、检测项目。

第二节 HM1000型重金属测定仪演示实验

一、实验目的

熟练掌握HM1000型重金属测定仪原理、检测项目。

二、实验步骤

（1）采集饮用水水样 30 mL，分别装入 3 个检测试管内。

（2）将 3 个检测试管分别放入电极、参比电极和工作电极上。

（3）启动电极并及时打磨。

（4）读取数值并做好记录。

三、实验要求

（1）掌握 HM1000 型重金属测定仪原理、检测项目。

（2）严格按操作规程要求进行试验。

（3）注意对探针装置的保护。

（4）严格实施有毒试剂的安全防护。

四、实验作业

在收集相关资料的基础上，详尽说明 HM1000 型重金属测定仪原理、检测项目。

第三节　农村饮水水质指标与水质标准的认识

一、实验目的

熟练掌握中华人民共和国《生活饮用水卫生标准》（GB 5749—2006）中的微生物指标、毒理指标、感官性状指标、一般理化指标、放射性指标等的标准、危害、特点、形成原因等。

二、实验步骤

（1）收集相关标准进行认真阅读。

（2）分别抽取实验学生回答生活饮用水中的微生物指标、毒理指标、感官性状指标、一般理化指标、放射性指标等包括哪些。

（3）分别抽取实验学生就生活饮用水中的毒理指标的危害、特点、形成原因进行说明。

（4）做好回答记录并给出实验成绩。

三、实验要求

（1）掌握本标准与老标准（GB 5749—85）的区别与联系。

（2）掌握生活饮用水中的毒理指标的危害、特点、形成原因。

（3）了解国外相关水质标准，如 WHO 水质标准、欧盟水质标准以及美国、日本、俄罗斯、法国等国外水质标准。

四、实验作业

在收集相关资料的基础上，就生活饮用水中的毒理指标的危害、特点、形成原因等写作报告一份。

第四节 饮用水源水重金属污染物健康风险评估

一、实验目的

熟练掌握生活饮用水中毒理指标污染物健康风险评估方法。

二、实验步骤

（1）提供北京市饮用水源水中重金属污染物检测报告一份。

（2）在详细介绍计算公式的基础上分别对 Cu、Hg、Cd、As 进行健康风险的计算。

（3）对饮用水源 Cu、Hg、Cd、As 健康风险计算结果进行科学解释。

三、实验要求

（1）每名学生独立应用计算机 Excel 表格进行 Cu、Hg、Cd、As 健康风险的计算。

（2）随机抽查学生对计算结果进行的科学解释。

四、实验作业

提供雅安市名山县农村饮用水源水中重金属污染物检测报告一份，要求学生进行健康风险的计算与分析并提交实验报告。

附件　　北京市地区饮用水中 Cu、Hg、Cd、As 的平均浓度（ug/L）

Place	number	Cu	Cd	Hg	As
1. 门头沟	5	2.45	0.57	0.29	0.46
2. 昌平	4	2.13	0.82	0.25	0.86

3. 大兴	4	2.43	0.65	0.37	0.33
4. 房山区	5	2.1	0.63	0.12	0.19
5. 怀柔	10	3.19	0.37	0.55	0.33
6. 密云	5	6.96	0.69	0.51	0.23
7. 平谷	5	0.81	0.34	0.53	0.58
8. 顺义	6	3.8	0.44	0.74	0.84
9. 通州区	5	1.3	0.48	0.61	3.02
10. 延庆	6	2.34	0.64	0.1	1.02
11. 朝阳区	23	1.1	0.45	0.57	0.8
12. 丰台区	17	2.24	0.46	0.59	0.39
13. 石景山	20	1.82	0.49	0.55	0.6
14. 东、西宣	5	2.11	0.5	0.54	0.26

第五节 农村管网工程综合设计

一、实验目的

熟练掌握农村饮用水管网工程的设计方法、步骤。

二、实验步骤

（1）以惠民县某村农村饮用水管网工程典型工程设计为例，详尽说明设计方法、步骤。
（2）归纳说明农村饮用水管网工程设计的一般方法与步骤。

三、实验要求

（1）每名学生能独立应用CAD进行农村饮用水管网工程设计及计算。
（2）随机抽查学生设计及计算成果书。

四、实验作业

提供雅安市名山县某村饮用水源的相关参数，要求课后进行管网工程设计并提交实验报告。

附件

管网工程设计课堂演示实例

取惠民县某村为典型工程设计。村内基本情况为：人口551人，户数188户，大牲畜394头。该村在人口数量和规划布局上都具有较强的代表性。

一、给水系统设计采用的主要指标和参数

居民用水定额50L/（人·d），大牲畜70L/（头·d）。

用水要求：每户设一个DN20集中放水龙头，水龙头额定流量0.3L/s，当量1.5，流出水头5 m；时变化系数 $K_h = 3$；日变化系数 $K_d = 1.5$。

该村为定时定点供水方式，每天总供水时间为6h，每日3次供水，每次2h。

二、给水量计算

居民生活用水量：

$$Q_1 = 50 \times 551 \times 10^{-3} = 27.55\ (\mathrm{m}^3)$$

大牲畜用水量：

$$Q_2 = 70 \times 394 \times 10^{-3} = 27.58\ (\mathrm{m}^3)$$

最高日设计用水量：

$$Q_d = K(Q_1 + Q_2) = 1.2 \times (27.55 + 27.58) = 66.16\ (\mathrm{m}^3)$$

（考虑管网漏失量和未预见水量20%）

最高日平均时给水量：

$$Q_{cp} = Q_d/6 = 11.03\ (\mathrm{m}^3/\mathrm{h})$$

最高日最高时给水量：

$$Q_{max} = K_h \times Q_{cp} = 33.09\ (\mathrm{m}^3/\mathrm{h})$$

年均总给水量：

$$Q_y = 365 \times Q_d/K_d = 365 \times 66.16/1.5 = 16\,098\ (\mathrm{m}^3)$$

三、给水管网布置

工程布置：村级干管沿村东西主街布置，设两条干管，埋设在同一坑道内，首端设闸阀一个，支管垂直于干管沿南北向次要街道和胡同布置，设14条支管，每条支管控制15户，干管北侧支管长度为124 m，南侧支管长度为113 m，入户管最长为36 m，每户安装DN20水表一块，DN20立杆水嘴一套。村内干管选用PE管。

四、管段流量计算

1. 沿线流量计算

计算方法有长度比流量法和面积比流量法。

（1）长度比流量法。假定各用水量均匀分布在全部干管线上，则管线单位长度上的配水流量称为比流量，记为

$$q_{\mathrm{cb}}=\frac{Q-\sum Q_i}{\sum L_i}$$

式中 Q——管网总用水量（L/s）；

$\sum Q_i$——沿线各用户集中流量之和（L/s）；

$\sum L_i$——干管总长度（m）。

对只有一侧配水的管线，其长度按一半计算。则沿线流量 Q_{y} 可由下式计算：

$$Q_{\mathrm{y}}=q_{\mathrm{cb}}L$$

式中 L——管段长度（m）。

（2）面积比流量法。假定各用水量均匀分布在整个供水面积上，则单位面积上的配水流量称为比流量，记为

$$q_{\mathrm{mb}}=\frac{Q-\sum Q_i}{\sum w_i}$$

式中 w_i——管段供水面积（m^2）。

则某一管段的沿线流量 Q_{y}，可由下式计算：

$$Q_{\mathrm{y}}=q_{\mathrm{mb}}L$$

2. 节点流量计算

$$q_n=\frac{1}{2}Q_{\mathrm{y}}$$

3. 管段计算流量

（1）树状管网。各管段的计算流量为该管段以后所有节点的流量总和。

（2）环状管网。由连续性方程进行计算：

$$q_i+\sum q_{ij}=0$$

式中 q_i——节点 i 的节点流量；

q_{ij}——节点 i 上的各管段流量。

在该工程中，由于为村内管网工程设计，其规模较小，故采用简化计算。

已知总设计流量 $Q=33.09\ \mathrm{m^3/h}=9.19\ \mathrm{L/s}$，水龙头为 188 个，则

$$每个水龙头出水量=\frac{设计供水量}{总龙头数}\frac{9.19}{122}=0.049\ （\mathrm{L/s}）$$

各支管管段配水流量＝每个龙头出水量×本管段龙头数

$$0.049\times15=0.735\ （\mathrm{L/s}）$$

$$0.049\times10=0.490\ （\mathrm{L/s}）$$

干管配水流量：

短干管　　　$0.735\times 6+0.490\times 2=5.390$（L/s）

长干管　　　$9.19-5.390=3.80$（L/s）

五、管径的确定

管网中各管段的管径，按最高时用水量情况下管段的计算流量和经济流速确定，即

$$D=\sqrt{\frac{4Q}{\pi v}}$$

PE 管的经济流速一般为 1.0～1.8m/s，通常取 $v=1.5$m/s，计算得

入户管直径　　$D=\frac{\sqrt{4Q}}{\pi v}=\sqrt{\frac{4\times 0.049}{1000\times \pi\times 1.5}}\times 1\,000=6.5\ (\text{mm})$

故选用 20 mmPE 管。

支管直径　　$D=\sqrt{\frac{4Q}{\pi v}}=\sqrt{\frac{4\times 0.735}{1000\times \pi\times 1.5}}\times 1\,000=25.0\ (\text{mm})$

故选用 50 mmPE 管。

短干管管径　　$D=\sqrt{\frac{4Q}{\pi v}}=\sqrt{\frac{4\times 5.39}{1000\times \pi\times 1.5}}\times 1\,000=67.6\ (\text{mm})$

故选用 75 mmPE 管。

长干管管径　　$D=\sqrt{\frac{4Q}{\pi v}}=\sqrt{\frac{4\times 3.80}{1000\times \pi\times 1.5}}\times 1\,000=56.8\ (\text{mm})$

故选用 63 mmPE 管。

六、管网水力计算

水头损失的计算采用本书第七章第七节中的有关计算公式。

沿程水头损失计算：

$$h=il$$

式中　i——单位长度的水头损失，又称水力坡度，采用适合塑料管的勃拉修斯公式进行计算：

$$i=0.000\,915q^{1}\cdot\frac{774}{D^{4}}\cdot 774$$

其中　q——管段计算流量（m^3/s）；

D——管段计算内径（m）。

由此可计算得人户管沿程水头损失：

$$h_{户沿}=0.000\,915\times\frac{0.000\,049^{1.774}}{0.020^{4.774}}\times 36=0.096\ (\text{m})$$

支管沿程水头损失：

$$h_{户沿}=0.000\,915\times\frac{0.000\,735^{1.774}}{0.050^{4.774}}\times 124=0.509\ (\text{m})$$

由于干管流量变化较大，故沿程水头损失采用分段计算，各管段长度、流量和水头损失见表 11.1、11.2。

表 11.1　短干管沿程水头损失计算表格

管段	管径/mm	长度 L/m	计算流量 q/（m^3/s）	水力坡度 i	水头损失 h/m
1	75	36	0.004 41	0.906	0.512
2	75	51	0.002 94	0.006 9	0.353
3	75	54	0.001 47	0.002	0.109
合计		141			0.974

表 11.2　长干管沿程水头损失计算表格

管段	管径/mm	长度 L/m	计算流量 q/（m^3/s）	水力坡度 i	水头损失 h/m
1	63	192	0.003 8	0.025 1	4.819
2	63	54	0.002 33	0.010 5	0.567
3	63	51	0.000 86	0.001 8	0.092
合计		297			5.478

由上述计算可以看出，长干管未配水段由于距离较长，水头损失过大，为减小其沿程水头损失，保证供水段的供水压力，在输水管段采用与短干管管径一致的 PE 管道，即管径为 75 mm，重新进行计算。计算结果见表 11.3。

由上述计算结果可知，长干管沿程水头损失为 2.382 m，短干管沿程水头损失为 0.974 m，两者为并联关系，所以取干管沿程水头损失为 2.382 m。

总沿程水头损失为

$$h_{沿}=0.096+0.509+2.382=2.987\ （m）$$

表 11.3　长干管沿程水头损失重新计算表格

管段	管径/mm	长度 L/m	计算流量 q/（m^3/s）	水力坡度 i	水头损失 h/m
1	75	192	0.003 8	0.010 9	2.093
2	63	54	0.002 33	0.004 6	0.248
3	63	51	0.000 86	0.000 8	0.041
合计		297			2.382

局部水头损失按沿程水头损失的 15%计，得

$$h_{局沿}=2.987\times15\%=0.448\ （m）$$

龙头安装高度 1 m，水龙头流出自由水头为 5 m，所以，需要总水头为

$$H=2.987+0.448+1.0+5.0=9.435\,(m)\approx10\ m$$

第十二章 “建筑物安全检测”实验指导

第一节 土密实度现场检测

一、实验目的与要求

（1）了解填土密实度现场检测仪的使用方法及检测原理。

（2）掌握正确的检测步骤，学会选具有代表性的点。

（3）培养准确、整齐、简明地记录实验数据的习惯。

二、实验过程要点

（1）注意观察当读数达到 500N 以上时停止贯入，此时探杆插入土中的深度即规定为标准贯入深度。一般标准深度为 10 ~ 20 cm。

（2）当探头插入到标准深度时，应读取瞬间峰值，即最大值。

（3）检测练习。

① 读取的方法：操作者要始终不停地匀速加压；记录者要注意观察插入深度，不要干扰操作人员，当达到标准深度界限，在土面刚压入界限瞬间，马上按键读取最大值。

② 掌握不好按键也可以不按键：直接观察压线时的瞬间峰值。方法是：将手指放在预定的标准深度界限上，眼睛注视读数显示屏，当土面碰到手指时，立即读取瞬间峰值。

三、实验设备、工具及材料

填土密实度现场检测仪，铁锤，小铲。

四、数据记录与处理

（1）电子智能填土密实度检测仪技术指标（见表 12.1）。

表 12.1 电子智能填土密度检测仪技术指标

规格 技术指标	200 N	600 N	1 000 N
测试深度	0 ~ 10 cm	0 ~ 30 cm	
被测介质	碾压后的各种回填土、黏土、砂土、混合土		
被测对象	公路、铁路、水库、地方、大坝、工民建基础		
相应测试结果	填土的干容重、土的压实系数		
精度	≤0.5%		
仪器质量	3 kg		

（2）压实系数的计算方法。

① 根据已知的 $R_{d最大}$和 $R_{d设计}$计算出设计要求的压实系数$\lambda_{设计}$：

要求 $\lambda_{设计} = R_{d设计}/R_{d最大} = C$

② 计算 $R_{d最大}$状态下的 $P_{最大}$：

列方程 $P_{最大}/P_{设计} = \lambda_{最大}/\lambda_{设计}$

将具体参数代入：

$$P_{最大}/P_{设计} = 1/\lambda_{设计} = 1/C$$

解方程得 $P_{最大} = (1/C)P_{设计}$（N）

③ 任意λ的计算：

$$\lambda_{任意} = P_{任意}/P_{最大}$$

第二节 地基承载力检测

一、实验目的与要求

（1）掌握地基承载力现场检测仪的使用原理及方法。

（2）学会对不同地区 P 值与[R]值、E_s 值等参数进行地基承载力评价。

（3）学会对不同密实度的土壤进行承载力的检测。

二、实验过程要点

（1）贯入速度要均匀，向下施力要平稳、连续。一般贯入 10 cm，需要 10 ~ 15 s，不可太快，不要用冲击力，中途不要缓劲，要一口气完成操作。

（2）检测之前剥去表土 5 ~ 10 cm，选择合适的探头与主机连接后，垂直插入土中。

（3）当贯入深度到规定深度时，读取测试结果。在同一个被侧面上以该孔为圆心，以 50 cm 为半径在圆周上取 7、8 个点测试，取平均值 P；同时了解各处土的均匀度，发现弱点及时采取措施地基处理。

（4）测不同深度的承载历时，可配一把直径为 2.5 ~ 3.0 cm 的木工钻顺时针钻入，逆时针把土退出，钻一层测一层，再往下钻一层，把已经测完部分的扰动土全部退出来，再往下检测次一层一次操作。

三、实验设备、工具及材料

地基承载力现场检测仪，小铲子，大锤。

四、数据记录与处理

（1）地基承载力检测仪技术指标（见表 12.2）。

表 12.2 地基承载力检测技术指标

技术指标 \ 规格	20 kg	60 kg	100 kg
相应测试结果	地基承载力、压缩模量、液性指数		
被测介质	一般黏性土、红黏土、湿陷性黄土、填土、混合土、胀土、风化土、沙土		
被测对象	工民建基础、道路、桥涵、水利基础设施等		
精度	0.5%		
仪器质量	3 kg		

（2）压实系数的计算方法。

根据不同地区所测的贯入阻力 P 值，查对应国家标准参数表，可以对地基承载力进行评价。

第三节 回弹仪对混凝土强度检测

一、实验目的与要求

（1）掌握回弹仪测定混凝土强度的原理和方法。

（2）灵活运用测区混凝土强度换算表根据平均碳化深度值查值。

（3）进一步用回弹仪对不同测试角度面的混凝土强度进行测定。

二、实验过程要点

（1）注意仪器持握姿势的正确：一手握住回弹仪中间部位，并在整个过程中都起着扶正的作用；另一手握压仪器尾部的尾盖，主要是对仪器施加压力，同时也起辅助扶正的作用。

（2）用力均匀、缓慢，扶正至垂直对准测面（使仪器中轴线与侧面垂直），不晃动。

（3）批量检测时，抽检数量不得少于同批构件总数的 30%且构件数量不得少于 10 件。抽检构件时，应随机抽取并使所选构件具有代表性。

（4）每一结构或构件的测区数不应少于 10 个；对某一方向尺寸小于 4.5 m 且另一方向尺寸小于 0.3 m 的构件，其测区数量可适当减少，但不应少于 5 个。

（5）相邻两测区的间距应控制在 2 m 以内，测区离构件端部或施工缝边缘的距离不宜大于 0.5 m，且不宜小于 0.2 m。

（6）计算测区平均回弹值，应从该区的 16 个回弹值中剔除 3 个最大值和 3 个最小值，余下的 10 个回弹值求平均值。

三、实验设备、工具及材料

混凝土回弹仪，砂纸。

四、数据记录与处理

（1）数据记录与处理。

<table>
<tr><th>测区</th><th>测点</th><th>回跳值</th><th>对应混凝土强度值</th><th>平均值</th></tr>
<tr><td rowspan="5">1</td><td>1</td><td></td><td></td><td rowspan="5"></td></tr>
<tr><td>2</td><td></td><td></td></tr>
<tr><td>3</td><td></td><td></td></tr>
<tr><td>4</td><td></td><td></td></tr>
<tr><td>5</td><td></td><td></td></tr>
<tr><td rowspan="5">2</td><td>1</td><td></td><td></td><td rowspan="5"></td></tr>
<tr><td>2</td><td></td><td></td></tr>
<tr><td>3</td><td></td><td></td></tr>
<tr><td>4</td><td></td><td></td></tr>
<tr><td>5</td><td></td><td></td></tr>
<tr><td rowspan="5">3</td><td>1</td><td></td><td></td><td rowspan="5"></td></tr>
<tr><td>2</td><td></td><td></td></tr>
<tr><td>3</td><td></td><td></td></tr>
<tr><td>4</td><td></td><td></td></tr>
<tr><td>5</td><td></td><td></td></tr>
</table>

测区回弹值的计算：

$$R_m = \frac{\sum_{i=1}^{10} R_i}{10}$$

式中 R_m——测区平均回弹值，精确至 0.1；

R_i——第 i 个测点的回弹值。

（2）当测区数为 10 个以上时，应计算强度标准差：

$$m_{f_{cu}^c} = \frac{\sum_{i=1}^{10} R_{cu,i}^c}{n}$$

式中 $m_{f_{cu}^c}$——结构或构件测区混凝土强度换算值的平均值（MPa）；

n——测正数（对于单个检测的构件，取一个构件的测区数；对批量检测的构件，取被抽检构件测区数之和）；

$S_{f_{cu}^c}$——结构或构件测区混凝土强度换算的标准差（MPa），精确到 0.01（MPa）。

（2）当测区数小于 10 个时：

$$f_{cu,e} = f_{cu,min}^c$$

式中 $f_{cu,min}^c$——构件中最小的测区混凝土强度换算值。

构件		混凝土抗压强度换算值/MPa			现龄期混凝土强度推定值/MPa	备注
名称	编号	平均值	标准差	最小值		

第四节 混凝土碳化深度检测

一、实验目的与要求

（1）掌握混凝土碳化深度测量的原理和方法。

（2）采用酚酞溶液的浓度为 1%，滴在孔内壁的边缘处。

二、实验过程要点

（1）回弹值测量完毕，应在有代表性的位置上测量碳化深度值，测点数不应小于构件测区数的 30%，取其平均值为该构件每测区的碳化深度值。

（2）当碳化深度值极差大于 2.0 mm 时，应在每一测区测量碳化深度值。

（3）碳化深度值测量，可采用适当的工具在测区表面形成直径约 15 mm 的空洞，其深度应大于混凝土的碳化深度。孔洞中的粉末和碎屑应除净，并不得用水擦洗；用锤子和钢钎在混凝土表面凿一个大约 1 cm 的坑；用洗耳球吹掉残渣及坑表面的灰尘，滴入酚酞，看是否变红；用游标卡尺测量变红与没有变红的界线在垂直于混凝土表面方向上与混凝土表面的距离及碳化深度。

三、实验设备、工具及材料

浓度为 1%的酚酞酒精溶液滴定管游标卡尺混凝土碳化样品锤子或钢钎洗耳球。

四、数据记录与处理

测区	测点 h_i					$\frac{\sum_{i=1}^{5} h_j}{5}$
1	1	2	3	4	5	
2						
3						

第二部分

课程设计

第十三章 “水力学”课程设计

一、课程的性质与任务

“水力学”是水利类各专业的一门主要的技术基础课程。水力学课程的主要任务：掌握液体运动的一般规律和有关的基本概念、基本理论，学会必要的分析计算方法和一定的实验操作技术，为学习专业课程、从事专业技术工作、进行科学研究打下必要的坚实基础。本课程与其他有关课程的联系和分工，学生学习水力学以前必须学完高等数学、普通物理、理论力学、材料力学和算法语言等课程。这样，对于有关内容，如微分、积分、向量、偏导数、泰勒公式、微分方程、液体的物理特性、动能定律、动量定律、达朗贝尔原理、势函数、应力应变和计算机编程已有一定的基础，在水力学中主要是运用这些知识，不必详细讲解。“水力学”是一门技术基础课，应当理论联系实际，但应以分析水流现象、揭示水流运动规律、加强水力学的基本概念和基本原理的讲解为主，不宜过分强调专业需要，以致削弱对水力学基础理论的讲解。

二、设计内容

本课程设计主要针对某水库的挡水重力坝段进行如下内容的设计：

（1）确定挡水重力坝的剖面。

（2）坝体强度验算。

（3）坝基接触面抗滑稳定验算。

（4）细部构造设计。

要求在对基本资料认真分析的基础上，根据水工建筑物教材中相应的内容进行设计，且对计算参数的选取和方案的确定要有必要的论证。应提交的成果包括：设计书 1 份，图纸 1 张（1 号图纸）。

三、基本资料

设计基本资料主要包括：地形资料、坝基地质资料、水库特征（校核洪水位、正常高水位、死水位、淤积高程、总库容通过非溢洪道下泄的流量）、洪水流量、下游水位流量关系、气象资料（本地区的多年平均气温、最高气温、最低气温、多年平均最大风速、多年平均降雨量）、其他资料（淤砂干重度、孔隙率、淤沙内摩擦角等）。

四、设计指导

设计者可以参照下面的步骤进行设计：

（1）熟悉基本资料，明确设计任务，确定工程建筑物的等级。

（2）挡水坝段剖面设计。

① 初拟基本三角形。基本三角形顶点可以放在最高水位处，下游坝面坡比可以正常蓄水位或防洪高水位时的水荷载为主要作用的基本组合为依据，并参考已建工程进行初步拟定。

② 确定坝顶高程及坝顶宽度。对于设计及校核洪水，分别进行波浪高计算并加上相应的安全超高，由此确定坝顶高程。坝顶宽度需考虑设备布置、检修、运行、施工和交通等方面的要求，最小宽度为 3 m。

（3）确定作用及其组合。

（4）作用计算。

对已确定的作用组合分别进行作用计算，并按比例绘制计算草图。

（5）坝体强度和稳定承载能力极限状态验算。

坝体强度和稳定承载能力极限状态验算：对给定的作用组合情况，用抗剪断强度指标进行坝基面抗滑稳定极限状态验算；对验算结果进行评价，若不满足要求，应提出修改措施。

（6）溢流坝设计。

（7）细部构造设计。

包括坝身止水与排水、坝基止水与排水、廊道、闸墩等的形状、尺寸及构造设计。

（8）整理设计说明书及绘图。

设计说明书应包括设计依据、计算过程和计算结果分析，对某些设计参数的选取应有必要的分析论证，并附有必要的计算图表。要求文字简明扼要，条理清楚，能表达出设计者的设计意图即可；设计图纸布局合理、图面美观。

五、设计的主要内容

（1）装机容量估算和水轮机选型。

（2）进行坝轴线、坝型的选择和枢纽布置方案比较。

（3）做坝体剖面设计，主要包括：坝剖面的拟定、坝体稳定和强度的分析。

（4）坝体细部构造设计与地基的处理。

（5）施工导流方案的选择及施工进度计划。

（6）绘图、整理资料、撰写说明书及计算书。 该设计要求一般应达到初步设计，个别结构按施工设计完成；使学生通过该工程设计能全面系统地总结学习成果，并在计算、制图、写作、查阅文献和计算机应用等基本技能以及养成良好的工作习惯等方面受到严格的训练。完成的主要内容如下：

① 水文水利计算。为合理确定工程规模及工程设计、施工、管理等提供经济合理并安全可靠的数据。

② 枢纽布置及坝型选择。根据坝区的基本条件，经综合分析后选定两种较为合理的坝型，拟订其剖面尺寸进行布置，并通过经济比较选定最优布置方案。

③ 建筑物设计。在选定的枢纽方案中，对某一种建筑物（坝或取水建筑物或泄水建筑物）进行深入设计。

④ 施工组织设计。经综合分析提出一种较优的方案。

第十四章 “水资源规划与管理”课程设计

一、目的和作用

1. 主要目的

（1）巩固、联系、充实、加深、扩大所学的课程知识。

（2）提高综合应用所学多方面知识解决实际问题的能力。

（3）初步掌握设计工作的流程和方法。

2. 主要作用

可以提高学生多方面的能力，包括综合应用所学知识能力发现和解决问题的能力、资料查阅能力、计算机应用能力、报告撰写能力、协调合作能力等；强调综合应用所学知识能力的锻炼与培养。

二、任务和要求

1. 需要完成的任务

（1）撰写课程设计报告。

（2）绘制相关图件。

2. 要　求

认真阅读课程设计的任务及要求，分析提供的课程设计基础资料，选择合适的理论方法，准确计算、科学设计，并最终撰写课程设计报告，绘制相关图件。在课程设计过程中，对待疑难问题，要多方面寻求解决的途径，并最终能够设法解决。

三、工作内容

水资源规划编制应根据国民经济和社会发展总体部署，遵循自然和经济发展规律，确定水资源可持续利用的目标、方向、任务、重点、步骤、对策和措施，统筹水资源的开发、利用、治理、配置，规范水事行为，促进水资源可持续利用和保护。规划的主要内容包括水资源调查评价、水资源开发利用情况调查评价、需水预测、供水预测、水资源配置、总体布局与实施方案等。

（1）水资源调查评价。通过水资源调查评价，可为其他部分工作提供水资源数量、质量和可利用量的基础数据和成果，是水资源规划的重要基础工作。

（2）水资源开发利用情况调查评价。通过水资源开发利用情况的调查评价，可提供对现状用水方式、水平、程度、效率等方面的评价成果；提供现状水资源问题的定性与定量识别和评价结果；为需水预测、供水预测、水资源配置等部分的工作提供分析成果。

（3）需水预测。需水预测是在水资源开发利用情况调查评价的基础上，根据经济社会发展规律和研究区自然条件，对经济社会需水、生态需水、河道内其他需水等所做的预测，为水资源配置提供需水方面的预测成果。

（4）供水预测。供水预测是在对现有供水设施的工程布局、供水能力、运行状况以及水资源开发程度与存在问题等综合调查分析的基础上，充分考虑技术经济因素、水质状况、对生态系统的影响以及开发不同水源的有利和不利条件，对供水量所做的预测成果。

（5）水资源配置。在进行供需分析多方案比较的基础上，通过经济、技术和环境分析论证与比选，确定合理配置方案。水资源配置以统筹考虑流域水资源供需分析为基础，将流域内水循环和水资源利用的供、用、耗、排水过程紧密结合，并遵循公平、高效和可持续利用的原则。

（6）总体布局与实施方案。根据水资源条件和合理配置结果，提出对调整经济布局和产业结构的建议，并提出水资源调配体系的总体布局，制订合理抑制需求，有效增加供水，积极保护生态系统的综合措施及其实施方案，并对实施效果进行检验。

四、规划报告书的编写提纲

根据一般流域或区域水资源规划的编写步骤，并参考《全国水资源综合规划技术细则》（2002），列出水资源规划报告书编写的一般内容如下：

前言

1. 概述

1.1 规划范围及规划水平年

1.2 区域概况

1.3 规划的总体目标、指导思想及基本原则

1.4 规划编制的依据及基本任务

1.5 规划的技术路线

1.6 规划主要成果介绍

2. 水资源调查评价

2.1 降水

2.2 蒸发能力及干旱指数

2.3 河流泥沙

2.4 地表水资源量

2.5 地下水资源量

2.6 地表水水质

2.7 地下水水质

2.8 水资源总量

2.9 水资源可利用量

2.10 水资源演变情势分析
3. 水资源开发利用情况调查评价
3.1 经济社会资源分析整理
3.2 供水基础设施调查统计
3.3 供水量调查统计
3.4 供水水质调查分析
3.5 用水量调查统计
3.6 用水消耗量分析估算
3.7 废污水排放量调查分析
3.8 供、用、耗、排水成果合理性检查
3.9 用水水平及效率分析
3.10 水资源开发利用程度分析
3.11 河道内用水调查分析
3.12 与水相关的生态与环境问题调查评价
3.13 现状水资源供需分析
4. 需水预测
4.1 经济社会发展指标分析
4.2 经济社会需水预测
4.3 生态需水预测与水资源保护
4.4 河道内其他需水预测
4.5 需水预测汇总
4.6 成果合理性分析
5. 供水预测
5.1 地表水供水
5.2 地下水供水
5.3 其他水源开发利用
5.4 供水预测与供水方案
6. 水资源配置
6.1 基准年供需分析
6.2 方案生成
6.3 规划水平年供需分析
6.4 方案比选与推荐方案评价
7. 总体布局与实施方案
7.1 总体布局
7.2 工程实施方案
7.3 非工程措施

五、应提供的基础资料

为保证课程设计的顺利进行，在课程设计开始前，指导教师应针对某一研究区收集一些基础资料，提供给参加设计的学生。主要基础资料如下：

（1）自然地理。包括研究区地形地貌、水文地质、土壤、植被覆盖条件、水文气象、河流水系等资料。

（2）经济社会。包括研究区行政区划及人口、经济发展状况、工业、耕地及农业等资料。

（3）水资源调查资料。包括降水量观测、蒸发量观测、河流泥沙、地表水资源量、地下水资源量、水质监测等相关资料。确保学生通过这些资料的分析和计算能够初步评价水资源数量、质量、水资源可利用量。

（4）水资源开发利用情况调查资料。包括供水基础设施、供水量、供水水质、用水量、耗水量、污废水排放量等的调查统计资料。

另外，资料可能还有一些不足，建议学生到图书馆、网络甚至现场再查阅或收集相关资料。

第十五章 “水工建筑物”课程设计

本课程是水利水电建筑工程专业的主干专业必修课之一，是本专业主干课。通过本课程学习，目的是使学生初步掌握各种水工建筑物的设计理论与方法、运行管理及科学研究的基本知识，了解各种水工建筑物的作用、类型、特点和布置原则，基本掌握各种水工建筑物的结构、构造及施工、管理中注意问题等；进行运用所学知识综合解决实际工程问题的基本训练，为今后从事中、小型水利水电工程的施工、管理和设计打下坚实基础。

一、目的与要求

1. 课程设计目的

使学生融会贯通本课程所学专业理论知识，完成一个较完整的设计计算过程，以加深对所学理论的理解与应用。培养学生综合运用已学的基础理论知识和专业知识来解决基本工程设计问题的初步技能，全面分析考虑问题的思想方法、工作方法以及计算、绘图和编写设计文件的能力。

2. 课程设计要求

（1）必须发挥独立思考的能力，创造性地完成设计任务。在设计中应遵循技术规范，尽量采用国内外的先进技术与经验。

（2）对待设计、计算、绘图等工作，应具有严肃认真、一丝不苟的工作作风，以使设计成果达到较高水平，并从中得到锻炼。

（3）必须充分重视和熟悉原始资料，明确设计任务，在规定的时间内圆满完成要求的设计内容。

（4）成果包括:设计计算说明书 1 份，图纸 2 张（包括 1 张蓝图）。

3. 设计任务

（1）根据地质、地形条件和枢纽建筑物的作用，进行枢纽布置方案的比较，通过并分析初步确定布置方案。绘制下游立视图。

（2）进行非溢流坝的剖面设计，内容包括：拟订挡水坝剖面，稳定（包括单一安全系数法和可靠度理论法）分析，应力分析（用材料力学法计算边缘应力）并绘制设计图。

（3）进行细部构造设计，包括混凝土标号分区、分缝、止水等。

4. 设计说明书参考目录

第一章 基本资料

第二章 坝体剖面拟定

第三章 稳定分析
第四章 应力分析
第五章 细部构造设计
第六章 地基处理及两岸的连接

二、基本资料

1. 工程概况

顺河水量丰沛，顺河中游与豫运河上游的礼河、还乡河分水岭均较单薄，并处于低山丘陵区，最窄处仅 10 余千米。通过礼河、洲河及输水渠道，可通向唐山市；经还乡河、陡河可通秦皇岛市。为解决唐山市、秦皇岛市两地区用水，国家决定修建顺河水库。顺河水库位于河北省唐山、承德两地区交界处，坝址位于迁西县扬岔子村的顺河干流上，控制流域面积 $3.37\times10^4\ km^2$，总库容为 $2.55\times10^9\ m^3$。水库距迁西县城 35 km，有公路相通。

水库枢纽由主坝、电站及泄水底孔等组成，水库的主要任务是调节水量，保障天津市和唐山地区工农业及城市人民的生活用水，结合引水发电，并兼顾防洪要求。故应尽可能使工程提前竣工，获得收益。

根据水库的工程规模及其在国民经济中的作用，枢纽定为一等工程，主坝为Ⅰ级建筑物，其他建筑物按Ⅱ级建筑物考虑。

2. 水文分析

（1）年径流：顺河水量较充沛，顺河站多年平均年径流量为 $2.45\times10^9\ m^3$，占全流域的 53%，年内分配很不均匀，主要集中在汛期七、八月份。丰水年时占全年 50% ~ 60%，枯水年占 30% ~ 40%，而且年际变化也很大。

（2）洪水：多发生在七月下旬至八月上旬，有峰高量大涨落迅速的特点。据调查，近一百年来有 6 次大水，其中 1883 年最大，由洪水估算洪峰流量为（2.44 ~ 2.74）$\times10^4\ m^3/s$。实测的 45 年资料中最大洪峰流量发生在 1962 年，为 $1.88\times10^4\ m^3/s$。

（3）泥沙：本流域泥沙颗粒较粗，中值粒径 0.037 5 mm，全年泥沙大部分来自汛期七、八月份，主要产于一次或几次洪峰内且年际变化很大。由计算得，多年平均悬移质输沙量为 $1.825\times10^7\ t$，多年平均含沙量为 $7.45\ kg/m^3$。推移质缺乏观测资料，可计为前者的 10%，这样总入库沙量为 $2.01\times10^7\ t$。淤沙浮容重为 $0.9\ t/m^3$，内摩擦角为 12°，淤沙高程 157.5 m。

（4）气象：库区年平均气温为 10 °C 左右，一月份最低月平均气温为 6.8 °C，绝对最低气温达 − 21.7 °C（1969 年），7 月份最高月平均气温 25 °C，绝对最高达 39 °C（1955 年），本流域无霜期较短（90 ~ 180 天），冰冻期较长（120 ~ 200 天），顺河站附近河道一般 12 月封冻，次年 3 月上旬解冻，封冻期 70 ~ 100 天，冰厚 0.4 ~ 0.6 m，岸边可达 1 m。流域内冬季盛行偏北风，风速可达七八级，有时甚至更大；春秋两季风向变化较大夏季常为东南风，多年平均最大风速为 21.5 m/s，水库吹程 $D = 3\ km$。

（5）工程地质：

库区地质：顺河水库、库区属于中高山区，河谷大都为峡谷地形，只西城峪至北台子一带较为宽阔沿河两岸阶地狭窄，断续出现且不对称，区域内无严重的坍岸及渗漏问题。第四大岩层（Ar I 4）为角闪斜长片麻岩，具粗粒至中间细粒纤状花岗变晶结构，主要矿物为斜长石、石英及角闪石。本层岩体呈厚层块状、质地均一、岩性坚硬、抗风化力强、工程地质条件较好，总厚度 185 m 左右。岩石物理力学性质：岩石容重为 2.68 ~ 2.70 t/m^3，饱和抗压强度，弱风化和微分化岩石均在 650 kg/cm^2 以上，有的可达 1 100 kg/cm^2；混凝土与岩石的摩擦系数微分化及弱风化下部，可取 f = 1.10、c' = 7.5 kg/cm^2。

（6）地震：

库区附近历史地震活动较为频繁，近年来弱震仍不断发生，其中 1936 年和 1976 年两次发生 6 度左右地震，1977 年 6 月国家地震局地震地质大队对本区域地震问题作了鉴定，水库的基本烈度为 6 度，考虑到枢纽的重要性和水库激发地震的可能性，拦河坝设防烈度采用 6 度。

4. 枢纽建筑物特性指标（见表 15.1）

表 15.1 枢纽建筑物特性指标

	项目	单位	指标	备注
水位	校核洪水位	m	227.2	
	设计洪水位	m	225.7	p = 0.01%
	正常蓄水位	m	224.7	p = 0.1%
	汛期限制水位	m	216.0	
	死水位（发电）	m	180.0	
	校核洪水位尾水位	m	156.8	
	设计洪水尾水位	m	152.0	
	正常尾水位	m	138.4	
库容	总库容	×10^{8}m^3	25.5	计入 10 年淤泥
	调洪库容	×10^{8}m^3	7.4	
	兴利库容	×10^{8}m^3	19.5	
	共用库容	×10^{8}m^3	5.6	
	死库容	×10^{8}m^3	4.2	计入 10 年淤泥
坝型（混凝土重力坝）	坝顶溢孔数	孔	19	
	堰顶高程	m	210	闸墩的中墩厚度为 3 m
	每孔净宽	m	15	（横缝设在闸墩中间）
	工作闸门尺寸	m×m	15×15	弧形钢闸门
	启闭机（2×70 t）	台	19	固定式卷扬机
	设计洪水下泄能力	m^3/s	32 300	
	校核水位下泄量	m^3	42 900	限泄 27 500^3 m^3

续表 15.1

	项目	单位	指标	备注
泄水孔	进口底高程	m	160	
	底孔数目	孔	4	
	工作闸门尺寸（宽×高）	m×m	5×7	弧形钢闸门
	启闭机	台	4	
	设计水位泄水能力	m^3/s	4 340	
	校核水位泄水能力	m^3/s	4 430	
电站引水管道	水管道进口底高程	m	170	三条引水管
	管线长度	m	121	
	管径	m	5	
	最大引水流量	m^3/s	104	每条引水道
	工作闸门	扇—m×m	3—5×7	平板钢闸门
	工作闸门启闭机	台	3	240×70 t 液压
	平板检修门	m×m	5×8.5	
	检修门启闭机	台	1	400/25 t 门机
电站	主厂房尺寸（长×宽×高）	m×m×m	72×19.1×39	
	机组间距	m	16	
	水轮发电机组	台	3	
	装机容量	$\times 10^4$W	3×6＝18	
	水轮机型号	HL702-	LJ-330	
	额定出力	$\times 10^4$W	6.18	
	发电机型号	TS-750/	190-36	
	额定出力	$\times 10^4$W	6	
	主要压器型号	SSPL-80000	/220	
	输电线电压	kV	220	共 3 台

三、课程设计

1. 基本资料

（1）地理位置。

（2）流域概况。

（3）建筑规模。

（4）水文气象资料：

① 水库特性；

② 设计流量；

③ 气象。

（5）地质条件：

① 库区工程地质条件：

② 坝址工程地质条件。

（6）震级（该地区地震级别为 7 级）。

（7）天然建筑材料。

（8）附：坝址地形图一张。

① 坝轴线的选择（原因）；

② 坝型的选择。

2. 非溢流坝剖面设计

（1）确定坝顶高程：

防浪墙高程 = max（设计洪水位 + 超高，校核洪水位 + 超高），浪高由官厅公式计算确定。

① 设计洪水位下：

库水位以上的超高 $\Delta h = h_L + h_z + h_c$

式中 h_L——波浪高度；

h_z——波浪中心线高出静水面高度；

h_c——安全加高。

波浪高度按官厅公式计算：

$$h_L = 0.0166 v_0^5 D^{1/3}$$

$$\lambda = 10.4\,(h_1)^{0.8}$$

波浪中心线高出静水位高度：

$$h_z = \frac{\pi h_1^2}{\lambda}$$

根据水工建筑物级别确定[在设计情况下（Ⅱ级）]：

所以 $$\Delta h = h_L + h_z + h_c$$

坝顶高程 $$h_{设} = Z_{设计} + \Delta h$$

② 同理在校核洪水位下计算出坝顶高程，取两者的最大值为坝顶高程：

（2）坝基面设计。

（3）坝顶的宽度。

（4）坝坡的拟定。

（5）基本断面的计算。

（6）地基防渗与排水设施拟定。

（7）非溢流坝的稳定校核。

① 正常蓄水位时的情况下：

a. 正常蓄水位时的抗滑稳定校核。

• 荷载计算及组合：正常蓄水位的情况下的荷载组合包括：自重、静水压力、扬压力、淤沙压力、浪压力、土压力及其他荷载。

• 自重 $G=\gamma_1 V$

式中 γ_1——筑坝材料重度 kN/m^3，取 24 kN/m^3

V——重力坝体积 m^3，取 1 m 的坝长计算，

$$V=V_1+V_2+V_3$$

• 静水压力（水平静水压力 P_H 及铅直静水压力 P_V）。

上游的水平静水压力：

$$P_{H上}=\frac{1}{2}\gamma_W H^2$$

下游的水平静水压力：

$$P_{H上}=\frac{1}{2}\gamma_W H_d^2$$

式中 γ_W——水的容重；

H——计算点处的水头；

H_d——下游水深。

• 泥沙压力。

水平泥沙压力公式：

$$P_n=\gamma_{sb}H_s\tan^2\left(45°-\frac{1}{2}\varphi_n\right)$$

式中 γ_{sb}——泥沙的浮重度；

H_s——淤沙高度；

φ_n——淤沙的内摩擦角。

• 扬压力。

• 浪压力。

b. 抗滑稳定校核：

竖向力合力 $\sum W=G-U+P_v$

水平合力 $\sum P=P_{H上}-P_{H下}+P_s+P_L+P_n$

• 按抗剪断强度计算的抗滑稳定安全系数:

$$K'=\frac{f'\sum W+c'A}{\sum P}$$

• 按抗剪强度计算的抗滑稳定安全系数:

$$K'=\frac{\sum W+U}{\sum P}$$

c. 正常蓄水位时的强度校核。

• 水平截面的正应力。

上游面的垂直正应力:

$$\sigma_{yu}=\frac{\sum W}{B}+\frac{6\sum M}{B^2}$$

式中 B——坝体计算截面上游、下游方向的宽度 B；

$\sum W$——计算截面上全部垂直力之和，以向下为正；

$\sum W$——计算截面上全部垂直力及水平力对于计算截面形心的力矩之和以向上游面产生的压应力为正。

下游面的垂直正应力:

$$\sigma_{yu}=\frac{\sum W}{B}+\frac{6\sum M}{B^2}$$

• 剪应力。

上游面的剪应力:

$$T_u=(P-P_{uu}-\sigma_{yu})n$$

式中 n——上游坝坡坡率；

P——截面在上游坝面所承受的水压力强度，

$$P=H\gamma_W$$

P_{uu}——截面在上游坝面处的扬压力强度，

$$P_{uu}=\gamma_W H$$

则

$$\tau_u=(P-P_{uu}-\sigma_{yu})n$$

下游面的剪应力:

$$\tau_d=(\sigma_{yd}-P'-P_{ud})m$$

式中 m——下游坝坡坡率；

P'——截面在下游坝面所承受的水压力强度，

$$P' = \gamma_W H_d$$

P_{ud}——截面在下游坝面处的扬压力，

$$P_{ud} = \gamma_W H_d$$

- 水平正应力。

上游面水平正应力：

$$\sigma_{xd} = (P' - P_{ud}) + (\sigma_{yd} - P' + P_{ud})m^2$$

下游面水平正应力：

$$\sigma_{xd} = (P' - P_{ud}) + (\sigma_{yd} - P' + P_{ud})m^2$$

- 主应力。

上游面主应力：

$$\sigma_{1d} = (1 - n^2)\sigma_{yu} - n^2(P' - P_{uu})$$

$$\sigma_{2u} = P - P_{uu}$$

下游面主应力：

$$\sigma_{1d} = (1 - m^2)\sigma_{yu} - m^2(P' - P_{uu})$$

$$\sigma_{2d} = P' - P_{ud}$$

3. 溢流坝剖面设计

（1）孔口设计。

① 泄水方式的选择；

② 洪水标准的确定；

③ 流量的确定；

④ 单宽流量的选择；

⑥ 孔口净宽的拟定；

⑦ 溢流坝总长度的确定；

⑧ 堰顶高程的确定；

⑨ 闸门高度的确定。

根据工程经验确定。

（2）溢流坝面曲线设计。

① 溢流曲线。

开敞式堰面堰顶下游采用 WES 曲线，其方程为

$$y = \frac{X^n}{kH_d^{n-1}}$$

式中 H_d——堰面曲线定型设计水头；

x，y——原点下游堰面曲线横、纵坐标；

n——与上游堰面坡度有关的指数；

k——与上游堰面坡度有关的指数。

② 直线段。

③ 反弧段。

4. 坝身细部构造

（1）坝顶构造。

① 非溢流坝段；

② 溢流坝段（闸门的布置/闸墩）。

（2）坝体分缝和止水。

① 横缝；

② 止水；

③ 纵缝；

④ 水平缝。

（3）廊道系统。

① 基础廊道；

② 坝体廊道。

（4）坝体的防渗与排水。

① 坝体防渗；

② 坝体排水。

5. 地基处理

（1）坝基的防渗处理。

（2）坝基排水。

6. 设计结语

第十六章 “水泵与水泵站”课程设计

一、性质、任务和基本要求

本课程是水利工程、水利水电工程等水利类专业主要专业课之一，主要任务是：使学生熟悉叶片泵的性能，进行合理的选型配套，并具有初步规划设计抽水机站的能力。要求了解叶片泵的一般构造和工作原理，掌握其基本性能，并能对基本性能曲线进行测绘，掌握选择叶片泵选型方法与步骤，确定其工作点、安装高程及调节方法；能选择动力机型，传动方式及其辅助设备，了解灌排区划分站址选择的一般原则，确定设计扬程和设计流量，掌握抽水站枢纽总体布置，进行泵房结构类型选择和设计计算，掌握水泵安装方法测试技术。

二、内容和要求

了解提水灌排工程的特点及其对社会发展的意义，国内外机电灌排事业的发展概况及存在问题。

（1）叶片泵构造和类型：掌握叶片泵构造及零部件作用，能识读构造图。

（2）叶片泵基本理论：掌握叶片泵工作参数的意义、计算方法，了解叶片泵基本方程的推导，了解叶片泵相似律和比转数概念及应用。

（3）叶片泵的性能：着重要求学生掌握叶片泵性能曲线的实用意义以及离心泵、混流泵、轴流泵等性能曲线的特点。要求了解试验性能曲线和通用性能曲线的绘制及其应用。掌握综合性能图的使用意义。

（4）叶片泵工作点确定及调节：着重要求学生掌握叶片泵工作点确定的方法和实用意义。了解水泵串联、并联等特殊情况下工作点的确定方法。知道叶片泵常用的几种调节方法，并能说出其原理、特点及适用条件。

（5）叶片泵汽蚀及安装高程的确定：重点要求掌握叶片泵产生汽蚀原因现象及其危害性。要求学生了解叶片泵汽蚀基本方程式的推导及汽蚀试验。掌握叶片的基准面、汽蚀余量及允许吸上真空度的基本概念和计算方法。掌握叶片泵安装高程的计算方法和步骤，了解防止和减轻汽蚀的措施。

（6）叶片泵造型和配套：掌握叶片泵选型的方法和步骤以及选型中应注意的问题，了解柴油机的选型配套，熟悉电动机选型配套，了解机组传动方式的类型、特点及适用条件。

（7）其他排灌用泵：了解井用泵和水轮泵的类型、性能及适用条件。

（8）灌排泵站规划：要求学生了解提水灌区划分、高扬程灌区分级方法及其适用条件。重点要求学生掌握灌溉站、排水站的设计流量，设计扬程的计算方法，进出水池水位在规划设计中的用途，站址选择以及枢纽布置。了解灌排泵站在运行中的各项功能。

（9）进出水建筑物及其出水管道设计：重点掌握引水渠前池、进水、出水池的尺寸设计和构造及其进出水建筑物形式的选择，出水管道的设计。能了解进水池流态对水泵性能的影响、压力水箱、镇墩的设计、断流方式、泵站事故停泵水锤的分析和简易计算方法及防护措施。能知道前池和进水池的流态改善措施。

（10）泵房设计：要求学生掌握分基型泵房和湿室型泵房的内部设备布置及尺寸的确定，泵房结构形式的选择和适用场合。能熟悉泵房的整体稳定分析和地基应力校核的方法。了解干室型泵房的设计及稳定分析。能掌握立式机组梁系的荷载分析及结构设计。

（11）移动式泵站：要求学生作简单的了解。

（12）水泵安装及其管理：要求学生掌握水泵机组、管道安装的程序及其方法。要求学生了解机组运行、维护、泵站的主要技术经济指标及测试技术、节能技术。要求对泵站的技术改造及其检修作适当的补充。

三、课程设计

本课程设计要求设计某开发区的一级泵站，以满足供水要求。从所提供的站址地形图来看，可以初步得知实际扬程约为 15m，地形下部靠近渠道(取水口)的地方坡度较缓，在 513.5m 高程以上坡度变陡，而在 518.5m 高程线中央位置有一相对平坦的坪坝，地势相对较开阔，可进行建筑物的平面布置。

1. 设计资料

（1）地址地形图一张（枢纽建筑物平面图绘于地形图上）。

（2）地质情况：站址处为上侏罗纪广元统砂页岩互层，上覆 3 m 左右的轻质黏土。砂岩容重 $\gamma = 2.3\ \text{t/m}^3$，允许压应力 $[\delta] = 8\ \text{kg/cm}^2$；轻质黏土容重 $\gamma = 2.07/\text{m}^3$，允许压应力 $[\delta] = 2.5\ \text{kg/cm}^2$。

（3）地下水埋深一般为 3.5 m。

（4）取水水源：灌溉干渠自开发区边缘通过，水量充足，水质良好。设计年供水保证率 $P' = 95\%$。站址干渠日平均水位见表 16.1。

表 16.1　干渠日平均水位表

月	1	2	3	4	5	6
天数	31	28	31	30	31	30
渠道水位/m	503.8	503.8	503.9	504.6	504.8	504.8
月	7	8	9	10	11	12
天数	31	31	30	31	30	31
渠道水位/m	504.4	504.3	504.5	504.1	503.9	503.8

干渠水力要素：地坡 $i = 1/4\ 000$，站址处渠底高程 502.8，边坡系数 $m = 1.25$，糙率 $n = 0.025$，水温 20 °C。

（5）开发区用水工程图（见设计书）。

（6）根据开发区供水要求，净水构筑物的设计水位定为 518.3 m。

（7）在站址东北角有高压输电线通过，距站址 2 km 左右，电压为 10 kV。

（8）开发区对外交通方便，劳动资源充裕，土石方开挖单价为 33 元/m^3，电费为 0.3 元/度，钢板容重 785 t/m^3，单价 5 000 元/t。

（9）水头损失估算取值如表 16.2 所示。

表 16.2 水头损失估算取值

$H_{净}$/m	直径 D/mm		
	<200	250 ~ 300	>350
	占 $H_{净}$的百分比		
<10	30 ~ 50	20 ~ 40	10 ~ 25
10 ~ 30	20 ~ 40	15 ~ 30	5 ~ 15
>30	10 ~ 30	10 ~ 20	3 ~ 10

2．泵站规划

内容包括泵站枢纽中心线的比较与选择，枢纽建筑物的总体布置，泵站设计流量和设计扬程的确定，水泵型号、台数及配套动力机设备的选择等。

（1）中心线选择及枢纽建筑物总体布置。

① 最优枢纽中心线的确定。

按照经济、合理的原则，选择两条枢纽中心线，分别称为 A 线和 B 线。

A 线位于渠道下游，所经过的地形坡度适宜，高差起伏变化小，在 506 m 等高线与干渠之间有一块较大的平地，对于布置引水渠相当有利；同时在 516.0 ~ 518.5 m 高程处，地势也很平顺，便于开挖和施工。在东北角有高压输电线通过，与 A 线路距离更近，可减小输电线路的长度，节省投资。A 线路相对较短，可以减少管路损失，节约费用。

B 线前端地势相对狭小，不利于取水建筑物的布置。虽在 508.0 ~ 508.5 m 高程线之间有一片空地，可能便于泵房的布置，但在 B 线后端坡度较陡，要使压力管道比较稳定，则所需的材料和劳动力也会相应的加大，从而增加工程投资；况且 B 线离高压线较 A 线远，电力输送不如 A 线方便。

综上所述，选择 A 线更经济、更合理。

② 泵站枢纽总体布置。

据站址地形图可得，511.0 m 以上高程线疏密不均匀，但是在 518.5 m 高程线中央位置有一相对平坦的坪坝，地势相对较开阔，可在此进行进水池的布置。由于泵站是从渠道取水，但是渠道中的水流流态不稳定，故需设置一个进水池稳定流态，提高水泵工作效率。在进水池后（高程为 506.0 ~ 508.0 m）布置泵房，由压力管道将水抽送到出水池（518.0 m 高程处），在出水池中稳定后，由出水管道再流入供水点。

（2）设计流量和设计扬程的计算。

① 设计流量 Q_d 的确定。

供水水源泵站的设计流量一般按最高日平均用水量加上净水自用水量（一般为供水量的5%～10%，此处取 5%）和输水管的漏失水量（按供水量的 10%）计算确定。查开发区用水过程图得，最高日平均用水量为 $Q = 1\ 400$ L/s，则可据此算得：$Q_d = (1 + 5\% + 10\%)Q = 1.15 \times 1\ 400 = 1\ 610$ L/s $= 1.61$ m^3/s。

② 设计扬程 H 的确定。

a. 计算平均实际扬程。

由站址干渠日平均水位表 16.1 和开发区用水过程图可列出表 16.3。

表 16.3

泵站运行时段 i	该时段天数 t/d	泵站流量	进水池	出水池	几何提水高度	$Q_iH_it_i$	Q_it_i
1	31	0.35	503.3	518.3	15	162.75	10.85
2	28	0.35	503.3	518.3	15	147	9.8
3	31	0.7	503.4	518.3	14.9	323.33	21.7
4	30	0.7	504.1	518.3	14.2	298.2	21
5	31	1.05	504.3	518.3	14	455.7	32.55
6	30	1.4	504.3	518.3	14	588	42
7	31	1.4	503.9	518.3	14.4	624.96	43.4
8	31	1.4	503.8	518.3	14.5	629.3	43.4
9	30	1.05	504	518.3	14.3	450.45	31.5
10	31	0.7	503.6	518.3	14.7	318.99	21.7
11	30	0.35	503.4	518.3	14.9	156.45	10.5
12	31 Σ365	0.35	503.3	518.3	15	162.75 Σ4 317.88	10.85 Σ285.25

由公式 $H_{实} = \dfrac{\sum H_{实i}Q_it_i}{\sum Q_it_i}$ 得

$$H_{实} = \frac{4317.88}{285.25} = 15.14\ (\text{m})$$

b. 确定水泵的设计扬程。

据公式 $$H_{设} = H_{实} + \sum \Delta H_{损} = (Hk)H_{实}$$

式中 $\Delta H_{损}$——管路沿程损失和局部水头损失，m；

k——管路水头损失占平均实际扬程的百分比，其值可按水头损失估算取值表初定，此处取为 $k=0.35$。

则
$$H_{设}=(1+0.35)H_{实}=1.35\times15.14=20.44\ (\mathrm{m})$$

（3）机组选型。

① 水泵选型。

根据水泵选型原则按下列步骤选择合适的水泵：

a. 主泵类型的选择。

因为此泵站的设计扬程为 20.44 m，查《水泵站设计示例与习题》中的水泵性能表得 14 Sh-19A 和 20Sh-19 两种泵型均符合扬程要求，作为比较方案，进行经济性能等方面的优选。其性能如表 16.4 所示。

表 16.4 泵型方案性能

型号	流量 Q/（L/s）	扬程 H/m	转数 n/（r/min）	轴功率 N/（kW）	效率 η/%	允许吸上真空高度 $[H_S]$/m	质量/kg
14Sh-19A	240	26	1470	76.5	80	3.5	898
	310	21.5		77	85		
	360	16.5		80	73		
20Sh-19	450	27	970	159	75	4	2010
	560	22		144	84		
	650	15		126	76		

b. 确定主泵台数。

有关系式 $i=\dfrac{Q_d}{Q_{泵}}$，可据此确定两种泵型所需的台数。

14sh-19A 型泵　　$i=\dfrac{1.61}{0.91}=5.2$ 台，取 5 台

20sh-19 型泵　　$i=\dfrac{1.61}{0.56}=2.9$ 台，取 3 台

由上述计算可知，选 14Sh-19A 型泵机组要多两台，可能其投资比 20Sh-19 型泵要大，安装高程较小，不利于通风散热；但是前者机组质量比后者要小得多，小型机组便于安装，维护和检修，流量的变化适应性也较强，故初选 5 台 14Sh-19A 型泵这一方案。

c. 拟合流量过程曲线。

按选定的水泵型号和台数，在流量过程线上拟合，当取水泵台数为 5 台时，拟合后的流量过程线和设计流量过程线配合较好，说明选择方案可以满足流量变化过程的要求。故本设计选用 5 台 14Sh-19A 型泵这一方案是合理的。

d. 动力机组配套选型。

由于在站址东北角有高压输电线路通过，靠近电源，故动力类型选配电动机。

电动机配套功率配套计算如下：

$$N_{配}=k\frac{N}{\eta_{传}}$$

式中 k——动力备用系数，取 1.05；

$N_{轴}$——水泵工作范围内的最大轴功率，查前表得 80 kW；

$\eta_{传}$——传动效率，水泵转速为 1 470 r/min，初步假定用同步转速 1 500 r/min 的异步电动机直接传动，则取为 0.98。

算得 $$N_{配}=1.05\times\frac{80}{0.98}=85.7\ (\text{kW})$$

e. 确定机型。

根据水泵额定转速 1 470 r/min 和配套功率 85.7 kW，查《水泵站设计示例与习题》电机资料可知选用 5 台 JQ2-93-4 型三相鼠笼式异步电动机 5 台能满足设计要求。其技术性能如表 16.5 所列。

表 16.5 JQ2-93-4 型电机性能表

额定功率/kW	额定电压/V	额定转速/（r/min）	质量/kg
100	380	1470	670

3. 泵站建筑物设计

主要包括以下设计内容：泵站管路形式级泵站各建筑物的结构形式确定；计算确定水泵安装高程；泵房内部初步布置及泵房平面尺寸；进出水建筑物的设计与布置。

（1）引渠设计。

① 引渠断面设计。

按照明渠均匀流方法计算。取边坡系数 $m=1.5$，糙率 $n=0.025$，底坡 $i=1/5\ 000$，用试算法确定水深 h 与底宽 b。

设 $h=1.1$ m，$b=2.1$ m，计算通过流量 Q。

过水断面积 $$W=(b+mh)=(2.1+1.5\times1.1)\times1.1=4.125\ (\text{m})$$

水力半径 $$R=\frac{W}{x}=\frac{4.125}{6.07}=0.68\ (\text{m})$$

谢才公式 $$C=\frac{1}{n}R^{\frac{1}{6}}=\frac{1}{0.025}\times0.68^{\frac{1}{6}}=37.5\ (\text{m}^{\frac{1}{2}}/\text{s})$$

流量 $$Q=WC\sqrt{Ri}=4.125\times37.5\times\sqrt{6.68\times\frac{1}{5000}}=1.81\ (\text{m}^3/\text{s})>1.61\ \text{m}^3/\text{s}$$

② 冲淤流速校核。

实际流速 $v_{实}$、不冲流速 $v_{不冲}$和不淤流速 $v_{不淤}$，需满足 $v_{不冲}>v_{实}>v_{不淤}$。

实际流速 $v_{实} = \frac{Q}{W} = \frac{1.81}{4.125} = 0.44\ (\text{m/s})$

不冲流速 $v_{不冲} = kQ^{0.1}$。

式中 k——耐冲系数，站址表层为轻质黏土，取 0.57；

Q——引渠设计流量，为 1.81 m^3/s。

则可据此算得

$$v_{不冲} = 0.57 = 0.60\ \text{m/s}，符合要求$$

不淤流速：为控制渠床杂草生长，小型渠道的不淤流速应在 0.3 ~ 0.4 m/s。

设计数值均满足要求。

③ 引渠底高程。

以渠道最低水位时能引进泵站设计流量，尽量减少土方开挖量为原则。渠首进口水面降落估算为 5 cm，则

渠首底高程 $503.8 - 1.1 - 0.05 = 502.65$（m）

渠末底高程 $502.65 - 15 \times (1/5\ 000) = 502.647$（m）

④ 进水池水位。

取渠道最低水位为设计水位（503.8 m），并设从干渠到进水池的水位变化为 0.1 m（含渠首进口水面降落，渠道坡度降落的水位变化等），则进水池的设计水位为 503.8 − 0.1 = 503.7 m。

（2）泵站管路设计。

泵站吸水管路管材拟采用铸铁，其管径用控制流速公式先计算，然后查资料取标准值确定。计算如下：

$$D = \sqrt{\frac{4Q}{\pi v}}$$

式中 Q——管路中通过的流量，初选采用水泵铭牌流量 0.31 m^3/s；

v——管内控制流速，按经验选值，进口处取 1.0 m/s，管道内取 1.5 m/s。

则进口喇叭管直径 $D_{进} = \sqrt{\frac{4\times0.31}{3.14\times1.0}} = 0.63$ m，管道直径 $D = \sqrt{\frac{4\times0.31}{3.14\times1.0}} = 0.51$。查资料取标准值进口直径 630 mm，管路直径 500 mm。

管长：依经验暂拟 11.0 m。

附件：由前计算可确定：喇叭管的大头直径 630 mm，小头直径 500 mm，长度 310 mm。考虑采用直立式池壁的进水池，故选用 $R = 700$ mm，内径 500 mm 的双法兰 90°弯头，中心线长度 1 183 mm；选用长度 890 mm，小头直径 350 mm，大头直径 500 mm 的偏心异径接头。真空表一只。

（3）确定水泵安装高程。

① 吸水管路水头损失。

吸水管路水头损失计算按沿程损失和局部损失分别计算后相加而得。

沿程水头损失用下式计算：

$$h_{沿}=10.3n^3\frac{L}{D^{5.33}}Q^2$$

式中 n——管道内壁糙率，铸铁取 0.013；

L——管道长度，取 11.0 m；

D——管道直径，取 500 mm；

Q——管道设计流量，取 0.31 m^3/s。

则计算可得

$$h_{沿}=10.3\times0.013^2\times\frac{11}{0.5^{5.33}}\times0.31^2=0.074\ (\mathrm{m})$$

局部水头损失用下式计算：

$$h_{局}=0.083\sum\frac{L}{D^4}Q^2$$

式中 ξ——管路局部阻力系数，查资料得：$\xi_{进}=0.2$，$\xi_{90}=0.64$，$\xi_{缩}=0.2$；

D——局部阻力处管径，查资料得：$D_{进}=0.63$ m，$D_{缩}=0.35$ m；

其余符合同上。

则
$$h_{局}=0.083\times\left(\frac{0.2}{0.64^4}+\frac{0.64}{0.5^4}+\frac{0.2}{0.35^4}\right)\times0.31^2=0.2\ (\mathrm{m})$$

吸水管路水头损失为

$$h_{吸}=h_{沿}+h_{局}=0.074+0.20=0.274\ (\mathrm{m})$$

② 水泵安装高度计算。

本设计工作水温与水面大气压均超过标准值，计算如下：

$$[H_s]'=[H_s]-(10.33-h_a)-(h_t-0.24)$$

式中 $[H_s]$——水泵允许吸上真空高度 3.5 m；

h_a——大气修正值，海拔 500 m，查资料得 9.72 m；

h_t——工作水温 20°C，则查资料得 0.24 m。

算得
$$[H_s]=3.5-(10.33-9.72)-(0.24-0.24)=2.89\ (\mathrm{m})$$

$$v_s=\frac{4\times Q}{\pi D^2}=\frac{4\times0.31}{3.14\times0.35^2}=3.22\ (\mathrm{m/s})$$

式中 v_s——水泵进口处流速。

水泵安装高度用下式计算：

$$H_g=[H_s]'-h_{吸}-\frac{v_s^2}{2g}$$

$$H_g=2.89-0.274-\frac{3.22^2}{2\times10}=2.1\ (\mathrm{m})$$

③ 水泵安装高程的确定。

水泵安装高程用下式计算：

$$\nabla_{安} = \nabla_{min} + H_g - K$$

式中 ∇_{min}——进水池最低水位 503.7m；

k——安全值，取 0.2 m。

则
$$\nabla_{安} = 503.7 + 2.1 - 0.2 = 505.6\ (\text{m})$$

④ 出水管路选配。

出水管路直径用两种方法分别计算后比较选取。

a. 用经验公式计算：

$$D = \sqrt[7]{\frac{kQ^3}{H}}$$

式中 Q——出水管路中最大的流量，取水泵工作范围内最大值 0.36 m^3/s；

k——计算系数，本设计取 10；

H——出水管路静水头，本设计为 518.3 − 505.25 = 13.05 m；

则
$$D = \sqrt{\frac{10 \times 0.36^3}{13.05}} = 0.62\ (\text{m/s})$$

b. 用控制流速公式计算：

$$D = \sqrt{\frac{4Q}{\pi v}}$$

式中 Q——出水管路通过流量，取水泵铭牌流量 0.31 m^3/s；

v——管内控制流速，凭经验取 2.0 m/s。

算得
$$D = \sqrt{\frac{4 \times 0.31}{3.14 \times 2.0}} = 0.44\ (\text{m/s})$$

综上所述，本设计出水管路直径取 0.5 m。

依据计算结果选取管路附件：

渐扩接管：水泵吐出口直径 0.3 m，出水管路直径 0.5 m，查资料选取长度为 690 mm、大头直径 500 mm、小头直径 300 mm 的标准正心铸铁渐扩管；闸阀：为确保正常启动、停机和调节功率，选用内径为 500 mm、长度为 700 mm、公称压力为 100 N/cm^2 的 Z48T-10 型闸阀；拍门：此泵站为中型泵站，为节约扬程，出水管路出口为淹没式出流，停机池水倒流用拍门止逆，查资料选择内径为 550 mm 的拍门；管路出口渐扩管：在拍门与管路之间设置正心渐扩管，以降低出口流速，回收动能。

⑤ 起重设备选配。

本设计较大的单件设备是水泵 898 kg，其次是电机 670 kg。从书上拟在安装检修时选用手动单轨小车进行。查资料选用 SG-2 型单轨小车，其技术性能如表 16.6 所示。另选用 14.7 kN 的手动葫芦与之配套，葫芦技术性能如表 16.7 所列。

表 16.6　SG–2 型车轨小车技能性能

起重量/kN	提升高度/m	运行速度/（m/min）	手拉力/kN	工字型钢号	总质量/kg
19.6	3 ~ 10	2.5	0.147	36 a	23

表 16.7　葫芦技术性能

起重量/kN	起重高度/m	起重链直径/mm	起重拉力/kN	毛重/kg	尺寸
14.7	2.5	8	0.35	15	43×33×24

（4）泵房初步布置设计。

① 确定泵房结构形式。

卧式离心泵泵房形式取决于水泵有效吸程与水源水位变幅的关系。

a. 水泵有效吸程计算

按下式计算：

$$H_{效吸}=\nabla_{安}-Z-h-\nabla_{min}$$

式中　Z——水泵安装基准面距底座间(此处为底面)的距离，查资料可得 0.56 + 0.17 = 0.73 m；

h——水泵基础高出机坑地面高度（此处为 0.1 m）；

余者符号意义跟前同。

则

$$H_{效吸}=505.6-0.73-0.1-503.7=1.07\ （\text{m}）$$

b. 水源水位变幅。

渠道最高水位 504.8 m，最低水位 503.8 m，则水位变幅：

$$\Delta H=504.8-503.8=1.0\ （\text{m}）<H_{效吸}=1.07\ \text{m}$$

c. 泵房结构形式确定。

由上面的计算结果，选用分基型泵房。

② 泵房内部设备布置。

a. 主机组布置。

由于机组台数多于 4 台，并且为了减少泵房长度和进水池宽度，降低工程量，采用双列式交错布置。查资料得机组平面尺寸如下：轴向长度 2.296 m，水泵进出口间尺寸 1.1 m，水泵轴向长度 1.252 m，管路中心线稍偏一侧 0.57 m。查资料得：设备顶端至墙面净距 0.7 m，设备顶端间净距 0.8 m，设备间净距 1.0 m，平行设备间净距 1.0 m，本设计纵横净距一律取 1.0 m。主机组间总长 16.3 m。进、出水管路平行布置。

b. 辅助设施布置。

配电间：本设计拟配备 7 块（其中主机组 5 块，照明与真空泵机组 1 块，总盘 1 块）BSL-1 型低压成套不靠墙配电柜。标准为：柜宽 0.8 m，柜厚 0.6 m，柜高 2.0 m，为不增加泵房跨度，不影响主机间通风采光，配电间布置于泵房进线一端，沿泵房跨度方向一排布置。柜后留 0.8 m 检修空间，柜前留 1.5 m 运行操作空间，两侧各留 0.8 m 通道，则配电间所需跨度 B

$=7\times0.8+2\times0.8=7.2$ m。所需开间 $L_{电}=0.8+0.6+1.5=2.9$ m。

检修间：检修场地布置在泵房内相对于配电间的另一端，其面积以能放下并拆卸一台电动机为原则。电动机拆装所需轴向长度为（$2.296-1.252$）$\times2=2.1$ m，在四周留 0.8 m 空档，便于活动，其实际需要面积为（$2.1+2\times0.8$）$\times2=13.7$ m^3。

电缆沟：室内动力用线路均暗敷于地面加盖沟槽中，以免占用。

泵房面积为原则：本设计中，电缆沟布置在泵房出水侧的主通道下，沟槽至电机之间的线路用埋地钢管敷设。沟槽截面按 15 根电缆数设计。

排水沟：为保持泵房内机坑地面干燥，需及时排除由主泵运行时填料函滴水和闸阀漏水，拟设置地面明沟排水系统。其中断面稍大的明沟沿泵房纵向布置于进水侧墙边，底坡约 3% 坡向泵房一端；断面稍小的明沟沿各水泵管线绕主机组基础布置，以 1%的底坡坡向大沟槽，布置形式与沟槽断面尺寸如图 16.1 所示。

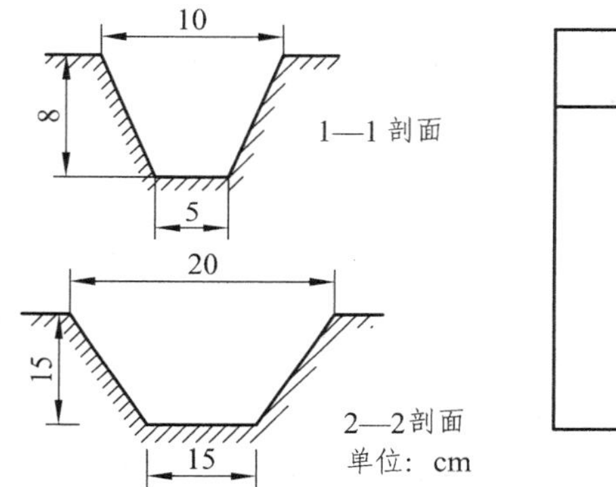

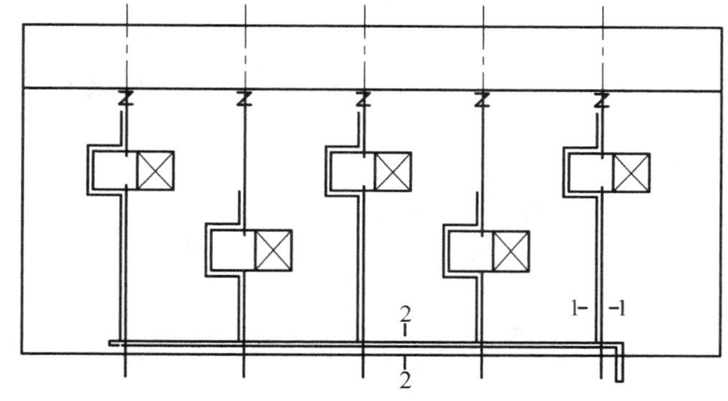

图 16.1 机坑排水沟槽尺寸与布置

真空、充水系统：本设计计划采用两台水环式真空泵装置，供起动抽气充水用。真空泵机组布置于主机组间进水侧两端的空地上，不占用泵房面积。基础离墙 0.5 m，抽气管线贴地面沿主泵管线布置，排气口通至布置于机组旁的储水箱。布置形式如图 16.2 所示。

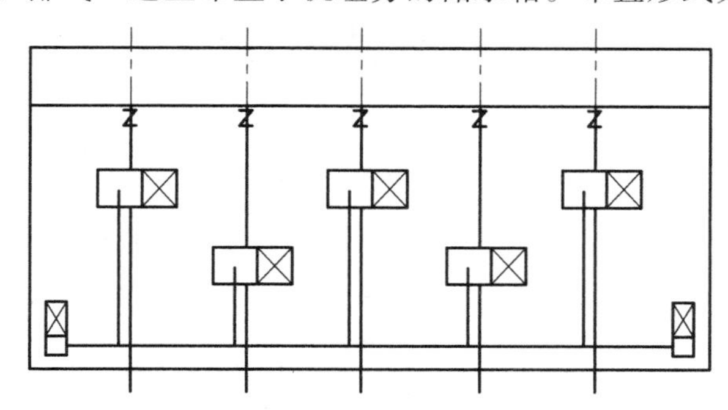

图 16.2 真空泵装置充水设备示意图

交通要道：泵房内主通道宽 1.8 m，布置于泵房的出水侧，与泵房两端的配电间、检修间接通；工作通道宽 0.7 m，布置于泵房的进水侧，与配电间、检修间用踏步梯连接。

起重设备：选配的 SG-2 型单轨小车沿泵房纵向平行布置于两列主机轴线上方，设两套起重设备。

③ 泵房尺寸。

a. 泵房平面尺寸。

长度 L 由下式计算：

$$L = L_{主} + L_{电} + L_{检}$$

式中 $L_{主}$——主机间长度，经布置为 16.3 m；

$L_{电}$——配电间开间，经布置为 2.9 m；

$L_{检}$——检修间开间，经布置为 3.7 m。

则
$$L = 16.3 + 2.9 + 3.7 = 22.9 \text{ m}$$

以进出水管路不穿墙柱为原则，取每一开间 3.9 m，共 6 间房。泵站总长度调整为 3.9 × 6 = 23.4 m。除配电间和主机间尺寸 2.9 + 16.3 = 19.2 m 不变外，检修间实际长度为 23.4 − 19.2 = 4.2 m。

跨度
$$B = b_0 + b_1 + b_2 + b_3 + b_4 + b_5 + b_6$$

式中 b_0——列主泵进口至另一列主泵出口距离，经布置为 1.1 + 1.0 + 1.1 = 3.2 m；

b_1——进水侧一列主泵的偏心渐缩接管长 0.89 m；

b_2——工作通道宽 0.7 m；

b_3——排水沟槽宽 0.3 m；

b_4——出水侧一列主泵的正心渐扩接管长 0.69 m；

b_5——渐扩接管与闸阀间短管长 0.5 m；

b_6——闸阀长度 0.7 m；

则
$$B = 3.2 + 0.89 + 0.7 + 0.3 + 0.69 + 0.5 + 0.7 + 1.8 = 8.78 \quad (\text{m})$$

取为 9.0 m。主通道宽度调整为 2.02 m，其余尺寸不变。

泵房跨度尺寸如图 16.3 所示。

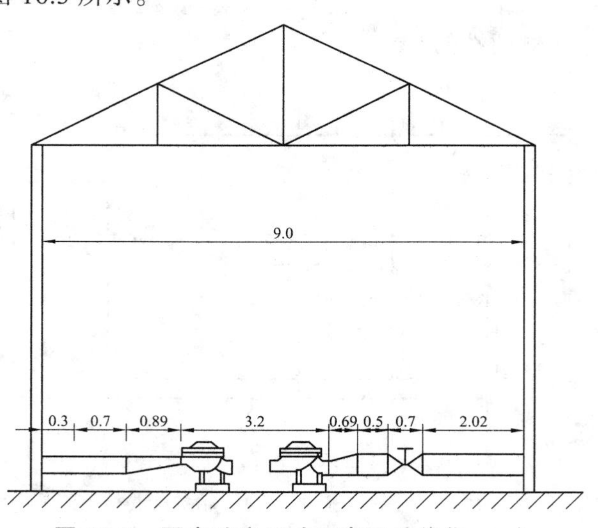

图 16.3 泵房跨度尺寸示意图（单位：m）

b. 泵房立面尺寸。

主机间地面高程按下式计算：

$$\nabla_{主}=\nabla_{安}-Z-h$$

式中　$\nabla_{安}$——水泵轴线安装高程 505.6 m；

Z——水泵轴线至底座间距 0.56 + 0.17 = 0.73 m；

h——水泵基础高出主机间地面高度 0.1 m。

算得
$$\nabla_{主}=505.6-0.73-0.1=504.77\quad(\text{m})$$

主通道地面高程：与配电间、检修间地面齐平，由出水管路与电缆沟立交控制，按下式计算：

$$\nabla_{道}=\nabla_{管}+h_1+h_2+\frac{D}{2}$$

式中　$\nabla_{管}$——水泵出水口中心高程：查资料可得 505.25 m；

h_1——电缆沟与出水管立交净间距，取 0.15 m；

h_2——电缆沟高度，考虑壁厚 5 cm，取 0.55 m；

D——出水管路直径 0.5 m。

则
$$\nabla_{道}=505.25+0.15+0.55+\frac{0.5}{2}=506.2\ (\text{m})$$

立交关系尺寸如图 16.4 所示。

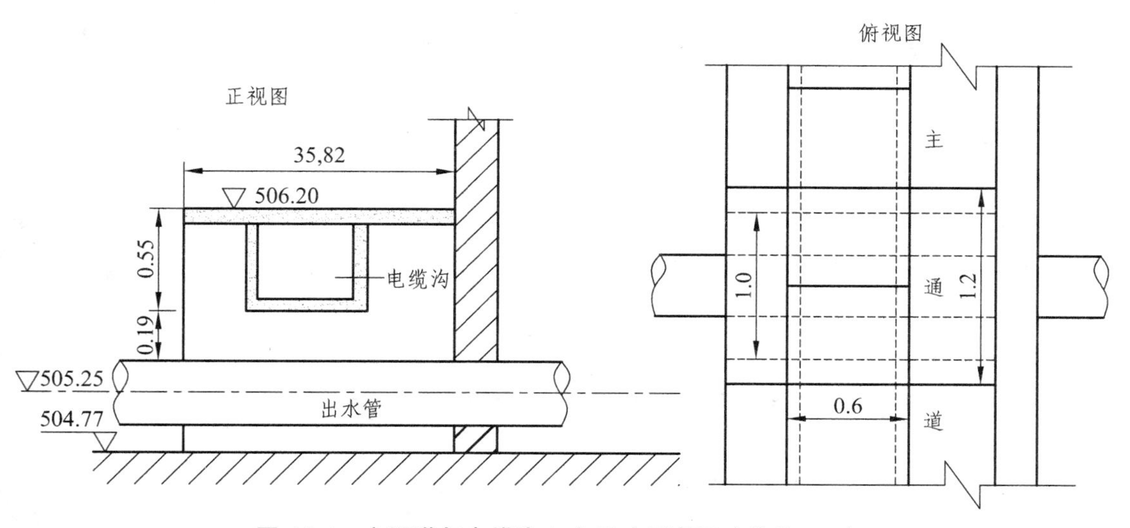

图 16.4　主通道与电缆沟立交尺寸示意图（单位：m）

泵房外地面高程：出水侧室外地面高程与主机间地面齐平，其余三边室外地面高程修整成低于室内主通道地面 0.2 m，即 506.2 − 0.2 = 506.0 m。

泵房顶高程：由检修间地面至房顶间净高度确定。泵房高度 H 由起重设备控制，按下式计算：

$$H = h_1 + h_2 + h_3 + h_4 + h_5$$

式中 h_1——安装好的最高主机组高出检修间地面尺寸或大型板车高度，两者中取大值，本设计主机组顶高程为 504.77 + 0.17 + 0.1 + 0.927 = 505.97 m，低于检修间的地面高度，因此，按大型板车高度 0.8 m 确定；

h_2——板车面至最高吊物底净距，凭经验取 0.4 m；

h_4——吊索垂直尺寸，取水泵轴向尺寸的 0.85 倍，水泵轴向尺寸为 1.252 m，则 0.85 × 1.252 = 1.064 m；

h_5——起重吊钩在最高位置时，吊钩至屋架底梁间距[由 36a 号工字钢高度 36 cm 和 SG-2 型单轨小车高度（含吊钩）63 cm，确定为 1.0 m]。

则 $$H = 0.8 + 0.4 + 0.927 + 1.064 + 1.0 = 4.191\ (\text{m})，取 4.2 m$$

其示意图如图 16.5 所示。

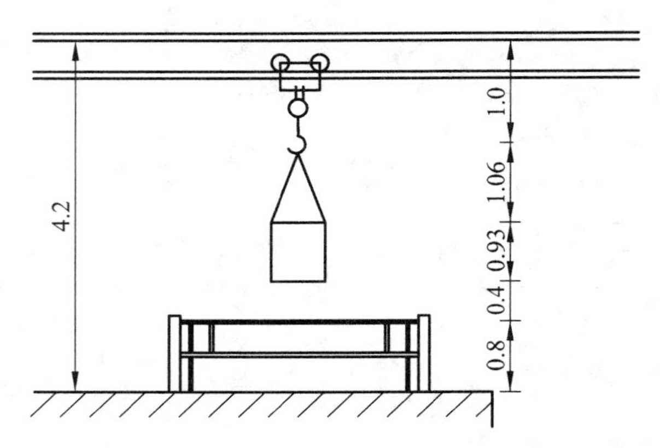

图 16.5 泵房高度确定示意图（单位：m）

4. 主要构件细部尺寸

（1）墙体：泵房采用砖砌墙体，墙厚为一砖 0.25 m，墙柱尺寸为二砖见方 0.5 m × 0.5 m，墙垛突出在室外。具体尺寸如图 16.6 所示。

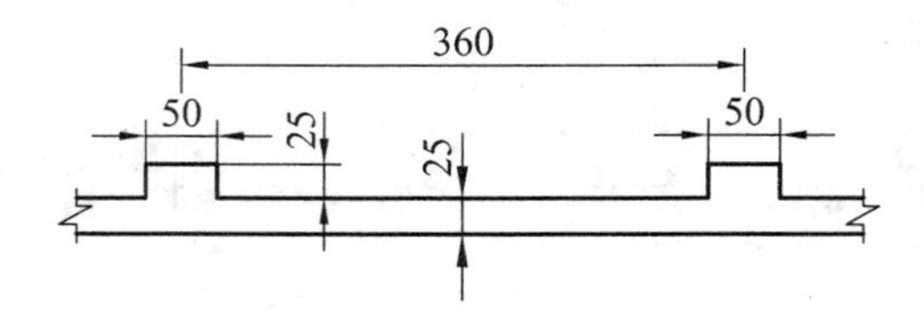

图 16.6 墙与墙柱尺寸示意图（单位：cm）

（2）墙基：采用砖砌大放脚基础，顶部设钢筋混凝土底梁，墙体砌筑于其上。

（3）过梁与圈梁：在门窗洞上方设置钢筋混凝土过梁，宽与墙体厚相等，梁高为 0.2 m，长度超过门或窗宽 0.8 m。在檐口处设置钢筋混凝土圈梁。宽度与过梁相同，梁高取 0.3 m。

（4）门：泵房设大小门各一扇，其中大门为 3.0 m 宽、3.0 m 高的木质双扇外开门，布置于检修间一端的山墙上；小门为 1.2 m 宽、2.5 m 高的木质单扇内开门，布置于配电间端的山墙上，与主通道成一直线。

（5）窗：为满足采光、通风和散热等要求，在泵房进出水两侧墙体上，每间房各设上下两层式窗户，上层为对流窗户，2.0 m 宽、0.7 m 高；下层为采光窗户，2.0 m 宽、1.4 m 高。窗户底离检修间地面 1.0 m，窗户位置尺寸如图 16.7 所示。

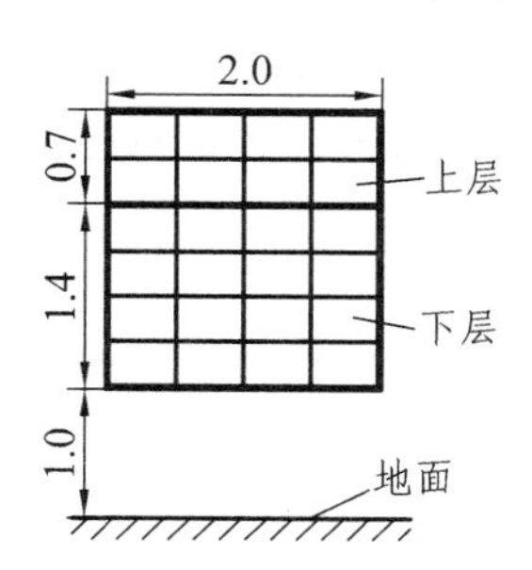

图 16.7 窗户位置与尺寸

$$\frac{窗户面积}{泵房面积}=\frac{2.0\times2.1\times12}{22.9\times9}=0.245=24.5\%>20\%，符合要求$$

（6）屋盖：本设计采用双坡面斜屋盖，屋面坡度角取 25°，屋架为桁架结构，其高度为 $\frac{\tan25°\times9.5}{2}=2.2$ m。

5. 进出水建筑物设计

（1）进水建筑物设计。

① 进水池。

本设计采用半开敞式直立池壁进水池。

a. 立面尺寸。

池底高程：

$$\nabla_{底}：\nabla_{底}=\nabla_{min}-h_1-h_2$$

式中 ∇_{min}——进水池最低水位，本设计为 503.7 m；

h_1——进水管端喇叭口悬空高度，取 $0.8D_{进}=0.8\times0.63=0.504$ m，取 0.5 m；

h_1——进水管端喇叭口最小淹没深度，取 $1.5D_{进}=1.5\times0.63=0.945$ m，取 0.9 m。

则 $$\nabla_{底}=503.7-0.5-0.9=502.3\ \text{m}$$

池顶高程：取泵房外地面高程。本设计为 506.0 m，进水池立面尺寸如图 16.8 所示。

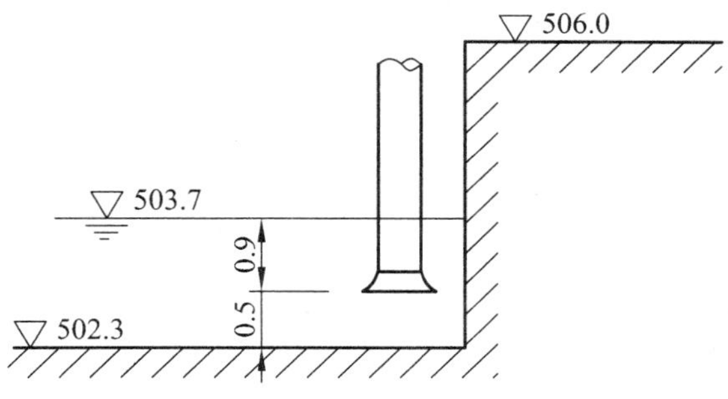

图 16.8 进水池立面尺寸示意图（单位：m）

b. 平面尺寸。

池宽 B：由下式计算得

$$B=(n-1)L_0+2L_1$$

式中 n——进水管路根数，本设计方案为 5 根；

L_c——相邻梁进水管中心间距，本设计为 0.68 + 2.296 = 2.976 m；

L_1——边管中心至池侧壁距离。取水管中心线至隔墩距离，隔墩厚为 0.5 m，则边管中心至池壁距离为（2.976 – 0.5）/2 = 1.238 m。

则 $$B=(5-1)\times2.976+2\times1.238=14.38\text{（m），取 14.4 m}$$

池长 L，由经验公式：

$$L=4.5D_{进}+T$$

式中 T——进水管与后池壁净距，取 $0.5D_{进}$；

其余符合同前。

则取 3.2 m。

进水池平面尺寸如图 16.9 所示。

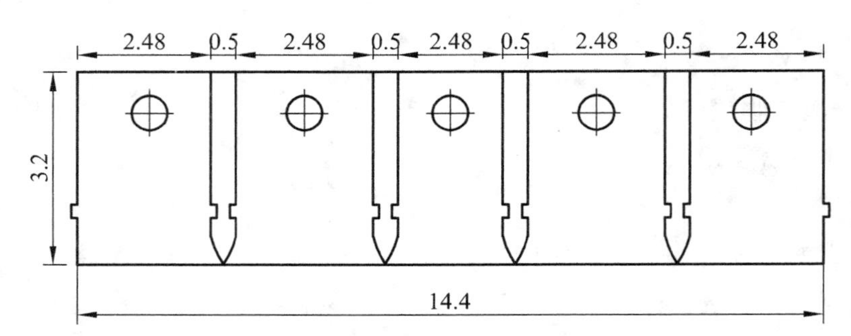

图 16.9 进水池平面尺寸示意图（单位：m）

c. 细部构件尺寸。

水池三边挡土一边临水，挡土面为浆砌块石重力式墙。护底用 50 号砂浆砌石，厚 0.4 m，喇叭口附近一块增厚至 0.6 m，并在其顶面现浇 0.1 m 混凝土，防止块石因吸水而松动。池后壁至泵房外墙间距离，考虑施工时泵房大放脚要建在原状土上的原则，假定开挖线坡度为 1∶1，并留有必要的余地，确定挡土后墙与泵房外墙间净距为 5.0 m。

② 前池。

前池是引渠与进水池连接的过渡段，其设计要考虑平、立平顺扩散。

a. 平面扩散。

取决于扩散锥角值和底坡 i 值的大小。本设计采用倾斜池壁，池长用下式计算：

$$L=\frac{(B-b)}{2}\times\cot(\alpha/2)$$

式中 B——进水池宽度 14.4 m；

b——引渠底宽 2.1 m；

α——平面扩散锥角，取经验值 30°。

则

$$L=\frac{(14.4-2.1)}{2}\times\cot(30°/2)=22.95\text{（m）}$$

取 23.0 m。

b. 立面扩散。

取决于引渠和进水池的底高程与前池长度。要求前池靠近进水池一段的底坡有 0.2 ~ 0.3 m 的数值，以稳定流态。引渠末端底高程 502.647 m，进水池底高程 502.3 m，高差 $\Delta H=502.64-502.3=0.347$ m。前池长度为 23.0 m，则 $i=\frac{\Delta H}{L}=\frac{0.347}{23}=0.015<0.2$。不符合规定要求。

在不改变平面扩散锥角的前提下，为满足前池对底坡的要求，拟在靠近进水池一段做成标准底坡 $i=0.25$，其余池段与引渠底坡相同，则标准底坡段长度为 $\Delta L=\frac{0.347}{0.25}=1.4$ m。

③ 细部构造尺寸。

前池的坡面与进水池壁面间用八字形重力式翼墙连接，翼墙轴线与水流方向间夹角取 45°。翼墙断面为渐变型。护底与护坡均采用 50 号砂浆砌石，厚度为 0.4 m，下设 0.1 m 厚砂石垫层。

（2）出水建筑物设计。

① 出水池。

根据站址地形，本设计采用开敞式侧向出水池，用出口拍门阻止池水倒泄。

a. 立面尺寸。

- 池顶高程 $\nabla_{顶}$。用下式确定：

$$\nabla_{顶}=\nabla_{max}+h_{超}$$

式中 ∇_{min}——出水池最高水位，本设计为 518.3 m；

$h_{超}$——安全超高，查资料取 0.5 m。

则 $$\nabla_{顶}=518.3+0.5=518.8\text{（m）}$$

- 池底高程。由下式确定：

$$\nabla_{底}=\nabla_{min}-(h_{淹}+D_{出}+P)$$

式中 ∇_{min}——出水池最低水位，本设计为 518.0 m；

$D_{出}$——出水管渐扩出口直径，本设计为 0.55 m；

$h_{淹}$——出水管渐扩出口上缘最小淹没深度，要求大于 2 倍出口流速水头，本设计取 3 倍出口流速水头，即

$$h_{淹}=3\times\frac{\left(\frac{4\times Q}{\pi D_{出}^2}\right)^2}{2g}=3\times\frac{\left(\frac{4\times0.31}{3.14\times0.55^2}\right)}{19.62}=0.26\text{（m）}$$

P——出水管渐扩出口下缘至池底净距，本设计取 0.2m。

则 $\nabla_{底} = 518.0 - (0.26 + 0.55 + 0.2) = 517.0$ m。出水池立面尺寸如图 16.10 所示。

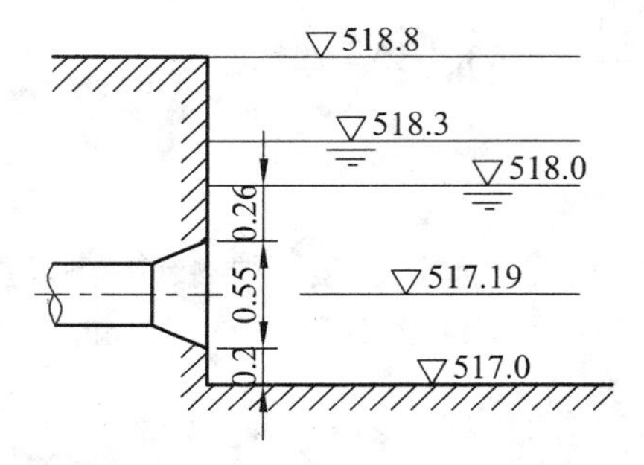

图 16.10　出水池立面尺寸示意图（单位：m）

b. 平面尺寸

- 池长 L。按下式确定：

$$L = nD_{出} + (n-1)S + L_2 + (5\sim6)D_{出}$$

式中　n——入池出水管路根数，本设计为 5 根；

S——出水管口净间距，即两倍管口直径，即 $2\times0.55 = 1.1$ m；

L_2——边管口至池壁间净距，取一个出水管口直径，即为 0.55 m；

其余符号同前。

则　　$L = 5\times0.55 + (5-1)\times0.55 + (5\sim6)\times0.55 = 10.45$（m），取 11.0 m

- 池宽 B。按下式确定：

$$B = B_1 + (n-1)D_{出}$$

式中　B_1——边管出口处池宽，拟取 2.0 m。

则　　$B = 2.0 + (5-1)\times0.55 = 4.2$（m）

出水池平面尺寸如图 16.11 所示。

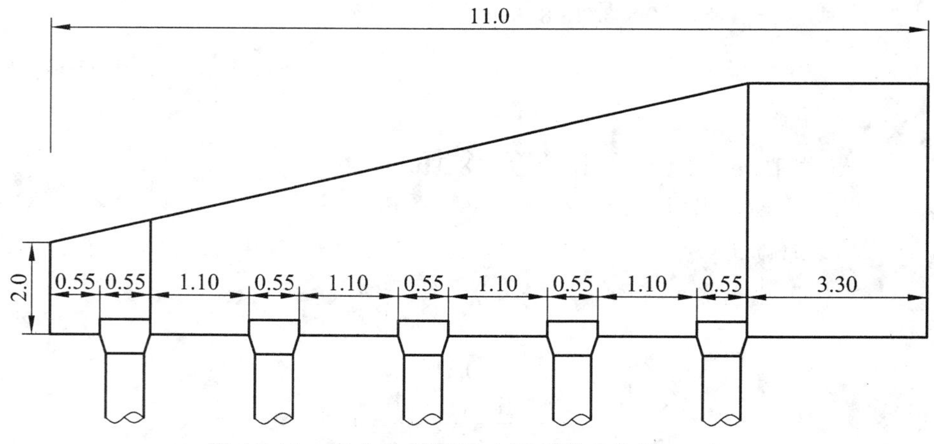

图 16.11　出水池平面尺寸示意图（单位：m）

（3）出水管路设计。

① 出水管线布置。

根据出水池和泵房设计，出水管线拟采用收缩式布置。管线平行出泵房经起坡镇墩后，在坡面上收缩，经坡顶镇墩后再平行进入出水池。管线平面布置如图 16.12 所示。

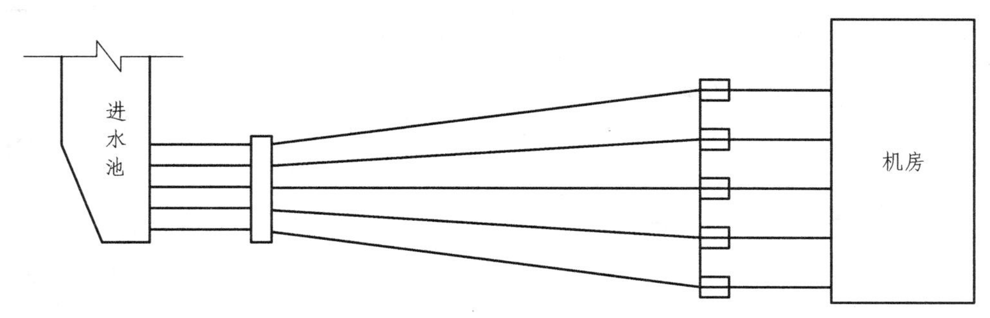

图 16.12 出水管线平面布置示意图

② 出水管线长度。

按实地布置确定。经计算出水管出口中心线标高为 517.47 m，出水管进口中心线标高为 505.25 m。实地坡面坡度为 1 : 5.8。管坡拟修整为 1 : 6，则坡面管段长度为（517.47 – 505.25）× 6 = 73.32 m。过坡顶镇墩后的水平管段，考虑出水池挡水墙不宜太靠近坡口，故取 8 m。坡脚处起坡镇墩前水平管段，考虑泵房室内外布置及施工场地等因素，取 12.0 m。则出水管线总长度为 73.32 + 8 + 12 = 93.32 m。

6. 水泵运行工况分析

（1）水泵工作点推求：

装置性能参数（$H_{需}$、Q）计算。由下式计算：

$$H_{需} = H_{净} + SQ^2 = H_{净} + (S_{沿} + S_{局})Q^2$$

式中 $H_{净}$——泵站净扬程，本设计为 14.43 m；

$S_{沿}$——管路沿程阻力系数，用 $S_{沿} = 10.3n^2 \dfrac{L}{D^{5.33}}$ 计算；

$S_{局}$—管路参数，用公式 $S_{局} = 0.083\sum \xi / D_{局}^4$ 计算；

Q——通过管路的流量；

n——管路材料糙率，查资料得铸铁管为 0.013；

D——管路直径 0.5 m；

L——管线长度，经计算进水管路为 11 m，出水管路为 93.32 m；

ξ——管路局部阻力系数，查资料得：进水管路系统为 $\xi_{进口} = 0.2$，$\xi_{q0} = 0.64$，$\zeta_{缩} = 0.2$；出水管路系统为 $\xi_{扩} = 0.2$，$\xi_{阀} = 0.1$，$\xi_{q2} = 0.26$，$\xi_{拍} = 1.5$，$\xi_{出} = 0.2$；

$D_{局}$——局部阻力系数相应流速处管径，其中渐缩接管为 0.35 m，渐扩接管为 0.3 m，进口喇叭管为 0.63 m，拍门处为 0.55 m，其余各处为 0.5 m。

则 $$S_{局}=0.083\times\left[\frac{0.2}{0.3^4}+\frac{0.2}{0.35^4}+\frac{0.2}{0.63^4}+\frac{1.5}{0.55^4}+\frac{0.64+0.1+2\times0.26}{0.5^4}\right]+0.2=6.56\ (s^2/m^5)$$

装置性能参数按方程式列表 $H_{需}=14.43+(7.3+6.56)Q^2$。计算如表 16.8 所示。

表 16.8

Q/（m³/s）	0.1	0.15	0.2	0.25	0.3	0.35	0.4	0.45	0.5	0.55	0.6
Q^2	0.01	0.02	0.04	0.06	0.09	0.12	0.16	0.2	0.25	0.3	0.36
$S_{沿}+S_{局}$	13.86										
SQ^2/m	0.14	0.31	0.55	0.87	1.25	1.7	2.22	2.81	3.47	4.19	4.99
$H_{净}$/m	14.43										
$H_{需}$/m	14.6	14.7	15	15.3	15.7	16.1	16.7	17.2	17.9	18.6	19.4

（2）水泵性能参数。由水泵资料查取，14Sh-19A 型泵工作范围参数值如表 16.9 所示。

表 16.9　14Sh-19A 型泵工作范围参数值

型号	流量 Q/（L/s）	扬程 H/m	转数 n/（r/min）	轴功率 N/kW	效率 η/%	允许吸上真空高度 $[H_s]$/m	顶量/kg
14Sh-19A	240	22	1 470	76.5	80	3.5	898
	310	17.5		77	85		
	360	11		80	73		

（3）水泵工作点推求。

将水泵流量-扬程（Q-H）曲线先绘上，再减去相应流量值下的 SQ_2 值得流量-净扬程 (Q-$H_{净}$) 曲线，即可直接查出工作点下的流量，再往上找出相应流量下的水泵扬程。这样，就可求出水泵工作点。

在设计水位组合下水泵装置运行工作点参数如表 16.10 所列。

表 16.10　14Sh-19A 型泵装置运行工况表

出水池水位/m	518.3		
进水池水位/m	504.7	504.2	503.7
净扬程/m	13.6	14.1	14.6
总扬程/m	15.42	15.84	16.26
流量/（L/s）	329.04	325.48	322.8
轴功率/kW	78.29	78.12	77.96
效率/%	81.57	82.3	83.03

（4）泵站总流量校核。

从水泵运行工况表可知：最大扬程 16.26 m 时的流量值为 321.8 L/s，则泵站最小总流量为 $5\times 322.8 = 1\ 624(L/s)>1\ 610(L/s)$，故符合要求。

计算表明：在设计水位组合下，泵站总流量均能满足供水要求，水泵工作点始终在接近高效范围内运行，设计符合要求。

（5）终选水泵及动力机。

由以上计算及论述可知，水泵泵型选择 14Sh-19A，动力机选用 JQ2-93-4 完全满足设计要求，故确定选用这两种。

第十七章 “灌溉排水工程学”课程设计

一、目的和任务

“灌溉与排水工程学”是水利水电工程专业的一门专业课程。灌溉与排水是一门研究土壤水分状况和有关部门地区水情的变化规律及其调节措施、消除水旱灾害和利用水资源为发展农业生产而服务的科学。

“灌溉与排水工程学”主要向学生介绍灌溉与排水的基本原理、灌排工程规划和设计的基本方法以及灌水新技术与灌区管理等基本知识。

灌溉与排水工程是农田基本建设的核心，其基本任务是通过各工程技术措施，调节和改变农田水分状况及有关地区的水利条件，以促进农业生产的稳定发展。

二、设计要求

通过本设计，要求学生掌握作物灌溉制度的制定，灌水率图的绘制和修正，首部、干渠、支渠及骨干排水沟以及主要渠系建筑物规划设计，典型支渠各级渠道的设计流量及灌溉水利用系数的推求，推算其他各支渠渠首及干渠各段的设计流量，干渠纵横断面的设计，土方量的计算等知识，使学生初步掌握灌溉系统的规划设计内容和步骤。

三、基本资料

1. 概　况

灌区位于界荣山以南、马清河以北，（20 m 等高线以下的）总面积约 12 万亩，气候温和，无霜期长，适宜于农作物生长；年平均气温 16.5 °C，多年平均蒸发量 1 065 mm，多年平均降水量 1 112 mm。

灌区人口总数约 8 万，劳动力 1.9 万。申溪以西属兴隆乡，以东属大胜乡。根据农业规划，界荣山上以林、牧、副业为主，马头山以林为主，20 m 等高线以下地区则以大田作物为主，种植稻、麦、棉、豆等作物。

灌区上游土质属中壤，下游龙尾河一带属轻砂壤土。地下水埋深一般为 4 ~ 5 m，土壤及地下水的 PH 值属中性，无盐碱化威胁。

界荣山、龙尾山等属土质丘陵，表土属中黏壤土，地表 5 ~ 6 m 及以下为岩层，申溪及吴家沟等沟溪均有岩石露头，马头山陈村以南至马清河边岩石遍布地表。吴家沟等沟溪纵坡较大，下切较深，一般为 7 ~ 8 m，上游宽 50 ~ 60 m，下游宽 70 ~ 90 m，遇暴雨时易暴发洪水，近年来已在各沟、溪上游修建多处小型水库，山洪已基本得到控制，对灌区无威胁。

马清河灌区为马清河流域规划的组成部分。根据规划要求，已在兴隆峪上游 20km 处(图外)建大型水库一座，坝顶高程 50.2 m，正常水位 43.0 m，兴利库容 $1.2\times10^8\ m^3$，总库容 $2.3\times10^8\ m^3$。马清河灌区拟在该水库下游断面处修建拦河坝式取水枢纽，引取水库水发电则利用尾水进行灌溉。断面处河底高程 30 m，砂、卵石覆盖层厚 2.5 m，下为基岩，河道比降 1/100，河底宽 82 m，河面宽 120 m。水库所供之水水质良好，含沙量极微，水量亦能完全满足灌区用水要求。

2. 气 象

根据当地气象站资料，设计的中等干旱年(相当于 1972 年)4—11 月水面蒸发量(80 cm 口径蒸发皿)及降水量见表 17.1 及表 17.2。

表 17.1 设计年蒸发量统计

月份	4	5	6	7
蒸发量/mm	97.5	118	143.7	174.9
月份	8	9	10	11
蒸发量/mm	196.5	144.7	101.1	75.6

表 17.2 设计年降水量统计

日	月份						
	4	5	6	7	8	9	10
1	7.6						4.6
2	12.7		17.4				18.5
3		3.4	1.9			7.3	
4		92					
5	5.3	1.2			10.8		
6	4.8	7.9					2.8
7	8.6	28.5					
8							2.5
9							19.1
10							3.6
11		2.5				2.1	
12	1.9	6.4					
13	7.5					2.3	
14	12.1		1.9				1.9
15				10			
16		6		4.1		3.5	32.8
17		24.5					

续表 17.2

日	月份						
	4	5	6	7	8	9	10
18	1.3						
19					1.6		
20	4.3				12.6		11.5
21	1.8					18.5	
22	2.1	10.6	49.2	2.5		3.6	
23	1.4	10.7		4.5			
24			35.4	7.4			
25							6.2
26			1.5				
27		1.1					
28	1.5	3.7					
29							
30				7.7			
31				3.6			
月计	72.9	108.5	107.3	39.8	25	37.3	103.5

3. 种植计划及灌溉经验

灌区以种植水稻为主，兼有少量旱作物，各种作物种植比例见表 17.3。

表 17.3 作物种植比例

作物	早稻	中稻	双季晚稻	棉花
种植比例/%	50	30	50	20

根据该地区灌溉试验站观测资料，设计年（1972）早稻及棉花的基本观测数据如表 17.4 及表 17.5 所示，中稻及晚稻的丰产灌溉制度列于表 17.6。

表 17.4 早稻试验基本数据

生育阶段	复苗	分蘖前	分蘖后	孕穗	抽穗	乳熟	黄熟	全生育期
起止日期（日/月）	25/4—4/5	5/5—14/5	15/5—1/6	2/6—16/6	17/6—30/6	1/7—11/7	12/7—20/7	25/4—20/7
天数	10	10	18	15	14	11	9	87
模比系数/%	7	8	18	25	21	13	8	100
田间允许水层深/mm	10～30～50	10～40～80	20～50～90	20～50～100	20～50～90	10～40～50	湿润	
渗透强度/（mm/d）	1.3	1.3	1.3	1.3	1.3	1.3	1.3	

注：全生育期需水系数α= 1.0。

表 17.5 棉花试验基本数据

生育阶段	幼苗期	现蕾期	开花结铃期	吐絮期	全生育期
起止日期（日/月）	21/4—16/6	17/6—28/7	29/7—26/8	27/8—6/11	21/4—6/11
模比系数 / %	18	30	24	28	100
地下水补给量占作物需水量的 / %	10	20	22	25	
计划湿润层深	0.4 ~ 0.5	0.5 ~ 0.6	0.6 ~ 0.7	0.7	

注：计划产量 120 kg；需水系数 $k = 2.67$ m³/kg；土壤空隙率为 48%（占土体的%）；土壤适宜含水率上限为 88%，下限为 61.6%（占空隙%）；田间最大持水率为 88%（占空隙%）；播种时，计划层土壤储水量为 102 m³/亩。

四、设计内容

（1）根据基本资料用水量平衡法（列表计算）制订早稻及棉花的灌溉制度，建议编程计算或利用 Excel 计算。

（2）根据所制订的早稻及棉花的灌溉制度以及表 17.6 所给出的中稻及双季晚稻的灌溉制度资料，编制全灌区的灌水率图，并进行修正，使其符合要求。在制订灌水率图时，建议采用的一次灌水延续时间如下：早、中稻泡田 8 ~ 12 昼夜；双季晚稻泡田 5 ~ 7 昼夜；各类水稻生育内一次灌水的延续时间 3 ~ 5 昼夜。棉花生育期内一次灌水延续时间 5 ~ 10 昼夜。

表 17.6 中稻、双季晚稻设计年丰产灌溉制度

中稻—			双季晚稻		
灌水次序	灌水时间（日/月）	灌水定额（m³/亩）	灌水次序	灌水时间（日/月）	灌水定额（m³/亩）
1（泡田）	7/5	75	1（泡田）	19/7	70
2	26/5	25	2	27/7	15
3	4/6	25	3	1/8	25
4	10/6	25	4	7/8	20
5	20/6	30	5	12/8	25
6	2/7	30	6	23/8	30
7	8/7	30	7	27/8	30
8	14/7	30	8	31/8	30
9	22/7	30	9	6/9	30
10	29/7	25	10	12/9	30
11	10/8	20	11	19/9	30
			12	30/9	20
灌溉定额 345（m³/亩）			灌溉定额 355（m³/亩）		

（3）确定渠首枢纽的位置及形式。在 1∶25 000 地形图上布置引水干渠、支渠及骨干排水沟，并布置主要干道以及主要渠系建筑物。在灌区中部选择一条支渠布置斗、农级渠道。

（4）推算典型支渠各级渠道的设计流量及灌溉水利用系数；推算其他各支渠渠首及干渠各段的设计流量。

（5）设计干渠各段的纵横断面及典型支渠纵横断。

（6）设计典型斗渠和典型农渠纵横断面，斗渠采用混凝土衬砌梯形断面，农渠采用混凝土衬砌 U 形断面。

（7）渠道土方量计算。

（8）计算灌溉渠系工程概算投资。

五、设计成果

（1）设计说明书要求总计 25 ~ 35 页（小 4 号字，1.5 倍行距，A4 纸打印）。要求说明设计的步骤、依据的理论、采用的公式或方法，必要时将计算成果列入表格。

（2）设计图纸包括灌溉系统规划布置图、干渠纵横断面图以及支、斗、农渠横断面图（共 3 张，均为 A2 图幅，CAD 绘图）。

第三部分

实　习

第十八章　认识实习

第一节　实习的分类和特色

一、实习的分类

1. 按性质分

（1）认识实习：其目的在于通过见习、参观、访问等形式，帮助学生了解生产、管理、服务第一线的局部或全面情况，巩固、印证已学课程的内容，加深对所学知识的理解；或了解教学课程的内容，增加感性知识，为进一步学习专业课做好准备。

（2）基本工艺操作技能训练（实习）：其目的在于使学生通过某一基本工艺过程的实际操作或模拟练习掌握相关的操作技能和技巧。

（3）专业实习：其目的在于使学生通过在院内、外实习单位（实训基地）接受岗位实务训练，把专业课中所学的基础理论、基本知识和基本技能运用到实际工作中去，从而巩固、加深、扩大所学专业理论和业务知识，获得综合的专业操作技能和实际工作经验。

（4）社会调查：其目的在于使学生带着所学课程中的某个或某方面的理论或实践问题，向企业、事业单位或机关所从事的经济、管理等工作进行调查，收集资料、分析研究问题，作出结论，撰写调查报告。

（5）毕业（顶岗）实习：其目的在于使学生通过在实际工作岗位上独立进行业务工作，具体分析和解决实际问题，感受实际工作条件，提高适应实际工作的能力，巩固所学知识，扩大知识范围：并结合实际深入研究毕业论文（或毕业设计）内容，搜集所需资料：在主客观条件许可的条件下，可使学生从事组织、领导业务工作的实施，锻炼和提高学生的组织、领导能力。

2. 按场所分

（1）院内实习：利用院内实训基地（实习工厂、实训场馆、模拟装置等）对学生进行的基本工艺操作技能训练和定向专业实习。

（2）院外实习：学生到院外生产现场进行的认识实习、专业实习、社会调查和顶岗实习等。

3. 按形式分

（1）集中统一实习：由各系统一组织实习场所进行的相对集中的实习。

（2）分散自主实习：由学生自己联系实习单位，利用计划中规定的时间或假期进行分散在若干实习单位的实习。

（3）集中统一与分散自主相结合的实习形式。这是实习教学中通常采用的一种形式。

后两种形式常在毕业（顶岗）实习中用。

二、野外实习的特色

目前水利类专业教育的主要问题是：专业设置过窄，知识结构单一；教学内容陈旧，教学方法过死；重水利工程建设，轻水环境保护；重水资源的开发与利用，轻水资源的节约与保护；重专业知识的传授，轻素质和创新能力的培养等。特别是课程的“自我封闭”和传统教学思想方法的束缚以及教学条件的限制，实践性教学环节尚未构建起既科学合理，又有新技术与新方法参与、多学科交叉综合，实施研究性学习，激发创新思维的完整教学体系。教学方法还是以灌输—认知—验证为主，缺少综合性、研究性教学实践，缺少创新性思维引导，新技术、新方法的应用还未实质性地纳入实践教学体系，并与传统方法密切结合进行教学方法的训练。传统实践教学中存在的亟待解决的问题、新的教育理念和学科发展对人才的需求向水利学科教育提出了更高要求。发挥野外实践教学更有利于师生互动、学科交叉、综合思维和研究性学习的优势，构建新的实践教学体系，对实现本科教学目标，提高人才培养质量至关重要。

野外实习在教学课程中属唯一的、有特色的跨不同学科的区域性综合实践教学课程。其特色在于：

（1）以现代教育理念构建了跨不同学科，多学科交叉综合的新的野外教学课程体系，实质性地完成了不同课程的融合贯通，实现了学科的交叉综合和知识结构的一体化，具有良好的辐射示范效果。

（2）教学基地具有丰富的水电资源，实习条件优越，极富研究性、启迪性和创新性，是教学成果和科研成果互动、理论和实践相结合的天然实验室，具有与时俱进的开发前景。

（3）课程内容和教学过程以学生为主体，实现了学生自我设计、自我管理，实施了启发式和研究式的教学，可培养学生的综合能力和素质，激发他们的创新意识。

第二节 实习目的和要求

一、实习的目的

野外实习属教学实习性质。其目的在于巩固课堂所学的基本理论，联系实习现场和水利工程的实际，加以验证和拓宽，使学生获得感性知识，开阔视野，培养和提高实际工作能力（如观察能力、动手操作能力、识图能力、分析问题与解决问题能力等），了解野外工作的基本方法，掌握一定的操作技能以及训练编写实习报告等。

此外，走出校门在野外或水利工程现场进行地质实习，还可培养学生吃苦耐劳、艰苦努力、遵守纪律、团结协作等优良品质和增强集体观念，也有利于增强体魄和磨炼意志，并受到爱国主义及社会主义的教育。

二、实习的要求

（1）在实习中，学生应按实习大纲和实习进度计划的要求与规定，严肃认真地完成实习任务。要坚持每天写实习日记，按时完成实习思考题或作业，认真撰写好实习报告。

（2）尊重工程技术人员和工人的指导，重视在生产实际的学习。

（3）分散自主实习的学生到达实习单位后，必须根据单位实际情况，与实习单位指导教师一起制订好实习计划，及时将实习计划寄给负责本人实习任务的教师。实习期间必须认真记录每天的实习情况，实习结束后认真撰写实习报告。

（4）实习期间，团干部、班干部要主动承担和协助教师做好各项工作，发挥党团员的先锋模范作用。

（5）自觉遵守实习纪律，严格遵守以下规定：

① 学生往返实习场所应集体行动。因假期回家个人自去实习地点者，必须事先提出申请经批准后，按规定期到规定地点报到，迟到者作旷课处理。实习结束时，恰逢学校假期开始，如要求就地放假，必须向带队教师提出申请，经批准后方可离开。

② 学生在实习期间，不得请假。如需请假，必须取得证明，经指导教师批准，否则按旷课处理；集体住宿的学生，不得擅自外宿。

③ 注意搞好与其他院校实习学生和实习单位职工的关系，维护学校集体荣誉，发扬团结、友爱、互助的精神。

④ 严格遵守实习单位的有关操作规程，注意安全。

⑤ 爱护公共财物，节约水、电，注意环境保护。

第三节　实习线路

岷江水系，尤其是雅安地区水电能资源丰富，是教学资源既具丰富内涵，又具探索性和创新性的地区。野外实习旨在充分利用和发挥四川农业大学的地缘优势，以岷江水系野外水利实习为切入点，实施多学科交叉综合的野外水利教学，实现水利专业不同课程的融会贯通，完善本科阶段的知识结构，实施工程化、自由式教育，对培养基础理论扎实、工程意识、创新精神和实践能力强的高素质复合型人才具有十分重要的意义。

为实施岷江水系点(观察点)、线（观察路线）、面（典型区段）相结合的实践教学，设计了以下实习线路：

（1）青衣江流域及玉溪河灌区实习线路：在了解流域状况、河流梯级开发总体状况的基础上，着重考察雨城电站、多营坪水文站、玉溪河灌区、大兴电站、水津关电站、龟都府电站、漕鱼滩电站等。

（2）宝兴河流域实习线路：在了解流域状况、河流梯级开发总体状况的基础上，着重考察硗碛电站、小关子电站、铜头电站、飞仙电站、引青济名铜头引水工程等。

（3）天全河流域实习线路：在了解流域状况、河流梯级开发总体状况的基础上，着重考察锅浪跷电站、干溪坡电站、脚基坪水电站、下村水电站等。

（4）周公河流域实习线路：在了解流域状况、河流梯级开发总体状况的基础上，着重考察瓦屋山电站、葫芦坝电站、将军坡电站、沙坪电站、孔坪电站、九龙水库工程、大石板电站、周公河电站等。

（5）大渡河流域实习线路：在了解流域状况、河流梯级开发总体状况的基础上，着重考察泸定电站、大岗山电站、龙头石电站、瀑布沟电站、深溪沟电站等。

（6）岷江都江堰水利工程和紫坪铺电站实习线路：在了解流域状况、河流梯级开发总体状况的基础上，着重考察都江堰水利工程和紫坪铺电站等。

第十九章　雅安水系简介

第一节　大渡河流域

大渡河，位于中华人民共和国四川省中西部，发源于青海省玉树藏族自治州境内的巴颜喀拉山南麓，向南入四川省分别流经阿坝藏族羌族自治州、甘孜藏族自治州、雅安市、凉山彝族自治州、乐山市，长 1 155 km。主源大金川发源于青海、四川边境的果洛山，在四川丹巴县与小金川汇合后称大渡河，至乐山县入岷江，长 909 km，流域面积 82 700 km^2，其中在金口河段的金口大峡谷最为著名，被誉为“世界最具魅力的天然公园”。

一、水系简介

大渡河是岷江水系最大的一级支流，于甘洛县黑马乡北部进入凉山，又由乌斯大桥出境，是甘洛县与雅安汉源县的界河，州内长 35 km，水面宽 130 m。州内流域面积 4 526 km^2。大渡河流域形状呈长条形，州内主要支流为尼日河。此外，州内属大渡河水系的还有源于冕宁冶勒乡的南桠河。

大渡河为高山峡谷型河流，地势险峻，水流汹涌，自古有“大渡天险”之说。水流丰沛稳定，主要是降水和有少量融雪补给。河口多年平均流量 1 570 m^3/s。尼日河是大渡河的一级支流，源于喜德县尼波小相岭北麓，自南向北流经越西、甘洛，在甘洛黑马乡东部尼日附近汇入大渡河，全长 135 km，水面平均宽 62 m，流域面积 4 130 km^2。尼日河最大洪水流量 1 800 m^3/s，枯季最小流量 18.2 m^3/s，多年平均流量 117 m^3/s，径流量 3.835×10^9 m^3，主要由降水补给。

尼日河原名牛日河，上游喜德境内称尼日波河；越西河裤裆沟出口与越西河汇口以上称普雄河，河谷较为开阔，水流平缓；汇口以下称漫滩河，进入峡谷区；甘洛境内呷日段称果觉河；甘洛县城以下称尼日河，此段河流深切，河床平均比降 11‰。

二、起源发展

大渡河是中国岷江最大支流，是长江的二级支流，位于四川省西部，古称沫水。大渡河发源于青海省境内的果洛山东南麓，东源有阿柯河和麻尔柯河，于阿坝南部汇合后称足木足河；西源有多柯河和色曲河，于垠塘南部汇合后称绰斯甲河。足木足河与绰斯甲河汇合后称大金川，是大渡河主流，南流至丹巴同来自东北的小金川汇合后称大渡河。

在石棉县折向东流，到乐山市草鞋渡纳青衣江后入岷江。长 1 062 km，流域面积 $7.77\times10^4 km^2$。流域内沟谷纵横，支流众多，干支流之间组合呈羽状水系。多年平均径流总量 $4.56\times10^{10} m^3$，河口处多年平均流量 1 490 m^3/s。水能资源理论蕴藏量丰富，可开发装机 $2.336\,8\times10^7$ kW。其中，干流别格尔至乐山市长 584 km，天然落差 2 788 m，水力蕴藏量 2.075×10^7 kW，是水能资源比较集中的河段。

大渡河是我国规划建设的重要水电基地，水能资源丰富，共规划一级电站 22 级，规划装机总容量超过 2.5×10^7 kW。已经建成的有：1971—1978 年陆续投产的龚嘴水电站，装机容量为 7.2×10^5 kW；1992—1994 年陆续投产的铜街子电站，装机容量为 6×10^5 kW。为了保证大渡河流域梯级开发整体效益的充分发挥，加快梯级电站开发步伐，国家制定了“以国电大渡河公司为主，适当多元投资，分段统筹开发”的水电开发方案。大渡河双江口铜街子河段按双江口至猴子岩、长河坝至老鹰岩、瀑布沟至铜街子三段统筹开发。上段和下段各梯级电站由国电大渡河流域水电开发有限公司进行开发，其中装机容量为 3.3×10^6 kW 的瀑布沟水电站于 2010 年全部建成投产，装机容量为 6.6×10^5 kW 的深溪沟水电站于 2011 年全部建成投产；中段各梯级电站鉴于目前已开展的工作，由国电大渡河公司负责建设大岗山水电站，大唐集团公司开展长河坝、黄金坪，华电集团公司开展泸定水电站和中旭投资有限公司开展龙头石水电站项目的前期工作。

三、河流特色

大渡河是岷江的最大支流，古称“沫水”。其源头有三：东源梭磨河出自鹧鸪山西北；西源绰斯甲河（多柯河）与正源足木足河〔麻尔柯河、阿柯河）均源自阿尼玛卿山脉的果洛山东南麓。三源汇于可尔因称大金川，南流至丹巴接纳小金川后称大渡河，于乐山注入岷江。全长 852 km，流域面积 $7.7\times10^4 km^2$。主要支流有青衣江、小金川、越西河等。

大渡河以泸定和铜街子为界划分为上、中、下游三段。上游段可尔因以北，蜿蜒于海拔 3 600 m 的丘状高原上，河谷宽浅，支流众多。可尔因以南穿行大雪山和邛崃山之间，河谷深切，谷坡陡峻，水流湍急；中游段穿行大雪山、小相岭、夹金山、二郎山、大相岭之间，山高谷深，岭谷高差达 1 000 ~ 2 000 m，支流较多；下游段过大凉山、峨眉山入四川盆地，河谷开阔，水流滞缓，分汊较多，多阶地、河漫滩、沙洲。

大渡河径流补给上游以融雪水、地下水为主，中下游以降水为主。径流集中 6 ~ 10 月，占全年 70%，尤以川西山地，是中国著名暴雨中心，水量大，汛期长，洪水暴涨。干流下游建有龚嘴电站。峨边以下可通航。大渡河流域也是四川重要林区和石棉、云母的最大产地，森林蓄积量约占四川 19%。大渡河也是四川木材水运的主要河道，承担了四川木材水运总量的一半以上。

大渡河是中国规划建设的重要水电基地，水能资源丰富，共规划梯级电站 22 级，规划装机总容量超过 2.5×10^6 kW。已建成的有：1971—1978 年陆续投产的龚嘴水电站，装机容量为 7.2×10^5 kW；1992—1994 年陆续投产的铜街子电站，装机容量为 6×10^5 kW。为了保证大渡河流域梯级开发整体效益的充分发挥，加快梯级电站开发步伐，国家发改委制定了“以国电大渡河公司为主，适当多元投资，分段统筹开发”的水电开发方案。

大渡河双江口铜街子河段按双江口至猴子岩、长河坝至老鹰岩、瀑布沟至铜街子三段统筹开发。上段和下段各梯级电站由国电大渡河流域水电开发有限公司进行开发，其中装机容量为 3.3×10^6 kW 的瀑布沟水电站于 2010 年全部建成投产，装机容量为 6.6×10^5 kW 的深溪沟水电站于 2011 年全部建成投产；中段各梯级电站鉴于目前已开展的工作，由国电大渡河公司负责建设大岗山水电站，大唐集团公司开展长河坝、黄金坪，华电集团公司开展泸定水电站和中旭投资有限公司开展龙头石水电站项目的前期工作。

第二节 青衣江简介

青衣江古称青衣水，唐代又名平羌水，清代称雅河，历史上原为羌族聚居地，古有“青衣羌国”之称。青衣江主源为宝兴河，发源于邛崃山脉巴朗山与夹金山之间的蜀西营（海拔高程 4 930 m），流经宝兴在飞仙关处与天全河、荥经河汇合后，始称青衣江，经雅安、洪雅、夹江于乐山草鞋渡处汇入大渡河。

一、流域概况

1. 地理位置

青衣江在飞仙关以上为上游，河长 147 km，控制集雨面积 8 750 km²；飞仙关以下为中下游，河长 142 km，区间集雨面积 4 147 km²。总计干流长 289 km，落差 2 844 m，流域面积 12 897 km²。青衣江流域地形大致以炳灵、荥经、天全、灵关、大川一线为界，分东、西两大片。东面属低山丘陵区，地势平缓，海拔 600 ~ 1 100 m，河谷呈“U”形，有宽阔的漫滩和阶地，河道比降约 1.8‰。出露地层多属侏罗系及白垩系，地质构造较单一，以折皱变动为主，河床覆盖较浅，地震烈度 6 ~ 7 度。西面约占流域面积的 60%，多为高山峡谷。人口稀疏，耕地较少，森林广布，覆盖良好，海拔高程一般在 1 000 m 以上，河谷多呈“V”形，漫滩阶地极少，河道比降大于 8‰。区内出露地层多属古生界，地质构造复杂，折皱强烈，断裂发育，地震烈度为 7 ~ 8 度。

2. 当地气候

青衣江流域属亚热带湿润气候区，受地理位置、地形制约和季风环流的影响，具有春早气温多变化、夏无酷热雨集中、秋多绵雨湿度大、冬无严寒霜雪少的特点，多年平均气温 15° ~ 18℃。流域内大部分处于暴雨区，雨量丰沛，但地区变化较大，大致由西北向东南递增，北部宝兴多年平均降雨量仅 790 mm，而东部雅安 1 800 mm，荥经麓池竟在 2 400 mm 以上，雨量多集中在 7—9 月，占全年 60%左右，而春灌期的 3—5 月仅占 17%。流域内径流与降雨基本一致，河口（海拔 361.2 m）多年平均径流量 1.71×10^{10} m³。洪水多出现在 6 月下旬—9 月中旬，且具有峰高、量大的特点，历时 3 ~ 5 天。青衣江干流中、下游代表站径流特征值及最大、最枯流量如河流泥沙主要来自多营坪以上干支流。多营坪站实测年平均输沙量为 9.23×10^6 t，汛期（5—10 月）沙量为 9.09×10^6 t，多年平均含沙量约 0.783 kg/m³。

3. 经济特点

青衣江流域涉及雅安、眉山、乐山三地（市），流域内总人口约135万人，其中农业人口占83%，耕地总面积约128.7万亩，国民生产总值51.8亿元，多集中在雅安、洪雅、夹江等地。区内有川藏、川滇公路穿过，成雅高速公路以及县级、乡级公路与之相连，交通方便。

矿产资源以花岗石、大理石最为丰富，其次为煤、铅锌矿等。自20世纪80年代以来，流域内工业发展较快，初步形成了以雅安为中心，以电力、采矿、机械、化工、轻纺等行业为主体的工业体系。

4. 能源开发

青衣江水系水力资源十分丰富，干支流水能理论蕴藏量合计 5 824 MW，技术可开发量 3 602.4 MW，经济可开发量 3 118.2 MW。目前，已建和正建中型电站4座，装机 290 MW。芦山河上规划12级开发，共装机 123.8 MW；周公河上规划7级开发，共装机 364.9 MW。这些资源主要集中在宝兴、洪雅、芦山三县，到2007年三县已建、在建的水电站总装机分别为 1 280 MW、833 MW、355 MW。洪雅县到2007年年底年发电量达 55×10^8 kW·h，相当于吉林省丰满水电站多年平均发电量的2.75倍。

5. 水利灌溉

流域内有大型灌区一处，即玉溪河水利工程灌区，从芦山县宝盛乡引玉溪河水灌溉芦山、名山、邛崃、蒲江四县，有效灌面 3.36×10^4 hm^2（其中，流域外灌面 2.14×10^4 hm^2）。流域内还有中型渠堰9处，中型水库1处，小（一）水库7处。以上总计有效灌溉面积 5.12×10^4 hm^2。其中，位于乐山市境内的中型灌区有4处，即跃进渠、东风堰、牛头堰、江公堰，灌溉夹江县、峨眉山市及乐山市中区共 1.28×10^4 hm^2 农田。

6. 水质与泥沙

由于流域内植被良好，森林覆盖率高，青衣江的水质基本良好，干流及主要支流河段多为Ⅱ级以上水质，符合饮用水标准。泥沙含量也相对较小，据夹江水文站实测资料分析，其多年平均值为 609 g/m^3，相当于沱江的62%，嘉陵江的26%，黄河三门峡的1.4%。

二、开发意见

1. 中下游

中、下游的开发目标是以长征渠引水工程为中心，以灌溉为主，兼顾防洪，结合城乡生活用水及发电。长征渠引水工程，取水枢纽位于洪雅罗坝场上游3 km处的槽渔滩，控制流域面积 1.08×10^4 km^2，多年平均流量 489 m^3/s，径流量 1.54×10^{10} m^3，取水高程 516.4 m，设计流量 230 m^3/s，规划灌溉面积 1.4×10^7 亩，其中四川省 $1\,015.65\times10^4$ 亩，重庆市 3.8435×10^6 亩。

青衣江干流槽渔滩以下河段，开发的目标主要是沿江的工业和城乡生活用水、灌溉和防洪，兼有发电。在长征渠引水工程未实施以前，为充分利用水能资源，根据实际情况，采用低闸坝河床式和混合式开发兴建梯级电站，如水津关、龟都府、高凤山、洪州、城东等 11 级中型水电站和 5 座引水式小电站，合计装机 820.6 MW，年发电量 4.232×10^9 kW·h。目前已建成雨城（60 MW），槽渔滩（75 MW）、城东（75 MW）、高凤山（75 MW），龟都府水电站（62 MW）、水津关水电站等。

2. 上　游

青衣江上游为山区河流，生产和生活用水量不大，目前在支流玉溪河已建成玉溪河引水工程，灌溉岷江以西的 86.64×10^4 亩耕地。干流从宝兴县硗碛至飞仙关三江口近 97 km 河段内，天然落差 1 395 m，平均比降 14.4 ‰。硗碛乡河段地势较为开阔平坦，河床平均比降 7 ‰，具备建大型龙头水库的地形地质条件，宝兴河干流规划为 8 级开发，从上至下依次为：穿洞子（45 MW）、硗碛“龙头”水库电站（176 MW）、民治（105 MW）、宝兴（160 MW）、小关子（160 MW）、灵关（54 MW），铜头（80 MW，已建）、灵关河（36 MW），共利用落差 1 416 m，总装机容量 816 MW，年发电 4.33×10^9 kW·h。

3. 解　决

根据青衣江水资源开发条件和国民经济各部门的发展需要，开发任务为：上游以发电为主，其次为灌溉、防洪；中下游则以灌溉、防洪为主，兼顾发电和水源保护等。

4. 主要支流

（1）宝兴河。

宝兴河系青衣江主源，发源于夹盒山东段巴朗山南麓蚂蟥沟，上游分为东、西两河，东河为主流，两河在宝兴县城上游 2 km 处的两河口相汇合后始称宝兴河。河流由北向南流经中坝、灵关、铜头、思延等地后，在芦山城下游三江口左纳玉溪河，南流至飞仙关与天全河、荥经河汇合后则称青衣江。

宝兴河流域地处盆地西缘，上游紧靠阿坝高原，地理位置在东经（102°28′，－103°02′），北纬（30°09′，－30°56′）区域内。域内地势西北高、东南低、水系较发育。流域形如阔叶状，平均宽度约 55 km 流域北、西部以夹金山分界与大渡河流域为邻，分水岭海拔高均在 4 000 m 以上，东部与岷江流域接壤，分水岭海拔在 1 850～4 000 m，南部则与天全河及青衣江干流相连。

宝兴河在两河口以上为上游，系高山峡谷区，支流主要集中在该区内，河床深切，河谷多呈“V”形。岸坡陡峭，滩多流急；两河口下至铜头场为中游段，河谷宽窄相同，最窄处仅 30 余米，最宽处则如灵关镇属上、中、下坝等河谷盆地，宽 300～600 m，为宝兴县主产粮区和乡镇企业开发区；铜头场以下为下游段，属低山深丘地带，河谷较开阔均匀，耕地集中，为芦山县主要工农业区。

（2）玉溪河。

玉溪河又称芦山河，流域面积 1 397 km^2，河长 113 km，落差 3 595 m，其开发任务是灌溉和发电。早在 20 世纪 70 年代兴建的玉溪河大型引水工程，渠首位于芦山县宝胜乡，跨流域灌溉芦山、邛崃、蒲江、名山等县 8.664×10^5 亩耕地，并利用渠道跌水已建成小水电站总装机 30 MW。玉溪河水力资源开发在金鸡峡以上拟 12 级开发，共装机 123.8 MW，年发电量 6.64×10^8 kW·h。其中单站装机在 10 MW 有马桑坪（10.1 MW），长石坝（10 MW）、宝珠山（18.9 MW）和金鸡峡水库电站（42 MW）四座。金鸡峡水库总库容 $3.5\times10^8 m^3$，系玉溪河引水工程的规划的调节水库。

（3）周公河。

周公河是青衣江右岸一级支流，流域面积 1 078 km^2，河长 95 km，落差 1 757 m。炳灵以下至河口规划为 7 级开发，即瓦屋山（240 MW）、葫芦坝（26 MW）、将军坡（18.9 MW）、沙坪（40 MW）、河坪（13 MW）、大石板（13 MW）和周公河（14 MW），共装机 364.9 MW，年发电量 1.366×10^9 kW · h。第一级瓦屋山水库电站（总库容 $5.62\times10^8 m^3$），已完成初步设计，建设条件优越，调节性能高，可承担四川电网的部分调峰调频任务。

（4）名山河。

名山河，青衣江左岸一级支流，古称清溪、小溪、名山水、蒙水。河流发源于雅安市下里乡蒙山（王家山），东绕名山北坡 ，于鸳鸯桥入名山县境，左纳横山庙沟，折向南流，左纳双溪沟，南流经名山县城东，右纳槐溪，折而东流，左纳陆家沟，右纳夙鸣沟；以下有“S”形河曲，曲折南流，经永兴镇，左纳楠庙沟（沼海），又东流至红岩，左纳延镇河，南流入雅安市境，过合江镇，转南至龟都府止水岩，汇入青衣江。名山河河长 50 km，流域面积 390 km^2。

流域河系发育，支流密布，最大的支流为延镇河。延镇河又称盐井沟，发源于名山县靳岗一带山冈，西南向流过双河乡，于车岭镇右纳大陈沟后转南偏西流，经石堰、夙凰、林泉，于红岩汇入名山河。延镇河河长 33 km，流域面积 136 km^2。

名山河流域地处四川盆地西部边缘，西部有蒙山、系名山县与雅安市分界山，海拔 1 000 ~ 1 440 m，相对高度约 700 m；东部有总岗山，系名山县与丹棱县、洪雅县界山，海拔 900 ~ 1 100 m，为北东—南西走向的条状山脉。两山之间为台状阶地，属名邛蒲阶地，地貌以丘陵、坪岗为主，海拔 650 ~ 850 m，顶面相对高差 30 ~ 50 m。平坝多由河流冲积而成，分布在名山河及支流延镇河中下游沿岸的城西、永兴、新场、车岭一带，海拔在 650 m 以下。全流域最高处为蒙山顶峰，海拔 1 440 m；最低处为名山河河口，海拔 540 m。全流域相对高差 900 m。

该流域呈大陆性湿润气候，四季分明，气候温和，湿润多雨；年均温 15.5 °C，1 月均温 5.4 °C，7 月均温 24.6 °C，≥10 °C 活动积温 4 793 °C，极端最高气温 34.7 °C（出现在 1975 年 12 月 14 日），极端最低气温 – 5.4 °C（出现在 1977 年 8 月 3 日）；无霜期 297 天，年平均降水量 1 513 mm，年平均蒸发量 965 mm。主要灾害性天气：冬季多寒潮，春季多低温，夏季多暴雨，秋季多绵雨。

名山河流域属全省多雨区之一，但是降水量年内分配不均，年际变化较大，地域差异明显。降水量年内分配是：春季（3 月—5 月）占 15%，夏季（6 月—8 月）占 58%，秋季（9 月—11 月）占 23%，冬季（12 月—次年 2 月）占 4%。据名山气象站资料，年雨量最多达 2 119 mm，出现在 1964 年，最少仅 1 074 mm，出现在 1974 年，多雨年雨量约为少雨年雨量的 2 倍。降水量在地域上分布呈由西向东递减趋势，西部蒙山年平均雨量达 2 125 mm。东部一些地区，年平均雨量只有 1 251 mm。

第二十章　实习安排

第一节　第二学期

一、目的与意义

本实习线路针对农业水利工程、水利水电工程专业大一第二学期开设的“农业水利工程概论”、“水利水电工程概论”等课程进行的野外参观实习，以进一步巩固学生所学书本知识，培养工程意识和科学精神。

二、教学内容

（1）参观廊桥展厅，了解雅安的水利发展和周边水系的开发与建设，着重参考了解雅安地区的水利发展历史及其发展前景以及青衣江流域、大渡河流域、田湾河流域等河流的具有带代表性的水利水电工程。

（2）参观青衣江的部分流域，了解青衣江流域的水文、地质等情况以及其水资源开发条件和发展需要、开发任务。同时结合实际情况深入体会并掌握水资源在开发利用过程中所面临的问题及其解决方法。

（3）参观大兴电站的厂房及其基础设备，为以后专业课的学习打下坚实的基础。

三、实习安排

早上 7:30 在老校区体育馆广场集中整队后，从老校区出发至廊桥展厅，上午 8:10—10:00 参观廊桥展厅，10:10 在廊桥展厅门口集合，在老师带领下走访青衣江部分流域，于中午 12:00 结束参观。下午 2:00 在老区体育馆集合，前往雅安大兴电站进行参观。

四、实习工程简介

1. 廊桥展厅

雅州廊桥二楼的综合展厅在大约 400 m^2 的展厅内，通过实物、文字、图片、多媒体等方式以“人文雅安”、“浪漫雅安”、“生态雅安”、“水电雅安”四大主题，向人们充分展示着雅安的历史文化、城市建设、旅游和水电资源，是广大群众了解雅安的重要窗口，见图 20.1。其中，“水电雅安”是一个非常大的板块和组成部分，它详尽地展示了雅安的水资源状况、青衣江流域的状况，记载了雅安水电事业发展的历史进程以及未来的发展方向，默默地为世人讲述着一个个看似平常却又壮观惊奇的水电站的故事，给每一位去那里参观的游客以美不胜收的感觉。

图 20.1 雅州廊桥

2. 青衣江流域

雅安水力资源得天独厚。全市流域面积在 30 km^2 以上的河流有 131 条，水电资源理论蕴藏量 1.272×10^7 kW，可开发量 1.063×10^7 kW，可建大型电站 5 处/5.33×10^6 kW，中型电站 36 处/2.9×10^6 kW，小型电站 2.4×10^6 kW。这些电源点大多数带库容，有较强的调节能力。截至 2002 年年底，全市已建成电站 388 处/671 台/1.064×10^7 kW，其中地方自建 382 处/651 台/4.98×10^5 kW，省电力公司 3 处/9 台 / 2.67×10^5 kW，华能 3 处/11 台/3×10^5 kW。

（1）全国、四川和雅安水电开发情况。

全国：我国水能资源理论蕴藏量 6.67×10^8kW，年发电量 5.92×10^8kW，可开发资源的装机容量 3.78×10^8 kW，经济可开发装机容量 2.9×10^8kW。到 2000 年年底，全国水电装机总容量达到 7.5×10^{10} kW，开发利用率为 19.8%，世界第 2 位。水电资源主要集中在全国 12 大水电基地，总装机容量达 2.1×10^8kW，见表 20.1。

表 20.1 中国 12 个大型水电基地基本情况

名称	装机容量（$\times10^4$kW）	年发电量（$\times10^4$kW·h）
金沙江	4 789	2 610
雅砻江	1 940	1 181
大渡河	1 805	1 009
乌江	867	418
长江上游	2 831	1 359
南盘江、红水河	1 312	532
澜沧江干流	2 137	1 093
黄河上游	1 415	507

续表 20.1

名称	装机容量（$\times 10^4$kW）	年发电量（$\times 10^4$kW · h）
黄河中游北干流	609	192
湘西	791	316
闽、浙、赣	1 416	411
东北	1 131	308
合计	21 047	9 945

四川：水力资源理论蕴藏量 1.43×10^8kW，可开发资源的装机容量 1.035×10^8kW，经济可开发装机容量 0.76×10^4kW。截至 2000 年年底，水电装机达 $1\,082.67\times10^4$kW，占电力总装机的 63.65%，为全国水电第一大省，开发利用率 10.4%；水电年发电量 3.322×10^{10} kW · h，占发电总量的 63.28%，也是全国第一。见表 20.2、20.3。

表 20.2　四川省各水系水力资源表

水系	流域面积	多年平均流量	理论蕴藏量	技术可开发量		经济可开发量	
	/km^2	/m^3/s	$\times 10^4$kW	装机容量（$\times 10^4$kW · h）	年发电量（$\times 10^8$kW · h）	装机容量（$\times 10^4$kW · h）	年发电量（$\times 10^8$kW · h）
金沙江	473 200	4 920	3 309.43	3 111.6	1 495.4	2 361.15	1 130.44
雅砻江	136 123	1 910	3 771.18	2 757.72	1 632.88	1 949.32	1121.92
大渡河	77 400	1 570	3 367.97	2 400.91	1 345.67	1 779.14	985.78
青衣江	12 897	543	582.4	360.42	186.64	311.82	160.87
岷江	133 000	2 850	1 402.43	670.73	377.39	438.2	246.42
都江堰			93.32	38.06	22.29	37.69	22.13
沱江	27 844	454	129.6	47.66	26.15	44.8	25
涪江	28 351	472	407.33	287.76	144.42	270.01	134.51
嘉陵江	79 800	891	458.68	329.45	147.81	301.55	135.51
渠江	34 193	682	152.58	76.09	35.8	47.49	31.92
“长上干”	65 000	8 540	562.25	262.93	148.71	49.93	22.71
其他			32.68	2.63	1.48	0.1	0.05
全省合计			14 268.85	1 0345.96	5 568.64	7 611.2	4 017.64

表 20.3 四川省在全国 12 大水电基地所占的比例

河流	电站级数	装机容量（$\times10^4$kW）	年发电量（$\times10^8$kW·h）
雅砻江	11 级	1 940	1 181
大渡河	16 级	1 806	1 010
金沙江中游	1 级	1 808	998
金沙江下游	4 级的 1/2		
长江上游	2	263	149
合计		5 817	3 338
十二大小电基地		21 047	9 945
四川所占比例/%		27.6	33.6

雅安：水能资源理论蕴藏量 1.108×10^7 kW，可开发量 9.01×10^6 kW，占全省的 8.7%，占全国的 2.38%；可建 2.5×10^5 kW 及以上的大型电站 5.33×10^6 kW，（5～25）$\times10^4$ kW 的中型电站 2.3×10^6 kW，5×10^4 kW 以下的小型电站 1.38×10^6 kW；现已建成水电站装机 9.548×10^5 kW，开发利用率 10.6%，比全省高 0.2 个百分点，比全国低近 9 个百分点。见表 20.4、20.5。

表 20.4 雅安水力资源开发比较情况表

名称	全国	四川	雅安		
			绝对量	占全国比例/%	占全省比例/%
理论蕴藏量（$\times10^8$kW）	6.76	1.427	0.110 8	1.64	7.76
可开发装机容量（$\times10^8$kW）	3.78	1.035	0.09		8.7
经济可开发量（$\times10^8$kW）	2.9	0.761			
已开发量（2000 年年底）（$\times10^8$kW）	0.75	0.108	0.009 6	1.39	9.63
占可开发量的比重/%	19.80%	10.4	10.6		

表 20.5 雅安水力资源可开发情况统计表（单位：$\times10^4$ kW）

流域	大型电站	中型电站	小型电站	合计
青衣江		164.98	99.8	264.78
大渡河	533	64.6	38.62	636.22
合计	553	229.58	138.52	901.1

（2）青衣江流域的整体开发任务。

青衣江流域的整体开发任务为：上游以发电为主，其次为灌溉、防洪；中下游则以灌溉、防洪为主，兼顾发电和水源保护等。青衣江主源为宝兴河，发源于邛崃山脉巴朗山与夹金山之间的蜀西营（海拔高程 4 930 m），流经宝兴在飞仙关处与天全河、荥经河汇合后，始称青衣江，经雅安、洪雅、夹江于乐山草鞋渡处汇入大渡河。青衣江在飞仙关以上为上游，河长 147 km，控制集雨面积 8 750 km^2，飞仙关以下为中下游，河长 142 km，区间集雨面积 4 147 km^2。总计干流长 289 km，落差 2 844 m，流域面积 12 897 km^2。

青衣江上游为山区河流，生产和生活用水量不大，目前在支流玉溪河已建成玉溪河引水工程，灌溉岷江以西的 86.64×10^4 亩耕地。干流从宝兴县硗碛至飞仙关三江口近 97 km 河段内，天然落差 1 395 m，平均比降 14.4‰。硗碛乡河段地势较为开阔平坦，河床平均比降 7‰，具备建大型龙头水库的地形地质条件，宝兴河干流规划为 8 级开发，从上至下依次为：穿洞子（45 MW）、硗碛“龙头”水库电站（176 MW）、民治（105 MW）、宝兴（160 MW）、小关子（160 MW）、灵关（54 MW）、铜头（80 MW 已建）、灵关河（36 MW），共利用落差 1 416 m，总装机容量 816 MW，年发电 43.3×10^8kW·h。见表 20.6。

表 20.6

电站名称	建设地点	控制流域面积/km^2	多年平均流量/（m^3/s）	坝型	最大坝高/m	利用落差	开发方式
硗碛	宝兴	778	27	堆石坝	100	529	混合式
民治	宝兴	1 021	34	闸坝	11	239	引水式
宝兴	宝兴	1 228	39	闸坝	28	344	混合式
小关子	宝兴	2 787	89	闸坝	20	154	混合式
铜头	芦山	3 047	99	双曲拱坝	77	90	混合式
灵关河	宝兴	3 057	90	闸坝	12.1	45	引水式

中、下游的开发目标是以长征渠引水工程为中心，以灌溉为主，兼顾防洪，结合城乡生活用水及发电。长征渠引水工程，取水枢纽位于洪雅罗坝场上游 3 km 处的槽渔滩，控制流域面积 $1.08\times10^4km^2$，多年平均流量 489 m^3/s，径流量 1.54×10^{10} m^3，取水高程 516.4 m，设计流量 230 m^3/s，规划灌溉面积 $1\ 400\times10^4$ 亩。其中，四川省 $1\ 015.65\times10^4$ 亩，重庆市 384.35×10^4 亩。

青衣江干流槽渔滩以下河段，开发的目标主要是沿江的工业与城乡生活用水、灌溉与防洪，兼有发电。在长征渠引水工程未实施以前，为充分利用水能资源，根据实际情况，采用低闸坝河床式和混合式开发兴建梯级电站，如水津关、龟都府、高凤山、洪州、城东等 11 级中型水电站和 5 座引水式小电站，合计装机 820.6 MW，年发电量 4.232×10^9 kW·h。目前已建成雨城（60 MW）、槽渔滩（75 MW）、城东（75 MW）、高凤山（75 MW）等，在建龟都府水电站（62 MW）、水津关水电站等。见表 20.7。

表 20.7

电站名称	建设地点	控制流域面积/km^2	多年平均流量/(m^3/s)	坝　型	最大坝高/m
漕鱼滩	洪雅	10 789	461	混凝土重力坝、堆石坝	26.1
雨城	雅安	8 777	368	混凝土闸坝	26.5
飞仙关	芦山	8 748	368	闸坝	39.5

3. 大兴电站

四川省雅安大兴电站，是青衣江多营坪至龟都府河段水电开放规划的第二级电站，坝址位于雅安大兴镇岩坡上。电站设计装机容量 7.5×10^4 kW，保证出力 1.71×10^4 kW，为中型水电工程。电站多年平均发电量 3.922×10^8 kW·h，年利用小时数 5 230 h，设计发电量引用流量 516 m^3/s，水库总容量 1.92×10^7 m^3，调节库容 3.4×10^6 m^3，具有日调节功能。电站工程等级为三等，枢纽建筑物由非溢流坝、拦河闸、水电站厂房、尾水渠、升压站公路桥、左右副坝等组成，最大坝高 18 m。建设该项目总投资 58 439.10 万元。该电站是以发电为主，兼有防洪、灌溉、交通、旅游、改善城市生态环境等多种效益的综合利用水利水电工程，距负荷中心近，交通方便，是雅安地区电气化建设的重要电源点。

大兴电站位于青衣江下游，地处雅安市城郊，距市区约 4 km 的青衣江干流上，为河床式电站，上游与已建成的雨城电站尾水衔接，下游有已建成的槽渔滩电站、高峰山电站和城东电站。

大兴电站为河床式电站，从右到左依次为右岸非溢流坝、厂房坝段、3 孔冲沙闸、8 孔泄洪闸、左岸非溢流坝，见图 20.2。雅安大兴电站闸坝及厂房土建工程由四川洪雅禾森电力公司出资 40%，眉山电力公司与环岛公司各出资 30%组成的四川雅安大兴水力发电股份有限公司投资兴建。该公司授权禾森电力公司负责工程建设期间的全部工作，后者以工程总投资 4 亿元承包建设施工。围堰的布置，施工导流采用两期两段导流方式。一期导流时段为 2002 年 11 月—2003 年 5 月，利用左岸非溢流坝段位置的导流明渠过流，围泄洪冲沙闸、厂房坝段和右岸非溢流坝段，施工泄洪冲沙闸、厂房以及右岸非溢流坝。一期末，厂房小基坑围堰形成，冲沙闸墩和导墙达到设计高程，最左侧泄洪闸导墙达到设计高程，泄洪冲沙闸底板混凝土基本完成。二期导流时段为 2003 年 10 月—2004 年 5 月，冲沙闸过流，冲沙闸左导墙作纵向围堰，围左岸非溢流坝段、泄洪闸坝段，继续进行泄洪闸中上部未完工程、左岸非溢流工程施工。该电站现已成为四川农业大学水利水电学院的校外挂牌实习基地之一。

图 20.2　大兴电站

第二节 第三学期

一、目的意义

本实习是针对农业水利工程、水利水电工程大二本科生上半期的“水力学”、“工程测量”、“建筑材料”等课程而进行的野外实习，以进一步巩固所学书本知识，增强学生对书本知识的感性认识，培养其工程意识和严谨的科学精神。

二、教学内容

（1）沿着学校段的濆江河，由任课老师带领和指挥，向学生具体详尽地介绍“层流”、“紊流”、“水跃”等书本上的名词术语，让学生直观地了解书上的一些抽象的概念，了解天然河道中所产生的水的流态和温习书上的各种水利计算等。

（2）参观濆江两岸的护坡状况、挡土墙等，了解挡土墙的设计及其技术难点、常用的处理办法，为今后从事专业工作打下坚实的基础。

三、实习安排

上午 7：30 在川农大农场门口集合，整队步行到农场的濆江河边，7：40 开始顺着濆江南下，听老师一路讲解，11：00 返回。下午 2：30 到学校体育馆门口整队集合，前往青衣江边走访。

第三节 第五学期

一、目的与意义

本实习线路是针对农业水利工程、水利水电工程专业大三本科生上半期开设的“工程地质及水文地质”、“工程水文学”、“土力学”、“岩石力学”等，而进行的野外实习，以进一步巩固学生所学书本知识，增强对书本知识的感性认识，培养工程意识和严谨的科学精神。

二、教学内容

（1）参观位于宝兴河流域的铜头电站，青衣江线路上已建的雨城电站、槽渔滩水电站、水津关电站、龟都府水电站以及周公河线路上的大石板等电站，了解并掌握不同坝型的选择条件、地质和水文情况以及地基处理中相关问题的处理方法。了解电站厂房的布置方式，以所参观的电站为代表比较引水式电站和径流式电站的异同和对环境、经济的影响。

（2）参观多营坪水文站，了解并掌握水位等的测量方法。

（3）参观陇西小流域峡口滑坡地区，了解当地的水文和地质情况，掌握地质灾害的几种监测方式，掌握滑坡形成的原因、过程、产生的自然现象和解决办法。

（4）参观周公山温泉。

三、实习安排

1. 第一天

早上 7:30 在老校区体育馆广场集中上车后，从雅安老校区出发，途经 318 国道，行车约一个半小时到达铜头电站的主厂房区参观，之后乘车前往电站大坝；然后沿路返回参观雨城水电站和多营坪水文站。中午 12:30 回到学校休息整顿后乘车到陇西小流域峡口参观，下午 5:30 返回学校。

2. 第二天

上午 7:30 在学校体育馆集中上车，从雅安校区出发至眉山参观槽渔滩水电站，然后沿路返回参观龟都府水电站（建设中）和水津关水电站（建设中），下午 1:00 回学校整顿休息。下午 2:30 在学校体育馆集合，前往大石板电厂参观，之后参观周公山温泉，参观完之后回学校。

四、实习工程简介

1. 铜头电站

四川华能铜头水电站位于四川省芦山县境内，是宝兴河干流 8 个梯级电站的第五个梯级，电站总装机容量 4 × 20 MW。大坝为混凝土双曲拱坝，最大坝高 77 m，见图 20.3。坝基岩体为紫灰 ~ 紫红色厚层块状泥钙质砾岩，砾石含量 70% ~ 80%，砾石成分以灰岩为主，白云岩和石英岩次之，含少量泥岩和泥质粉砂岩；充填物含量占 10% ~ 70%，成分以灰岩岩屑和石英岩岩屑为主，白云岩岩屑次之，含少量泥岩和砂岩岩屑。坝基开挖于 1992 年 11 月开始，至 1994 年 5 月开挖完毕。

大坝河床基坑开挖采用先导掏槽后，用潜孔钻钻孔，分层微差爆破开挖。据基坑开挖情况，决定将原建基面高程由 648.5 m 抬高至 687 m 左右，因此河床基坑底部再开挖中实际未预留保护层。在清基开挖中发现，基坑底面有较多的缓倾角裂隙，倾角 15° ~ 20°。裂面新鲜，切破砾石，一般张开 1 ~ 4 mm，局部充填有少量新鲜石粉。在剖面上，除了爆破残孔附近切层外，有顺层开裂，出现了“脱层”现象。原因分析：拱坝坝基开挖中由于开挖爆破引起的建基面岩体卸荷松动。

图 20.3　铜头电站

铜头电站是国内第一座在下第三系砾岩上修建的双曲薄拱坝，由于砾岩形成的时代新，岩石成岩固结程度相对较差，且砾石和胶结物均主要为碳酸盐类，因此岩体中发育有岩溶，岩溶成为大坝的主要工程地质问题。由于建基面软弱，著名水利水电工程专家、两院院士张光斗曾说，在此修建混凝土双曲拱坝，就相当于在沙漠上建楼房，因此从最开始的勘测设计阶段，就非常注重坝基面的优化和建基面的工程处理。通过对坝区砾岩岩溶的分析研究，阐明了坝区岩溶发育规律，根据拱坝特点，采取了一系列工程处理措施，处理后效果显著。

2. 雨城电站

华能雨城水电站为宝兴河梯级电站开发的最末一级，距雅安县城 3 km 的川藏公路旁，总装机容量为 60 MW，闸坝坝高 26.5 m，正常蓄水位 598 m，总库容 0.11×10^8 m^3，设计引用流量 450 m^3/s，设计水头 15.5 m，见图 20.4。坝后式厂房坐落在河床基岩上，副厂房和开关站位于左岸 Ⅰ、Ⅱ级基座阶地上，阶地表层由砂卵石覆盖。

左岸Ⅱ级阶地上，阶面高程为 598 ~ 607 m，其中高程 597.5 m 以上为亚砂土、黏土和砂层，其厚度分别为 2.5 ~ 3.0 m、3.0 ~ 6.5 m、2.0 ~ 4.0 m，其亚砂土、黏土层向上游方向逐渐变为粉细砂层；高程 597.5m 以下为砂砾卵石层，厚 7.5 ~ 16.5 m，该层中的砂为粉细 ~ 中砂。砾卵石大小悬殊，渗透系数 $K=1.22\sim7.41$ m/d。根据物探资料与钻孔揭露，初步判定在 ZK30—MH3、ZK20—MH7 有一北东向的古河槽，砂砾卵石层厚 14 ~ 16.5 m，河槽处基岩顶板高程为 580 ~ 585m，比两翼基岩顶板低 6.0 ~ 8.0 m。高程 581.5 ~ 586 m 及以下为 K2g 泥质粉砂岩夹粉砂质泥岩、钙质泥岩及泥岩，岩层倾向左岸偏下游，基岩透水性较差，属微透水层。

雨城电站位于宝兴河流域下游，属于坝后式水电站，共 4 台发电机组，每台容量 1.5 MW，总装机容量 6 MW，坝高 26.5 m。右岸为山体基岩地质条件好；左岸为河滩阶地，地势宽阔，用于修建副厂房、生活区等。

图 20.4　雨城电站

3. 多营坪水文站

多营坪水文站多营坪水文站的上游为雨城电站，其每天监测到的水文资料都会及时公布在雅安水文网，以便及时地了解当地的水文变化。所用仪器如图 20.5 所示。

水尺——混凝土筑，水尺读数加当地标高即为水深。

测井——内设监测仪器，可以把数据传送到监控室。

铅鱼——测流速。

自计雨量计——测降雨量。

雨量蒸发计——测蒸发量，每天早上 8 点测一次。

图 20.5　监测用仪器

4. 槽渔滩电站

槽渔滩水电站位于眉山市洪雅县境内，青衣江中下游，是 1992 年修建的，在 1994 年 10 月 31 号开始发电，见图 20.6。该电站由左岸泄洪闸、冲沙闸以及中间部分发电厂房和右岸副坝组成。电站装机 3×25 MW，水库正常蓄水容量 2.72×10^7 m^3，大坝主体为混凝土重力坝，右岸副坝为面板堆石坝，上游为 30 cm 的混凝土层面。为了防止在右岸坝段产生绕坝渗流，在右岸坝肩设置了一排帷幕灌浆孔。该电站右岸高边坡问题比较突出，但由于该电站大坝为混凝土重力坝，因此对大坝的安全不构成威胁。在大坝的右岸修建了 2 孔冲沙闸、7 孔泄洪闸，为钢筋混凝土坝；右岸 6 道调速闸门，为石砌坝；冲沙闸采用驼峰堰；泄洪闸是采用的平顶堰。采用底流消能的消能方式，该电站有三台机组发电，每台机组发电量为 2.5×10^4 kW。

图 20.6　槽渔滩水电站

左岸非溢流坝为重力坝，全长 86.5 m，最大坝高 21.8 m。为了保护王山滑坡体，左坝肩上设有护岸。坝基为细粒砂岩，较为完整稳定，采用灌浆帷幕防渗。右岸为面板坝，坝长 497.57 m，最大坝高 19.5 m，坝基处理采用 YKC 造孔灌浆和明挖现浇两种形式。

泄洪冲砂闸全长 184.5 m，分为 9 孔，$1^{\#}\sim7^{\#}$孔为泄洪闸，$8^{\#}$、$9^{\#}$孔为泄洪冲砂闸，9 孔泄洪总能力为 17 477 m^3/s，大于设计洪水 1.68×10^4 m^3/s 和 1955 年特大洪水 1.48×10^4 m^3/s。每孔净宽 14 m，闸高 15.6 m，闸墩厚 5 m，采取闸室中间分缝，闸坝最高 31.3 m，为开敞式。经过模型试验后采取泄流能力较大的驼峰堰型。选用扇弧形闸门，曲率半径 18 m，支铰中心高程 515.8 m，采用 2×80 t 卷扬式启闭机。检修门为平板定轮门，设 2×63 t 单向门机一台。

电站主厂房为河床式厂房，位于泄洪闸和右岸非溢流坝之间，由主机间和安装间组成。总建筑面积 1 954.85 m^2。主机间顺水流方向分为进口段、厂房段和尾水平台段，总长 65.56 m，建筑面积为 1 371.25 m^3，设有 3 台机组的 6 个进水室，每孔宽 6.25 m，3 台机组各设有工作门 2 扇，进口检修门 2 扇。尾水检修门两道 4 扇。安装间总长为 26.5 m，宽 21.94 m，分两层：上层为机组检修安装场，高程 514.30 m；下层高程 504.3 m，布置检修场、渗漏集水井、水泵及空压机。

移民问题一直是水电建设一个非常棘手的问题。槽渔滩电站的修建却很好地解决了这一问题。槽渔滩电站征地 1 100 亩，移民 345 户，1 600 多人。工程建设之初，时任洪雅县县长的徐启斌担任指挥长，他根据政策规定和实际情况，绝不走“农转非”的旧路，制订了让移民“搬得走、稳得住、富得起来”的原则，走“以土为本，以农为主，农业安置”的新路：统一调整土地，保证移民人均 4 分的基本口粮田，免征农业税和粮食定购任务。将移民的土地补偿费和安置补助费投入到电站建设，并以高于银行同期利率付给移民本息。发电后将售电收入中提取库区开发基金，分配给移民，移民每年可得到 650 元左右；并帮助移民制定“长计划、短安排的致富措施，在移民房屋搬迁建设中，统一规划设计，分户实施的办法，寓农、工、商、贸、旅游开发为一体。结合工程建设，建起了平羌、竹箐、董河三条总长 2 100 m、建筑面积 $14\times10^4 m^2$ 的移民新街。把移民的利益和电站利益紧密结合，不留任何隐患和后患，工程建设赢得了人民的拥护和支持，加快了工程进度。

王山滑坡处于拦河闸坝左岸坝肩，该滑坡一旦失稳，将影响电站的正常运行和危及大坝安全，甚至有溃坝的危险，威胁下游地区人民的生命财产安全，是本电站主要的工程地质问题之一和安全隐患。为保证大坝的安全运行，该电站委托四川省水利水电勘测设计研究院第二测绘分院自 1998 年起对大坝和王山滑坡体的变形全面监测，先后在 1998、1999、2000、2001、2002 年进行了数次观测，根据监测数据，王山滑坡体还处于持续下滑状态，仍存在很大的安全隐患，但总体来讲短时间内并不影响到大坝安全，大坝基本处于稳定状态。

5. 龟都府电站

四川省雅安龟都府电站位于雅安市草坝镇水口村附近名山河与青衣江汇合处的龟都府小岛展布的河段上，是青衣江干流规划开发第六级中型水电站工程，见图 20.7。该电站系闸坝式低水头河床式电站，以发电为主，距雅安市 24 km。电站设计装机容量 5.85×10^4 kW，保证出力 1.229×10^4 kW。电站多年平均发电量 $2.964\ 5\times10^8$ kW·h，年利用小时数 5 068 h，设计发电引用流量 566 m^3/s，水库总库容 $2\ 120\times10^4 m^3$，调节库容 $330/10^4 m^3$，具有日调节性能。枢纽主要建筑物有非溢流坝、泄洪闸、冲砂闸、主厂房、副厂房、变电站及附属工程等组成，最大坝高 15.6 m。

目前大渗漏地层和堆积覆盖层的防渗堵漏工作多数限于常规的灌浆施工方式，比较大的渗漏往往采用待凝、间隙灌浆、加速凝剂等方式进行处理。其中的一些工程采用了化学灌浆堵漏的施工方法，但成本大，有时效果不明显。水泥膏状浆液灌浆施工方法适用于大部分大渗漏地层和堆积覆盖层的防渗堵漏处理，如在桑坪厂房施工中使用该技术取得了较大成功。

水泥膏浆通常指的是在水泥中掺入大量的膨润土、硫铝酸盐水泥等掺和料及少量外加剂而构成的低水灰比的膏状浆液。其基本特征是浆液的初始剪切屈服强度值可以克服其本身重力的影响；其主要性能是抗水流冲释性能和自堆积性能，可以用于有中等开度（如 10 ~ 20 cm）渗漏通道的一定流速、大流量的堆石体渗漏地层（如人工土石围堰、河床砂卵石层等）。用水泥膏浆灌浆时，则形成明显的扩散前沿，在其后面的裂隙就会被膏浆完全填满，在水泥凝固以后，膏浆就形成坚硬而密实的水泥结石。通过速凝剂调节水泥膏浆的凝结时间，在普通水泥膏浆的基础上研究出速凝水泥膏浆，解决了普通水泥在水下凝结时间长、不利于动水下堵漏施工的难题。

该项目技术的应用，为分局在大渗漏地层的灌浆施工中积累了大量的经验，并为在该领域的施工提供了依据，在社会效益方面取得了较大的突破。

图 20.7　龟都府电站

6. 水津关电站

水津关电站位于四川省雅安市雨城区草坝镇水津关村至黄家堰下游 200 m 的青衣江干流上，为青衣江多营坪—龟都府河段水电规划梯级开发的第三级电站，上距雅安城区 13 km，下距草坝镇 3 km，见图 20.8。上游与已建的大兴水电站衔接，下游与在建的龟都府水电站衔接。水津关电站的开发符合该河段梯级开发总布局。工区左岸有雅（安）—乐（山）公路、右岸有雅（安）—大（兴）公路通过，交通方便。青衣江全流域面积 13 744 km^2，坝址以上流域面积 10 268 km^2，多年平均流量 432 m^3/s。水津关水电站采用河床式开发，属Ⅲ等中型工程，水库正常蓄水位 549.00 m，正常蓄水位时的库容为 5.96×10^6 m^3。电站额定水头 12 m，设计引用流量 586 m^3/s，电站装机容量 63 MW，保证出力 12.5 MW，电站多年平均发电量 $2.968\ 6\times10^8$ kW · h，年平均利用小时 4 712 h。

图 20.8　水津关电站

7. 大石板电厂

大石板电站位于四川省雅安市南 6 km 的周公河上。电站装机容量 2×2 500 kW，设计水头 18 m，引用流量 33 m^3/s，最大坝高 32.5 m，最大坝底宽 33.2 m，坝顶长 89.1 m。冲砂道左侧为主厂房，冲砂道右侧为溢流坝；居中的一孔冲砂闸之闸面积为 5×5 m^2，承担冲砂、泄洪双重任务。溢流坝高 27 m，为混凝土条石、块石重力坝。大石板电站是周公河梯级开发中的第六级，为河床式水电站。大石板电站位于典型的“V”形河谷中，左岸岩质边坡高约 100 m，坡度 50°～60°，在对其进行处理时采取了锚固措施，右岸边坡强风化，岩层产状 NW42°NE∠30°，岩层倾向下游对大坝的稳定有利。在由图 20.9 可以看到，由于泄洪高速水流的冲刷，右岸坝基部已经被严重淘蚀，有待采取加固措施。

大石板电站地质构造属于四川沉降带西部的三级构造单元——川西褶皱带的组成部分，其构造体系为川滇南北构造体系与北北东向新华夏构造体系过渡带，小断裂较多，褶皱十分发育。电站则坐落在周公山背斜东翼、雅安向斜西翼。背斜西翼倾角 30°～40°，向斜两翼倾角 25°～30°。

电站处出露基岩为中生界白垩系上统夹关组（k2j）地层，厚度达 363.17 m，由浅红色厚层长石石英细砂岩、泥岩、粉砂岩组成。泥岩、粉砂岩常以薄的夹层或透镜体出现。由于夹层层数多，以致岩性很不统一，尤以右岸更甚；加之裂隙发育，岩石破碎，坍塌严重。右坝肩基岩出露高程仅高于正常水位 2 m 左右，洪水期绕坝渗漏问题不容忽视。

图 20.9 大石板电站远观

图 20.10 大石板电站右岸坝肩

8. 陇西河峡口滑坡监测示范区

雅安是我国西部滑坡、泥石流等地质灾害多发区。降雨是引起地质灾害的主要因素，但从根本上来讲，地质体的构造、岩性和风化程度等地质因素均与地质灾害有关。在示范区内各个科研院校或者研究所均争相设置地下水、地裂缝位移、地下位移、降雨量监测设施和基于北斗卫星的监测数据远程传输系统，监测设施保护等设施，以开展综合研究，气象预报预警、对峡口滑坡开展立体监测等（地表位移、深部测斜、雨量观测和水位水温等）。

第四节　第六学期

一、目的与意义

本实习线路针对农业水利工程、水利水电工程专业大三本科生开设的“水工建筑物”、“灌溉与排水工程学”、“水电站”、“钢筋混凝土及砌体结构”、“土壤学与农作学”、“水资源规划与管理”、“病险水库加固”、“水利工程监理”、“农村饮水安全工程建设与管理”、“钢结构”、“工程环境影响”等课程进行野外实习，进一步巩固学生所学书本知识，培养工程意识和科学精神。

二、教学内容

（1）参观都江堰灌区工程，并掌握渠首工程的作用、意义及选址规则，着重参考了解鱼嘴、飞沙堰、宝瓶口的作用等。

（2） 参观紫坪铺水利枢纽，了解坝址选择依据及难点，了解坝型、排沙洞、溢洪坝、非常溢洪道等作用及意义。考察右岸山体加固方法、措施及效果。

（3）参观玉溪河灌区建山管理站的渡槽、倒虹吸管，掌握玉溪河灌区的相关情况、主要技术问题与解决方案。

三、实习安排

1. 第一天

早上7：30在老校区体育馆广场集中上车后，从雅安校区出发，途经成雅高速公路，行车约三小时到达都江堰宝瓶口旅店驻地，安排好食宿。中午12：30在四川农业大学都江堰分校集中后乘车到紫坪铺水利枢纽参观，下午5：30返回驻地。

2. 第二天

上午参观都江堰渠首工程，下午参观鱼嘴以及飞沙堰。

3. 第三天

早上乘车沿成雅高速公路到玉溪河灌区建山管理站参观，观测渡槽以及倒虹吸管。下午5：30返回学校。

四、实习工程简介

1. 紫坪铺水利枢纽

大型水利枢纽工程——紫坪铺水库是国家西部大开发“十大工程”之一，被列入四川省

“一号工程”，于 2001 年 3 月 29 日正式动工兴建，见图 20.11。20 世纪 50 年代国家开始筹备建设的紫坪铺水库工程，因其坝基地址选在紫坪铺镇（前称白沙）紫坪村而得名。

该工程动态投资 72 亿元，静态投资 62 亿元，水库正常蓄水位为 877 m，最大坝高 156 m，总库容 $1.126\times10^{9}\ m^{3}$，其中调节库容 $7.74\times10^{8}m^{3}$，水电站装机容量 $76\times10^{4}\ kW$，建成后除了满足川西灌溉、城市供水、防洪发电外，还是一个比西湖大 100 倍的“水上公园”。2004 年 12 月 1 日开始蓄水，2005 年 5 月第一台机组发电，2006 年 12 月整个工程竣工投入使用。紫坪铺水利枢纽工程，是都江堰灌区的水源工程，是岷江上游不可多得的调节水库，是具有防洪、灌溉、城市工业、生活和环保供水、利用供水水量发电等综合效益的大型水利工程。

（1）流域概述。

紫坪铺水利枢纽工程位于岷江上游，都江堰城西北 9 km 处。岷江是长江一级支流，全长 711 km，流域面积 13 588 km^{2}。都江堰以上为上游，河长 314 km，落差 2 062 m，流域面积 23 037 km^{2}。紫坪铺水利枢纽工程坝址以上流域面积 22 662 km^{2}，占岷江上游面积的 98%，多年平均流量 469 m^{3}/s，年径流量总量 $1.48\times10^{10}\ m^{3}$，占岷江上游总量的 97%，控制上游泥沙来量的 98%，工程能有效地调节上游水量、洪水和泥沙。

（2）工程布置。

工程正常蓄水位 877.00 m，相应库容 $9.98\times10^{8}m^{3}$，校核洪水位 883.10 m，总库容量 $1.112\times10^{9}\ m^{3}$，属于大（I）型水利枢纽工程，其主要建筑物等级为 I 级工程按 1 000 年一遇洪水设计，洪峰流量为 $1.27\times10^{4}\ m^{3}/s$。枢纽由大坝、溢洪道、引水发电系统及厂房、冲沙放空洞、泄洪排沙洞组成。

（3）工程效益。

提高都江堰 1086 万亩耕地的灌溉供水保证率，还将为毗河丘陵扩灌区 314 万亩灌溉面积提供水源；向成都市提供工业和生活水量 50 m^{3}/s（比现在增加 22 m^{3}/s）；在枯水期（12 月至次年 5 月）向成都市提供 20 m^{3}/s 的环境用水。电站装机 760 MW，多年平均发电量 $3.417\times10^{9}\ kW\cdot h$，可在电网中承担调节频任务。可将岷江上游百年一遇的洪水削减为十年一遇下泄，大大降低了对都江堰至新津县长约 78 km 河段的洪水威胁。

（4）施工进度。

工程总工期六年（2001—2006 年），不包括一年的筹建期（2000 年）。导流洞两条，洞径分别为 11 m、10 m，洞长分别为 780 m、695 m。施工期 2 年，必须保证 2002 年 11 月中旬截流。大坝趾板砼筑开始至第一台机给发电 2.5 年。坝体分四期填筑，砼板分三期浇筑，于 2004 年 10 月—2005 年 4 月先后下闸，封堵导流洞，水库开始蓄水。大坝继续施工至 2006 年年底建成。厂房工程自 2005 年 5 月第一台机组低水位发电后，每隔 6 个月安装一台机组，到 2006 年 10 月四台机组全部安装完成。

（5）环境效益。

调节径流，提高岷江水资源利用率。都江堰灌区面积目前的 $2\times10^{4}\ km^{2}$ 里提高到 $2.5\times10^{4}km^{2}$。确保城市供水，改善环境质量，促进成都市社会经济的全面发展。提高防洪能力，可使岷江上游百年一遇的洪水削减至十年一遇洪水下泄，防洪标准从十年一遇提高到百年一遇。同时还可新开发河滩地约 1×10^{4} 亩。充分发挥水库的净化功能，改善都江堰供水水质，减少泥沙危害，节约净化处理费水库电站每年提供电能 3.417×10^9 kW·h，避免了同规模火电站产生的环境污染。

紫坪铺水利枢纽工程形成了新的风景旅游区，把自然景观和人文景观融为一体，连成一片，提高了以都江堰为中心的风景旅游区的环境质量。

图 20.11　紫坪铺电站

2. 都江堰水利枢纽

都江堰水利工程在四川都江堰市城西，是全世界至今为止，年代最久、唯一留存、以无坝引水为特征的宏大水利工程。2200 多年来，至今仍然连续使用，仍发挥巨大效益，李冰治水，功在当代，利在千秋，不愧为文明世界的伟大杰作，造福人民的伟大水利工程。

都江堰渠首工程主要由鱼嘴分水堤、飞沙堰溢洪道、宝瓶口进水口三大部分构成，科学地解决了江水自动分流、自动排沙、控制进水流量等问题，消除了水患，使川西平原成为“水旱从人”的“天府之国”。目前灌溉面积已达 40 余县，1998 年超过一千万亩。都江堰附近景色秀丽，文物古迹众多，主要有伏龙观、二王庙、安澜索桥、玉垒关、离堆公园玉垒山公园和灵岩寺等。

（1）鱼嘴分水工程。

鱼嘴分水工程，因其形如鱼嘴而得名，它昂头于岷江江心，把岷江分成内外二江。西边叫外江，俗称“金马河”，是岷江正流，主要用于排洪；东边沿山脚的叫内江，是人工引水渠道，主要用于灌溉。鱼嘴的设置极为巧妙，它利用地形、地势，巧妙地完成分流引水的任务，而且在洪、枯水季节不同水位条件下，起着自动调节水量的作用。

鱼嘴所分的水量有一定的比例。春天，岷江水流量小；灌区正值春耕，需要灌溉，这时岷江主流直入内江，水量约占六成，外江约占四成，以保证灌溉用水；洪水季节，二者比例又自动颠倒过来，内江四成，外江六成，使灌区不受水潦灾害。

在二王庙壁上刻的治水《三字经》中说的“分四六，平潦旱”，就是指鱼嘴这一天然调节分流比例的功能。

我们的祖先十分聪明，在流量小、用水紧张时，为了不让外江40%的流量白白浪费，采用杩槎截流的办法，把外江水截入内江，整就使内江灌区春耕用水更加可靠。1974年，在鱼嘴西岸的外江河口建成一座钢筋混凝土结构的电动制闸，代替过去临时杩槎工程，截流排洪，更加灵活可靠。

（2）“飞沙堰”溢洪道。

在鱼嘴以下的长堤，即分内、外二江的堤叫金刚堤。堤下段与内江左岸虎头岸相对的地方，有一低平的地段，这里春、秋、冬三季是人们往返于离堆公园与索桥之间的行道的坦途；洪水季节这里浪花飞溅，是内江的泄洪道；泄洪道，唐朝名“侍郎堰”、“金提”，后又名“减水河”，它具有泄洪徘砂的显著功能，故又叫它“飞沙堰”。飞沙堰是都江堰三大件之一，看上去十分平凡，其实它的功用非常之大，可以说是确保成都平原不受水灾的关键。

飞沙堰的作用主要是当内江的水量超过宝瓶口流量上限时，多余的水便从飞沙堰自行溢出；如遇特大洪水的非常情况，它还会自行溃堤，让大量江水回归岷江正流。它的另一作用是“飞沙”，岷江从万山丛中急驰而来，挟着大量泥沙、石块，如果让它们顺内江而下，就会淤塞宝瓶口和灌区。飞沙堰真是善解人意、排人所难，将上游带来的泥沙和卵石，甚至重达千斤的巨石，从这里抛入外江（主要是巧妙地利用离心力作用），确保内江通畅，确有鬼斧神工之妙。

“深淘滩，低作堰”是都江堰的治水精髓，淘滩是指飞沙堰一段、内江一段河道要深淘，深淘的标准是古人在河底深处预埋的“卧铁”。岁修淘滩要淘到卧铁为止，才算恰到好处，才能保证灌区用水。低作堰就是说飞沙堰有一定高度，高了进水多，低了进水少，都不合适。古时，飞沙堰是用竹笼卵石堆砌的临时工程；如今已改用混凝土浇铸，以保一永逸的工效。

（3）宝瓶口。

宝瓶口，是前山（今名灌口山、玉垒山）伸向岷江的长脊上凿开的一个口子，它是人工凿成控制内江进水的咽喉，因它形似瓶口而功能奇特，故名宝瓶口，见图 20.12。留在宝瓶口右边的山丘，因与其山体相离，故名离堆。宝瓶口宽度和底高都有极严格的控制，古人在岩壁上刻了几十条分划，取名“水则”，那是我国最早的水位标尺。

《宋史》就有“则盈一尺，至十而止；水及六则、流始足用。”《元史》有“以尺画之、比十有一。水及其九，其民喜，过则忧，没有则困”的记载。

内江水流进宝瓶口后，通过干渠经仰天窝节制闸，把江水一分为二。再经蒲柏、走江闸二分为四，顺应西北高、东南低的地势倾斜，一分再分，形成自流灌溉渠系，灌溉成都平原以及绵阳、射洪、简阳、资阳、仁寿、青神等市县近 $1\times10^4km^2$，一千余万亩农田。

离堆上有祭祀李冰的神庙伏龙观。宝瓶口右侧过去有一个未凿去的岩柱与其相连，形如大象鼻子，故名“象鼻子”。象鼻子因长期水流冲刷、漂木撞击，已于1947年被洪水冲毁培塌。宝瓶口岩基，千百年为飞流急湍的江水冲击，出现了极大的悬空洞穴。毛泽东1958年视察都江堰时说一千年一万年后将如何！为了加固岩基，1970年冬，灌区人民第一次堵口截流，抽干深潭，从两岸基础起，共浇筑混凝土超过 8 100 m^3，结离堆、宝瓶口筑起了铜墙铁壁，使这个自动控制内江水量的瓶口更加坚实可靠。

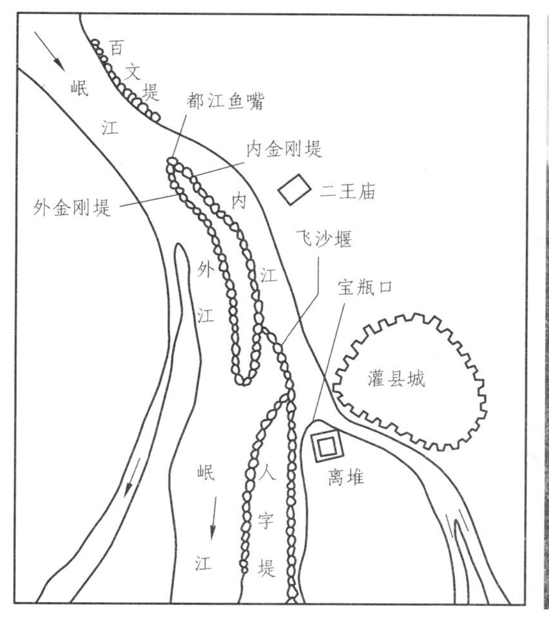

图 20.12 宝口瓶

3. 玉溪河灌区

玉溪河灌区是四川省大型灌区之一，地跨成都、雅安两市的邛崃、蒲江以及雅安市的名山、芦山四县（区、市），幅员面积 1 748 km^2，地势较高，多为丘陵、台地。灌区人口 76 万，以农业生产为主，主要靠玉溪河引水工程进行灌溉。工程设计灌面 86.64 万亩（其中，成都市有效灌面 62 万亩），设计引水流量 34 m^3/s。

玉溪河引水灌溉工程修建于“文革”时期，属于“边设计、边施工、边修改”工程，主干渠处于海拔 800m 以上山区，沿邛崃山脉环绕盘行，所经地段山势陡峻，地形地质条件复杂，渠床多为坡堆积层，雅安砾石层，结构疏松，透水性强，自然灾害威胁严重。沿渠有隧洞 16 处、长 12 775 m，渡槽 18 处、长 1 157 m，暗渠 57 处、长 3 606 m，输水建筑物约占渠道总长的 33%。此外，还有分水、泄水、节制闸、桥涵、溢流堰等建筑物 500 多处。由于受当时历史条件和自然条件限制，工程建设标准低，衬砌技术差，运行中，渠道垮塌、渗漏、淤积等问题十分严重，工程安全隐患多，管理难度极大。全灌区实际建成干、支、斗渠 98 条（全长 1 148 km），其中：主干渠全长 51.5 km，干渠、分干渠 16 条（全长 380 km），灌区内中、小型水库 45 座，库容约 $8\times10^7 m^3$，电力提灌站 260 座，基本形成了引、蓄、提结合，大、中、小配套的水利灌溉体系。

玉溪河灌区管理单位是四川省玉溪河灌区管理局，下设 8 个管理站（其中渠道管理站 4 个，水库管理站 1 个，电站 3 座装机共 15 500 kW），分别是：

（1）进口管理站：位于芦山县宝盛乡玉溪村，站址距玉溪河灌区引水枢纽约 800 m，是玉溪河灌区管理局下属渠道管理站之一。进口站分管玉溪河灌区引水枢纽及引水主干渠 0 +

000（渠首）~ 9 + 000 段。引水枢纽由泄洪闸、溢流坝、冲沙闸、进水闸等建筑物组成，坝顶长 165 m，最大坝高 20 m，坝顶高程 330.2 m，进水闸布置在左岸（镇西山隧洞进口），设计引水流量 34 m^3/s。芦左、天沙支渠的分水口布置在该站管辖渠段内，引水主干渠向支渠分水后，7 + 635 ~ 9 + 000 段渠道设计过流能力为 30m^3/s，实际过流能力为 29 m^3/s。主干渠进口段沿渠现有各类渠系建筑物共计 49 处，其中主要建筑物有：隧洞 2 处、暗渠 3 处、渡槽 5 处、节制闸 2 处、泄洪闸 1 处、分水闸 1 处等。

（2）太和管理站：位于邛崃市太和乡，下设肖家湾、大石板、周湾、郑沟、龙脑河、固一等 6 个渠道管理段。太和站分管引水主干渠 9 + 000 ~（红军隧洞出口）27 + 911 段，管辖渠段全长 18.911 km，处于主干渠的"咽喉"部位。该段渠道设计流量为 25 m^3/s，实际流量 22.4 m^3/s，主干渠太和段沿渠现有各类渠系建筑物共计 295 处，其中主要建筑物有：隧洞 8 处、暗渠 43 处、渡槽 10 处、泄水闸 6 处、节制闸 1 处等。自实施引水主干渠续建配套与节水改造以来，主干渠太和段完成了干渠防渗、内外坡加固、阻水建筑物改造、干渠公路修建、管理段房改建等，大大改善了工程的外观形象，渠道过流能力明显提高。

（3）横山庙电站：地处名山区建山乡横山村，系玉溪河引水工程主干渠上的配套电站。该电站由原雅安地区水利水电勘测设计院设计。1977 年 7 月开始动工，1978 年 5 月 1 日第一台机组并网发电。电站装机 2 × 3 200 kW。设计水头 43 m，设计流量 20 m^3/s。

（4）建山管理站：位于名山区建山乡，下设了赖巴石进口、赖巴石出口、石斗子、凉水井、文大田、临南等 6 个渠道管理段。建山站分管引水主干渠 27+911 ~（赵沟电站前池）51+456.5 段，管辖渠段全长 23.725 km。横山庙电站进水闸位于 34 + 745 处，横电前池以上渠段的渠道设计流量为 25 m^3/s（实际为 22.4 m^3/s），横电尾水至赵沟电站前池的渠道设计流量为 20m^3/s（实际为 16 m^3/s）。沿渠现有各类渠系建筑物共计 256 处，其中主要建筑物有：隧洞 6 处、暗渠 10 处、渡槽 4 处、分水闸 5 处、节制闸 2 处、泄水闸 4 处、进水闸 1 处等。建山段渠线较长，沿渠地质条件较差，有 1 座电站的进水闸及 5 条支渠的分水口在该渠段内，因此建山管理站的运行管理工作直接关系到整个灌区工程的安全稳定及效益的发挥。自实施引水主干渠续建配套与节水改造以来，主干渠建山段完成了干渠防渗、内外坡加固、阻水建筑物改造、暗渠修建、管理段房改建等，通过节水改造，大大提高了工程的安全稳定性，减少了渠道输水损失，社会效益和经济效益都十分显著。

（5）赵沟电站：位于雅安市名山区中峰乡，是玉溪河灌区骨干电站之一，利用主干渠跌水发电，修建于 1987 年，1989 年建成投产，装机三台共 5 650 kW。

（6）百丈水库管理站：位于名山区百丈镇境内。百丈水库位于名山县百丈镇上游 1.7 km 的临溪河上，主要承接引水主干渠尾水，水库坝址以上集雨面积 52.8 km^2，设计总库容 2.08 × $10^7 m^3$,有效库容 1.96 × $10^7 m^3$，是一座以灌溉为主，兼有发电、养殖、旅游等综合效益的中型水利工程。百丈水库于 1958 年 7 月建成，设计控灌名山、邛崃、蒲江三县（市）农田 14.63 万亩，1978 年玉溪河引水主干渠建成通水后，年入库径流总量达到 3.61 × 10^8 m^3，有效灌面扩大到 37.78 万亩，占全灌区有效灌面的 61%。水库枢纽工程由拦河大坝、溢洪道、放水洞、坝后式电站等枢纽建筑物组成，拦河坝为均质土坝，坝顶长 507 m、宽 5.5 m，最大坝高 28 m，坝顶高程 697.06 m，正常蓄水位 695.06 m。

（7）百丈水库电站：位于名山县境内百丈水库坝后，属玉溪河引水灌溉工程的配套项目。电站主要利用百丈水库蓄水落差，结合灌溉水及水库下泄洪水的部分水量发电，电站服从水库灌溉及防洪。电站装机 2×1 250 kW，设计水头 19.38 m，引用流量 13.82 m^3/s，多年平均年发电量 1.49×10^7 kW·h，年利用小时 5 960 h。

（8）蒲江管理站：位于蒲江县城内。蒲江站分管玉溪河灌区百丈水库左、右干渠。百丈水库右干渠从百丈水库坝址下游 1.7 km 的临溪河上筑坝取水，渠道全长 22.8 km，设计引水流量 12 m^3/s，实际引水流量仅为 6.5 m^3/s，沿渠现有各类渠系建筑物 210 处，其中主要建筑物有：渡槽 4 处、暗渠 4 处、渠首进水闸 1 处、分水闸 8 处、泄水闸 5 处等。百丈水库左干渠从百丈水库出水口下游 300 m 的临溪河上取水，渠道全长 15 km，设计引水流量 3.5 m^3/s，沿渠主要渠系建筑物有分水闸 10 处、节制闸 2 处、泄洪闸 11 处、隧洞 1 处、渡槽 4 处等。通过实施百丈水库右干渠续建配套与节水改造，完成了渠首拦河坝整治、干渠防渗加固 7.9 km、管理段房改建 3 处、渠系建筑物改造等主要工程项目，使干渠沿线农田灌溉用水和人畜饮水情况得到了极大改善，提高了渠道输水能力，改造段渠道的实际过流能力由原来的 6.5 m^3/s 提高到 10 m^3/s。

第五节　第七学期

一、目的与意义

本实习线路是针对农业水利工程、水利水电工程专业大四本科生上半期开设的“水利工程施工”、“水资源规划管理”、“工程地基设计与处理”、“水泵及泵站”等课程而进行的野外实习，进一步巩固学生所学书本知识，增强对书本知识的感性认识，培养工程意识和严谨的科学精神。

二、教学内容

（1）参观位于天全河流域的干溪坡电站、锅浪跷等在建的电站，了解并掌握不同坝型的选择条件、地质和水文情况以及地基处理中相关问题的处理方法。了解电站厂房的布置方式，了解电站的施工方法、施工技术难点等关键问题。

（2）参观位于上里古镇不远处的白马泉，了解其成因、旅游资源等，从而加深水文及水资源的理解和领悟，增强学生运用书本知识解决实际问题的能力。

三、实习安排

1. 第一天

早上 7:30 在老校区体育馆广场集中上车后，从雅安老校区出发，途经 318 国道，行车约一个半小时到达天全河上的下村电站，参观，之后乘车前往脚基坪电站；然后参观锅浪跷电站、干溪坡电站。下午 5:30 返回学校。

2. 第二天

上午 7:30 在学校体育馆集中上车，从雅安校区出发至山里古镇，途经白马泉，停车让学生参观学习，于 13:00 回学校整顿休息。

四、实习工程简介

1. 干溪坡电站

干溪坡尾水水电站位于天全河干流干溪坡尾水段，距天全县城约 5 km，上接干溪坡水电站尾水，下与禁门关水电站正常蓄水位相衔接，见图 20.13。干溪坡尾水水电站采用河床式开发，电站坝（厂）址控制流域面积为 1 390 km^2，占天全河全流域面积的 62.6%，基本控制了天全河中上游地区。干溪坡尾水电站为单一径流、引水式电站，设计引用流量 85 m^3/s，设计工作水头 7.5 m。装机 4 800 kW（3 × 1 600 kW），电站由拦河闸段、厂区枢组段两大部分组成。根据《水利水电工程等级划分及洪水标准》（SL252—2000）规定，本工程属Ⅱ等大（2）型工程，主要建筑物按 2 级设计，次要建筑物按 3 级设计，临时建筑物按 4 级设计。

图 20.13　干溪坡电站

泄洪冲砂闸段由拦河闸、河道整治建筑物、进水闸、水电站厂房、尾水渠等组成。拦河闸兼有挡水和泄水作用，于选择的坝址处，在河床段布置 7 孔泄洪冲砂闸，闸孔宽 9.50 m，采用平面钢质闸门，采用 7 台 QPQ2 × 25 卷扬式启闭机控制，闸室底板长 13.0 m，闸底板高程为 793.50 m，闸墩顶部高程为 804.20 m，于闸前设长 22.0 m 的 C20 砼铺盖，前厚 0.6 m，闸后设 36.0 m 长的 C20 砼护坦，厚 0.8 m。护坦末设低于河床 3.0 m 深的齿槽及防冲槽。槽内抛填块石。在右岸设三孔进水闸。闸室长 10 m，孔口尺宽 × 高为 5.0 × 4.0 m，采用平面钢质闸门，由三台 QPQ2 × 16 卷扬式启闭机控制，进水闸后接渐变段。厂房布置在右岸，下距禁门关电站取水口约 350 m，主要由主厂房、副厂房、升压站、进厂公路及防洪墙等组成。

工程区在大地构造上处于扬子准地台西缘与青藏高原接壤的龙门山构造带东边，位于北东向龙门山隆起褶断带之西南端宝兴背斜南东翼，并处于东南龙门山主边界断裂（大川～天全断裂），西南天全～荥经断裂所切割的块体内。区内经历多次构造运动，产生和发展以北东向褶皱、断裂为主，并伴有北西向断裂的基本构造格架。工程场地内无区域性断裂构造，本身不具备发生中强地震的地质条件，地震效应主要受外围中强地震波及的影响，外围历史地震对工程区的最大影响烈度均未超过 7 度。经四川省地震局工程地震研究院复核，本工程场地在 50 年超越概率 10%时，地震烈度为 7.4 度，基岩水平峰值加速度为 119 cm/s^2。河床式电站水库区，无影响工程成立和水库正常运行的不良地质条件和工程地质问题，主要是淤积问题。

闸基持力层宜为漂卵砾石夹砂，能满足低闸对地基承载力、抗滑稳定性的要求。但该层均匀性差，存在不均匀变形问题。尤其是分布其中的粉细砂层，分布范围大、埋藏浅、结构松软、承载力低，具有在强烈地震条件下产生液化的可能性。建议对闸基进行加固处理，并采取适应性较强的建筑结构措施。河床及两闸肩堆积层均存在强透水带，两岸地下水位低于正常高水位，故存在闸基及绕闸肩渗漏问题，应采取防渗处理措施。左岸岸坡为川藏公路路基，边坡陡峻—直立，不能再行开挖破坏岸坡结构，应采取护坡措施。右岸坡度较缓，基岩卧坡角在 ZK1 以右为 3°～5°，目前自然岸坡整体稳定，但坡体由孤块碎石夹砂土组成，永久稳定性差，需设采取工程措施予以保护。闸体下游冲刷区河床和漫滩系挡水坝建成后库内堆积的漂卵砾石夹砂，局部为砂夹卵砾石，并夹砂层透镜体。其结构松散，抗冲刷能力低，需采取相应的抗冲刷工程措施。

围堰地基持力层为河床漂卵砾石夹砂，其承载力能够满足要求；但透水性强，存在渗漏及渗透稳定等问题，因此围堰地基需采取防渗处理措施。

在本电站开发河段内，天全河左岸有川藏公路沿岸边通过，没有厂址地形条件，不宜布置建筑物。右岸据其地形地质条件，一段为工程建筑弃渣堆积的块碎石陡坡、峻坡，渠道高程位居坡脚冲刷区，须采用钢筋混凝土箱型渠道埋筑于河床中；二段～四段渠道须沿河漫滩填筑渠道。前池须填筑于天全河右河漫滩和右岸块碎石堆积层岸坡地带（类同于右取水闸段），应对右侧开挖边坡采取护坡工程措施；池基为漂卵砾石夹砂，地形地质条件可行。

本工程引水式方案的前池区与全闸方案的取水闸段地形地质条件类同，压力管道与厂房紧连，其间无镇墩，防洪墙地基与厂房、尾水渠地基类同。厂址位于下寺处天全河右河漫滩上和二级阶地前缘地带。厂基为漂卵砾石夹砂，局部有砂层透镜体，下伏基岩为二迭系下统石灰岩。厂房地基持力层主体为漂卵砾石夹砂，能适应其地基持力层要求，但需对粉细砂透镜体加强工程处理措施。厂基漂卵砾石夹砂属强透水层，地下水丰富，在施工中可能产生基坑涌水，应采取降排水措施。厂房下部将位于洪水位以下，须构筑可靠的防洪工程。尾水渠位于天全河右河漫滩上和二级阶地前缘地带。渠道地基和渠道左边坡、防洪墙地基为漂卵砾石夹砂，由于尾水渠开挖深度不大，其边坡稳定性较好，主要问题是渠道左边坡、防洪墙地基的不均匀变形，建议加强工程处理措施。

防洪墙上游接头处可嵌入较完整基岩岸坡中；下游接头处为二级阶地前缘地带，建议结合厂基开挖，接头嵌入二级阶地台地一定深度。漂砾卵石夹砂层具有强透水性，存在渗透变形和基坑涌水等问题，需对防洪墙地基进行防渗处理，加强施工降排水措施。

厂房右边坡为二级阶地前缘地带，总体地形地质条件较好，不存在厂房右边坡稳定性问题（做了适当护坡处理）。

2. 锅浪跷电站

锅浪跷电站坝址位于天全河上游两河口下游约 700 m 处，电站坝址以上集水面积 936 km^2，电站厂房位于两河口下游约 11 km，厂房以上集水面积 1 119 km^2。

天全河古称徙水、和川，俗称始阳河，是青衣江的最大支流。主源冷水河发源于夹金山东支金棚山南麓，由北向南流，于两河口接纳由南向北流的新沟河后转向东流，经南坝、锅浪跷、紫石等地后，于脚基坪与北来的拉塔河相汇后始称为天全河。

电站采用混合式开发方式，工程推荐布置方案为：混凝土面板堆石坝、表孔溢洪洞、中孔泄洪洞、引水系统（含引水隧洞、调压井、压力管道）及电站厂房（含主、副厂房，安装间,GIS 楼等）等。水库正常蓄水位 1 280.00 m，总库容约 1.84 × 10^8 m^3，调节库容 1.31 × 10^8 m^3，最大坝高 186.30 m，电站装机容量 210 MW，设计引用流量 94.5 m^3/s。

导流隧洞布置于右岸两河口下游约 50.0 m，导流洞轴线与水流方向约成 45°夹角，位于河道转弯段上游，紧靠 318 国道布置。导流隧洞布置全长 1 074.66 m，平底马蹄形洞型，洞径为 9.90 × 9.64 m，平均纵坡 i = 1.37%。导流洞进出口底板高程分别为 1 135.00 m 和 1 122.00 m。导流隧洞进、出口设置明渠，其长度分别为 33.86 m、47.37 m；进口闸室为岸坡式，闸室段长 16.0 m；洞身段长 975.0 m，在导 0 + 434.33 m 及 0 + 770.88 m 各设置一转弯段，半径均为 120 m，与导流洞轴线夹角分别为：27.29°、38.41°。

3. 白马泉

白马泉位于雅安市上里乡石虾子密林中，泉涌处有一水潭，潭底巨石上镌有龙马浮雕。潮歇时潭水平静如镜，潮来时，平静的水面荡起层层涟漪，顷刻间石刻龙嘴、龙腮处泉水外涌，洞中似抛珠溅玉，呼呼有声。当泉水一节一节下跃，巨石上镌刻的龙露出腰身时，池中便渐渐传来“啼嗒啼嗒”的马蹄声。马蹄声由远至近，由慢到快，清脆广阔，古人曾形容此情此景：“白马龙泉潮圣井”，“灵泉白马嘶芳草”。见图 20.14。

白马泉始建于主唐贞观元年（627 年），宋乾道元年（1165 年）诏封泉池为“渊泽候”，石砌泉池，长 3.7 m、宽 3.4 m、深 2.5 m，泉底巨石上镌刻龙马浮雕和临水石刻“龙洞”二字。周围还有圣水井、喷珠泉、鹅项顶、舍利塔等人文古迹。属省级文物保护单位。

图 20.14 白马泉

为什么会出现这样的现象呢？传说古时泉中有白龙，后龙化马腾空而出，因迷恋此泉，故常在月静山空时来泉边饮水，久而久之，当泉水涌动时，便如马奔驰，马蹄声不绝于耳，故称此泉为“白马泉”。

其实，这与独特的地理因素和天气原因密切相关。当天气晴朗时，空气中的水汽含量减小，空气压力相对增大，而白马泉一带属石灰岩区域，地下水溶洞中的气体便因压力作用而形成虹吸现象：当地下水不断涌入溶洞时，水位逐渐升高，导致溶洞空间越来越小，而气室中的压强却逐渐上升，当气压达到一定程度时，虹吸口突然被水冲决，水便从洞中涌出；而气室水位下降时，压强变小，水便往回倒流，回落时产生清脆的马蹄声。

第四部分

创新性实验及社会实践

第二十一章　创新及技能培养计划

第一节　创新性实验计划

大学生创新性实验计划是本科生个人或团队，按照“自主选题、自主设计、自主实验、自主管理”的要求，在导师引导下开展科学实验、创新设计或调查研究的项目。

一、组织与管理

大学生创新性实验计划项目分国家级、省级、校级和院级。其中国家级、省级和校级项目由学校统一管理，院级项目由学院管理。

二、申报与评审

每年申报 1 次，2 ~ 3 年级在读本科生以个人或项目组（不超过 5 人）形式申报，每个学生只能参与 1 个项目。项目组可选择相关学科具有副高以上职称或博士学位教师为指导教师。项目负责人填写申报表，报所在学院。

学院对申报项目进行初审，择优推荐项目参加学校评审。学校组织专家对推荐项目进行答辩评审，答辩汇报人从项目组成员中随机抽取。学院可根据实际情况设立院级项目。

三、项目实施

立项后，项目组成员按项目计划开展工作。原则上不能随意变更项目组成员和研究内容，确因特殊原因需变更的，经学院和指导教师同意后报教务处备案。

项目执行时间为 1 ~ 2 年。教务处对项目实施进行中期检查，项目组须按时提交中期进度报告。项目完成后，项目组准备结题材料，包括总结报告（含电子文档）及附件材料。达到以下要求之一方能结题：完成核心期刊及以上级别的论文 1 篇（学生为第一作者，并注明“四川农业大学大学生创新性实验计划资助项目”）、学生作为申请人申请专利、其他经学校认定具有一定水平的成果。学院初审项目结题材料，学校组织结题验收。

四、经费资助与管理

学校对国家级、省级和校级项目给予一定经费资助。财务处设立专项账户，由项目负责人管理，指导教师监管，保证专款专用。院级项目经费由学院资助。

第二节　科研兴趣培养计划

大学生科研兴趣培养计划是学校和有科研经费的教师联合资助学有余力的本科生进行科学研究的项目。

一、申报与评审

每年申报1次。由具有科研经费的教师提出适合本科生参与完成的科研题目，教务处审核后公布。2～3年级在读本科生以项目组（3～5人）的形式申报，每个学生只能参与1个项目。学院组织专家（包括提出科研课题的教师）对项目组进行答辩评审，答辩汇报人从项目组成员中随机抽取。

二、项目实施

立项后，项目组成员制订工作计划和实施方案，在导师指导下进行项目研究。项目执行时间1～2年。项目完成后，项目组准备结题材料，包括总结报告（含电子文档）及附件材料。学院初审结题材料，学校组织结题验收。

三、经费资助与管理

由提出科研题目的教师资助一定项目经费，学校对每位指导教师资助的1个项目进行1∶1配套资助，同时鼓励有科研经费的教师自行资助1～2个项目。财务处设立专项账户，由项目负责人管理，指导教师监管，保证专款专用。

第三节　专业技能提升计划

专业技能提升计划是学校为提高本科生专业兴趣、调动学习积极性、巩固专业理论知识和提升专业技能而设置的项目。以专业技能竞赛为项目载体，学校资助专项经费。

一、立项条件

符合以下条件之一者均可立项，立项后原则上保持相对稳定：

（1）项目具有明显专业特色，重在学生专业技能培养，可操作性强，有相对固定的项目名称、较广泛的参与面，并具有一定的连续性。

（2）项目属于公共基础学科，有利于提高学生的综合能力，有固定项目名称和广泛参与面，易于开展和实施。

（3）省级及以上教育部门或国家级行业学会组织的竞赛项目。

二、项目实施

项目立项后，由学院承办，相关专业教师参与策划和指导。学生根据专业或个人兴趣，以个人或团体形式选择参与竞赛项目，鼓励以班为单位参加相关专业技能竞赛。获奖班级或学生由学校给予表彰和奖励。

第四节　四川省科技创新苗子工程

为加强四川省青年科技人才队伍建设，培育一批富有创新精神和较强科技创新创业能力的青年科技人才苗子及团队，在政府的大力引导和各方的积极配合下，四川省科技厅启动实施了“四川省科技创新苗子工程”。“四川省科技创新苗子工程”作为全省加强青年科技人才培养工作的一项新举措，将青年科技人才培养对象从高校教师、科研院所、企业的研究人员延伸到在川高校在读大学生、研究生和高校毕业生以及部分示范性高中在校生，极大地前移了全省青年科技人才培养的前沿阵地，为科技人才队伍建设提供了强大的后备力量。

一、资助方向

主要包括：新材料技术、新能源及节能技术、资源与环境技术、高新技术改造提升传统产业、文化与科技融合等。

二、资助对象

重点支持在川高校在读大学生、在川高校及科研院所研究生、在川工作的普通高校毕业生（毕业3年以内）等。

三、资助方式

（1）培育项目：重点支持国家重点扶持产业和高新技术领域的科技创新创业项目，以及有应用前景和产业化前景的小发明、小创造，每个培育项目资助2～3万元。

（2）重点项目：重点支持一批具有突出的技术先进性和实际应用性的苗子项目，每个项目资助10万元。前两届苗子工程入围项目，经过这两年的持续发展，在技术上有了重大突破，或者产品已经进入实际应用，达到重点项目要求的，可继续进行申报。重点项目将纳入四川省科技支撑计划项目体系，按照四川省科技计划项目管理办法进行管理。

（3）资金拨付：资助资金根据项目进度拨付给资助对象所在单位，由所在单位拨付给苗子团队，并负责监督项目开展。

四、申报要求

（1）四川省科技创新苗子工程资助项目实行带头人申报制，必须组建不少于5人的团队。

（2）四川省科技创新苗子工程资助项目原则上要求1年内完成。

（3）培育项目和重点项目分别在不同的入口申报，具体申报流程详见四川科技创新苗子工程服务平台（http://xmgl.scst.gov.cn/）使用说明。同一项目不得同时申报培育项目和重点项目。

第五节　卓越工程师教育培养计划

“卓越工程师教育培养计划”（简称“卓越计划”）是贯彻落实《国家中长期教育改革和发展规划纲要（2010—2020年）》和《国家中长期人才发展规划纲要（2010—2020年）》的重大改革项目，也是促进我国由工程教育大国迈向工程教育强国的重大举措，旨在培养造就一大批创新能力强、适应经济社会发展需要的高质量的各类型工程技术人才，为国家走新型工业化发展道路、建设创新型国家和人才强国战略服务，对促进高等教育面向社会需求培养人才，全面提高工程教育人才培养质量具有十分重要的示范和引导作用。

一、“卓越计划”的特点

（1）行业企业深度参与培养过程。

（2）学校按通用标准和行业标准培养工程人才。

（3）强化培养学生的工程能力和创新能力。

二、主要目标

面向工业界、面向世界、面向未来，培养造就一大批创新能力强、适应经济社会发展需要的高质量的各类型工程技术人才，为建设创新型国家、实现工业化和现代化奠定坚实的人力资源优势增强我国的核心竞争力和综合国力。以实施“卓越计划”为突破口，促进工程教育改革和创新，全面提高我国工程教育人才培养质量，努力建设具有世界先进水平、中国特色的社会主义现代高等工程教育体系，促进我国从工程教育大国走向工程教育强国。

三、基本原则

遵循“行业指导、校企合作、分类实施、形式多样”的原则。联合有关部门和单位制定相关的配套支持政策，提出行业领域人才培养需求，指导高校和企业在本行业领域实施卓越计划。支持不同类型的高校参与卓越计划，高校在工程型人才培养类型上各有侧重。参与卓越计划的高校和企业通过校企合作途径联合培养人才，要充分考虑行业的多样性和对工程型人才需求的多样性，采取多种方式培养工程师后备人才。

四、实施措施

（1）创立高校与行业和企业联合培养人才的新机制。
（2）以强化工程能力和创新能力为重点改革人才培养模式。
（3）改革完善工程教师职务聘任、考核制度。
（4）扩大工程教育的对外开放。
（5）教育界与工业界联合制定人才培养标准。

第二十二章　大学生社会实践

第一节　大学生社会实践的内涵与形式

一、社会实践的内涵

社会实践是马克思主义教育思想的重要组成部分，是全面贯彻党和国家的教育方针、培养社会主义事业合格人才的必要途径之一。社会实践是人类能动地改造自然和社会的全部活动，高校社会实践活动是对大学生进行的认识世界和改造世界的实践活动。大学生社会实践是理论联系实际的过程，是学期与假期、校内与校外、课内与课外、专业内与专业外相结合的过程，是大学生运用自己所学知识和特长了解社会、服务社会、奉献社会以及增长知识、提高能力、全面发展的活动过程；同时也是大学生走向社会，深入基层，为社会服务，直接感受社会生活，进行以社会理想和职业理想教育、劳动技能训练、科学素质培养为主要内容的课外教育活动。

从本质上讲，我国大学生社会实践活动是大学生按照学校培养目标的要求，有目的、有计划、有组织地参与社会政治、经济和文化等一系列教育活动的总称。普通高校各类学生社会实践活动的范围既包括列入教学计划的军事训练、生产劳动、专业实习，也包括大学生利用假期组织的社会调查、参观、考察、科技文化咨询、服务、社团活动、志愿者活动、挂职锻炼、大学生夏令营活动等。一般意义上的社会实践主要指后者，这也是本文所指的内涵。实践的过程，既是对参与主体思维方式和观察视角、智能水平和基本能力、价值目标和行为取向等方面的检测、调整和重铸，也是参与主体释放生命能量、绽放智慧火花、昂扬创造、变革现实、认识自我、改造自我、积极奉献自我、争取社会认同和理解的过程。

二、社会实践的形式

目前，社会实践的活动方式呈现多元化的趋势，主要包括：“三下乡”、“四进社区”、教学实践、专业实习、军政训练、社团活动、社会调查、生产劳动、志愿服务、公益活动、就业见习、创业实践、科技发明、勤工助学、社会宣传、抢险救灾、拥军优属、走访英模、追访校友和“红色之旅”参观考察等。尤以文化、科技、卫生“三下乡”和科教、文体、法律、卫生“四进社区”活动为品牌项目，已经成为新形势下大学生参加社会实践的有效载体。

社会实践的主要形式有：

（1）社会调查。组织大学生围绕当前热点问题，结合实际、结合专业，开展调查研究，在调查中找出问题，分析问题，提出有价值的解决意见，形成调研成果。同时，在日常学习生活中，学校要加强学生新闻敏锐性的锻炼，抓住当前社会的热点问题；在社会实践动员阶段，开设暑期社会实践系列讲座，加强对大学生社会调查的选题、途径、过程的管理和指导，帮助大学生正确认识社会现象，掌握科学研究方法，提高分析问题和解决问题的能力。

（2）勤工俭学。包括担任家教、货品推销员、餐饮店服务生等，是一种有偿服务形式，在锻炼自己的同时，还可运用所学知识和劳动换取一定报酬。学校应利用假期在校内合理安排勤工助学岗位，在校外争取企事业单位、政府部门的支持，开发、利用一切可以利用的资源，为经济困难的学生争取勤工助学岗位的机会，建立、规范有效的勤工助学管理制度，保障大学生的安全，维护大学生的合法权益。

（3）法律宣讲。对于不同的群体，广泛开展相关的法律宣传。比如，对于城区居民，开展交通法规侧重性的宣传；对于沿海居民，开展渔业保护法的相关宣传等，以提高广大群众的法律意识和法制观念。在为建立法治社会良好秩序的过程中，学生自身的法律意识得以加强和提升。

（4）环境保护。保护环境，减轻污染，遏制生态恶化，不仅是政府社会管理的任务，也是全社会的使命。作为大学生，更有义务贡献自己的一份力量。通过环境系列讲座，协助清理垃圾等活动，共同营造和谐的“绿色生活”。

（5）科技创新。作为大学生“挑战杯”申报项目的预演，通过建立创新基金，合理开放实验设备，为学生提供平台，结合专业，引导学生争取在技术改造、科技发现、工艺革新、技术推广模式上有所突破。同时，积极引导一批有创业兴趣的学生，配备专业指导教师，参与“创业设计大赛”，规范和促进学生科技成果转化，鼓励学生开展创业实践，提高创业技能。不断提高学生的科学素养，培养良好的学术道德，弘扬求真务实、开拓创新的科学精神。

（6）科技、文化、卫生“三下乡”活动。农业院校的学生，应树立“从农村来，到农村去”的思想，以农村为载体，结合课堂专业知识教育与思想政治教育，组成以博士生、研究生为指导，本科生广泛参与的服务团队，为农民解决实际问题，为群众办实事、做好事、解难事。引导大学生运用所学知识和技能服务人民，奉献社会，培养为人民服务的道德观，发扬艰苦奋斗、甘于奉献的精神。鼓励大学生树立“到西部去，到祖国需要的地方去”的服务意识，为志愿服务西部计划、“三支一扶”计划的实施出力。

（7）文化活动。在郊区、农村，文化生活显得尤为缺乏，以学校团委为媒介，建立以学生团队为主体，学生自行组织、参与的社区、乡镇文艺演出团队，结合法律宣讲、先进文化传播、环境保护等方面，在为广大农民提供娱乐的同时，达到建立环保型、知识型、舒适型小区、乡镇的目的。同时可以为学生提供良好的锻炼机会，培养学生组织协调能力。

（8）义务支教。以希望学校、郊区贫困学校、西部不发达地区的学校为平台，成立“义务支教”小组，运用所学知识和技能，积极服务农村教育，达到服务新农村建设的目的，为大学生提供了了解社会、锻炼自我、展示自我的机会和舞台，促进综合素质的全面提高。

（9）“红色之旅”参观学习。结合大学生党员建设，组织学生到博物馆、纪念馆、展览馆、烈士陵园等爱国主义教育基地学习参观，了解中国革命、建设和改革开放的历史和成就，增强对中国特色社会主义的热爱，激发全面建设小康社会、实现中华民族伟大复兴的责任感。

（10）志愿者活动。如奥运志愿者、大学生志愿服务西部、志愿服务辽西北、走进社区、帮助弱势群体等，是一种尽己所能，不计报酬，帮助他人，服务社会的活动形式。其中，有的是以各种节假日、纪念日为契机，走进社区和街道进行志愿服务；有的是为国家、省、市承办的大型活动进行志愿服务；有的则是在偏远、贫困的地方，奉献爱心，实现自我价值。

（11）挂职锻炼。到企事业单位担任一定职务，经受锻炼，丰富经验，增长才干，了解社会，了解国情，更普遍地接触工农。如北京科技大学的馆陶魏僧寨镇实践团，四川农业大学的百名大学生“村官”挂职锻炼社会实践团、“过把村官瘾”——村官挂职锻炼服务团。

（12）预就业实习。这是一种有效的检测个人专业知识的手段，通过该形式，队员能得到专业指导，更深刻地了解专业形势。如北科大的中国电信辽宁省朝阳分公司预就业实习团。

（13）生产劳动。队员可以选择到工厂、企业参与生产，如北京科技大学的机械工程师实践团；也可以选择到农村参与耕作劳动，如北京科技大学的太阳村志愿服务队。

（14）学习参观。深入工厂、农村、重点工程或改革先进单位进行实地考察参观，如北京科技大学的“走进西部钢铁”实践团，四川农业大学的“感受茶马文化，探寻茶马古道实践团”、“四川省农业机械化风雨兼程60周年”实践团；队员还可到革命圣地及老区，考察我党的光辉历程，真正“受教育、长才干、做贡献”，如北京科技大学的“贝壳圣火”实践团。

（15）理论宣讲。深入社会基层，将深奥理论通过宣传讲解的形式传递给每一个人。如北京科技大学的延安新农村调研团，四川农业大学的雅安市社会经济与水经济调研分队。

（16）思想政治类。红色主题历来是大学生调研主题中的重中之重，该类主题政治性、理论性强，内容丰富，主要包括：以“三个代表”重要思想为基础，加强党风建设工作；认真学习“八荣八耻”，树立社会主义荣辱观；贯彻党员监督条例，保持党员先进性；落实科学发展观；坚持法治与德治相结合，构筑社会主义和谐社会等。思想政治类主题要求学生根据党中央系列文件精神，结合时政热点，选取自己感兴趣的内容，深入学习，开展调查研究。

第二节　社会实践的设计与组织

本节就大学生社会实践流程的各环节做了大量理论分析和案例介绍，有利于老师对学生社会实践存在的问题进行针对性地指导。本节简单易学，富含科学性、可行性、现实性。

社会实践的策划与组织就是回答要做什么、怎么做的问题。社会实践流程如图22.1所示。

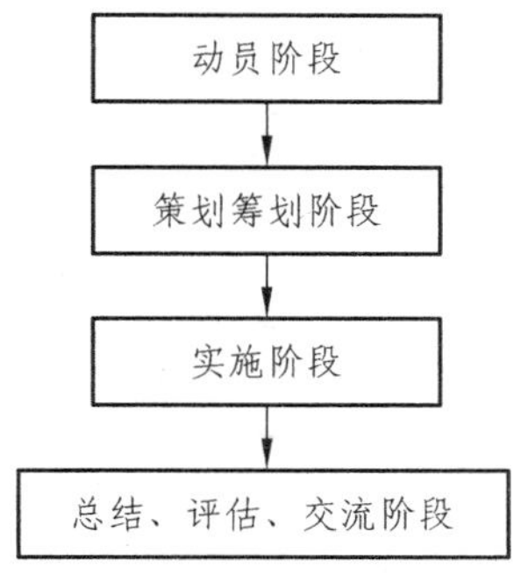

图22.1　社会实践流程

一、动员阶段

社会实践是以学生为主，教师主要是起引导作用。学生的积极性和主动性是社会实践活动取得实效性的前提条件，要发挥学生的主体作用，必须调动学生的积极性、自觉性和主动性。因此，教师必须做好充分的动员工作，使学生意识到社会实践不仅能培养他们运用所学知识发现、分析和解决问题的能力，还能培养他们多方面的社会活动能力。教师可通过讲座的方式理清学生思想上的混乱认识，让学生充分认识到社会实践的必要性，明确社会实践的目的和宗旨，激发学生参与的热情与自觉性，帮助学生在思想上和心理上做好充分的准备。

二、策划筹备阶段

筹备阶段是整个实践的关键环节，倘若策划不当，准备不够充分，必要的培训工作没有做好，那么就无法开展实践活动。因此，教师必须明确社会实践的指导思想、目标要求、形式内容、方法途径、时间要求、成绩考评等要素，结合时代主题和专业特色，针对学生不同的专业和年级以及学生社团的不同性质，允许学生根据自己的兴趣和特长灵活地选择实践内容。同时，实践活动前的技术培训也是必要的。许多学生对社会实践愿望十分迫切，但对如何联系、开展，如何进行社会调查，如何拟定调查报告，不知怎样下手。因此，教师在如何选题、设计与规划方案等方面应进行技术性指导，明确具体要求，提高实践技能。

以四川农业大学“传承水利文化，共促人水和谐”调研团的筹备部署技术路线为例，如图22.2、22.3所示。

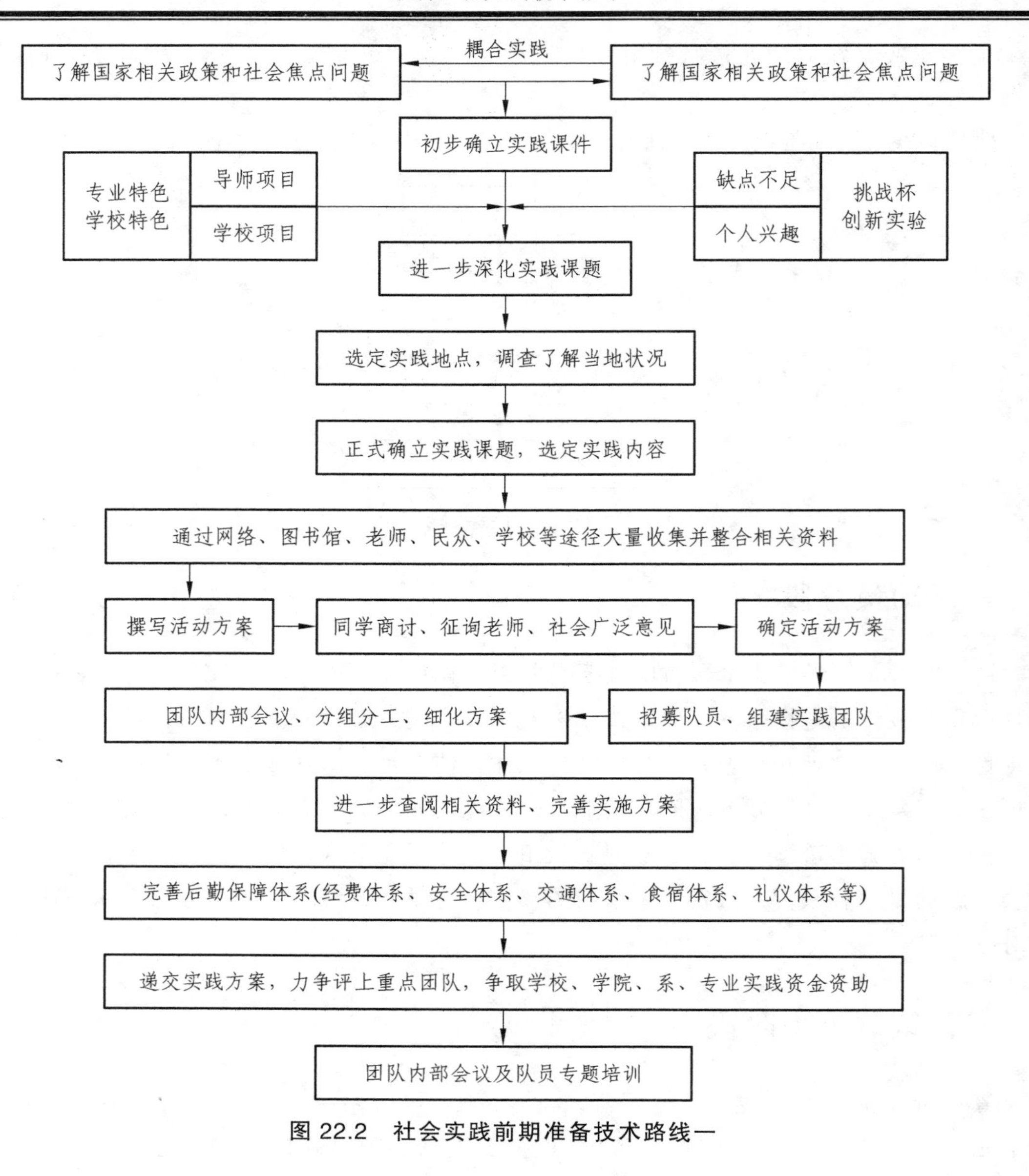

图 22.2 社会实践前期准备技术路线一

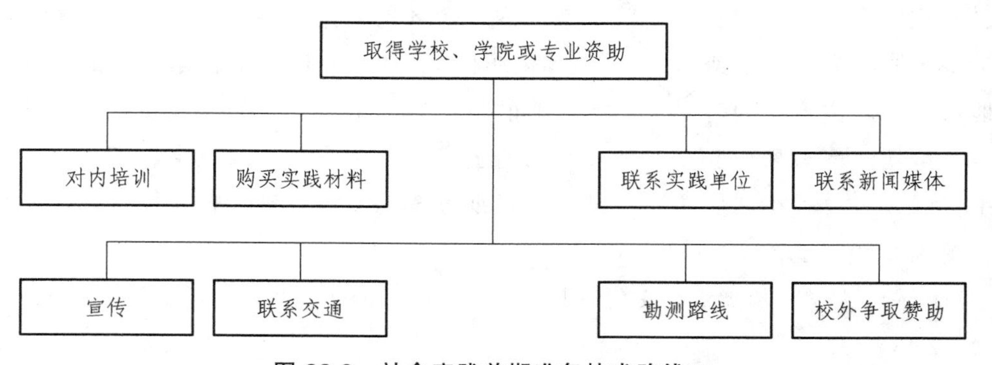

图 22.3 社会实践前期准备技术路线二

按照指导思想和目的要求，对社会实践活动的主题、意义、目的、内容、时间、地点、人员、注意事项等，进行周密的思考、规划，制订活动的具体方案。凡事预则立，不预则废。策划，决定了大学生社会实践活动可能达到的水平和可能收到的效果。

坚持“以人为本，贴近实际、贴近生活、贴近学生”，是加强和改进大学生思想政治教育的重要指导原则，也是进行大学生社会实践活动应该遵循的基本原则。

加强团组织对大学生社会实践活动自始至终的领导，是大学生社会实践活动能够沿着正确的方向进行，及时处理突发事件，取得预期效果的组织保证。团组织对大学生社会实践活动的领导主要是政治上、思想上的领导，并不排除对大学生自我管理、自我教育能力的培养；相反，策划要体现培养、保护、尊重大学生的创新精神，提高大学生的实践能力。

三、实施阶段

由于经验不足、知识能力有限等多种主客观原因，在实施过程中学生有可能碰到难题。这一阶段的难题主要是实践基地、住宿、经费、方案等问题的落实。一方面，教师尽可能放手让学生自己去解决这些问题；另一方面，教师应随时同学生保持联络，以便掌握活动的进展状况、学生的思想动态，及时帮助解决学生自己不能解决的一些生活上、思想上的难题和迷惑。

四、总结、评估、交流阶段

它既是对实践活动的总结，也是一个测评与交流的过程。因此，教师应及时组织学生进行交流，总结经验和教训，把感性认识上升到理性认识。撰写社会实践报告，提高运用理论分析解决现实问题的能力，以便达到长期、延续的育人效果。对学生的社会实践总结、调查报告，教师必须根据已有的评估标准和奖惩方案，及时认真考核，做出评价，给出成绩，对成绩突出者给予专门的表彰和奖励，以激发更多学生参与社会实践的积极性和主动性。

第三节　实践队伍的组织

一、团队基本组成

团队由指导老师（至少 1 名）、指导学长（不限）、团队负责人（1 名）、队员（≥5 名）组成。组成结构见图 22.4。① 团队负责人是整个实践团队的核心人物，负责全队的运作与联络工作，各团队需认真选拔德才兼备的负责人，原则上不得进行更换。② 关于负责人、指导老师、指导学长的选拔条件，见本书第五章社会实践教学体系中的指导体系部分。

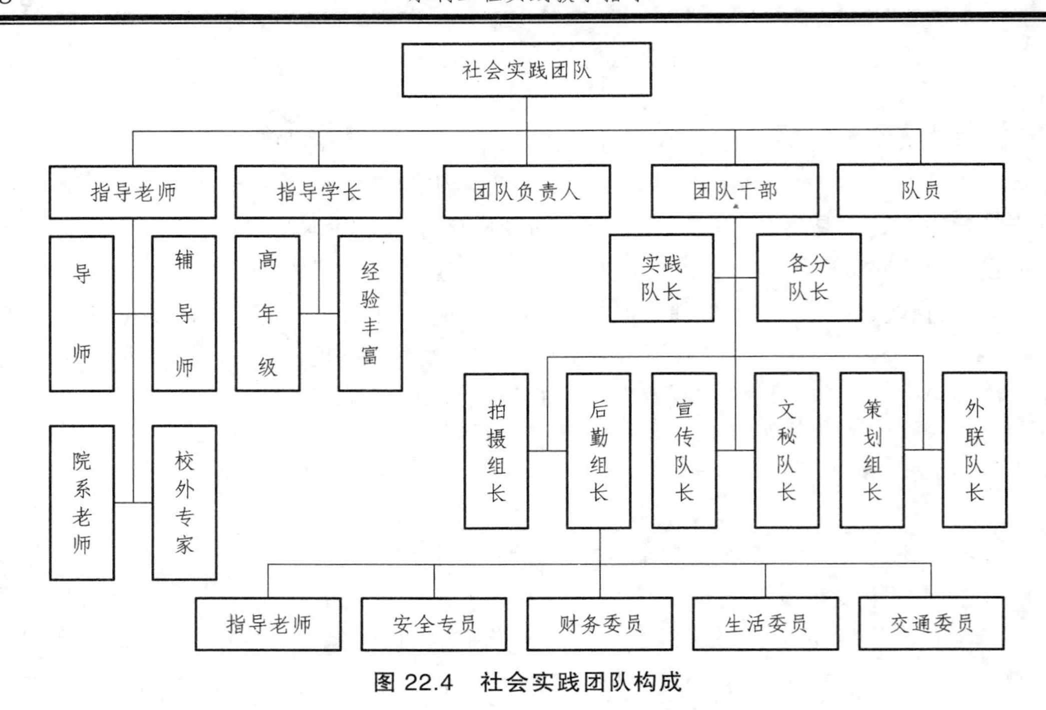

图 22.4 社会实践团队构成

二、组团要求

参照四川农业大学大学生暑期社会实践团队的组团管理办法，规定如下：参加实践的同学必须是四川农业大学在校的学生。团队至少由 3 人组成，可跨年级、跨专业、跨院系，也可由一名老师牵头组团。团队人数无上限要求，但为安全着想不应过多。组团的方式包括同学自发组织、部门组织和班级组织。在组建社会实践团队时，根据实践活动的需要确定适当数量的成员，参与实践者都必须承担某一方面的与自身的专业、学识、能力、特长相适合的具体任务，分工要明确。实践团队采用领队负责制。领队一方面要对队员进行妥善的分工和周密的安排，保证团队成员的安全；另一方面要落实好队员的吃、住、行等后勤服务工作。此外还要同实践地点搞好协调工作，具体安排好实践进程，并且在相应时间内完成实践任务。作为实践团队的成员，在活动中应服从领队的统一组织和安排，互帮互助，履行好自己的职责，充分发挥自身的优势，认真圆满地完成各项实践任务。

三、成员招募

（1）成员选择的基本原则：

① 具有相对统一的课题意向。

② 考虑实际工作量所需人员；对于不同专业、不同特长人员的需求。

（2）组团形式与主要途径：

① 组团形式：项目组团，兴趣组团。

② 组团途径：班级组团，寝室组团，社团组团，支部组团，学生会组团，同乡组团，公开招募。

四、团队运作

（1）团队分工。

一般来说，学生每组以 4～6 人为宜。人太多不便管理，不利于发挥每位学生的积极性；人太少又缺乏必要的交流与共鸣。分组方法有：兴趣爱好分组，适合研究型的实践活动；实际居住地分组，适合区域范围内的实践活动；不同性格类型的学生分组，适合操作性强的实践活动，便于学生发挥优势互补。分组应以学生自愿为主，提倡成员之间相互学习，取长补短，培养协作精神和团队精神。小组之间也要加强交流合作，相互借鉴。完成分组后，教师再指导学生进行合理分工，并在团队内须设立领队、外联、财务、安全、宣传等方面的负责人。明确责任和任务，按小组进行讨论，制订活动计划，认真填写《社会实践活动调查报告》。

（2）确立制度。

团队内部必须建立一系列制度，包括定期会议商讨制度、财务管理制度、安全管理制度、团队纪律等，以确保队伍实践活动的有效实施。

① 建立定期会议商讨制度。

② 建立团队财务管理制度。

③ 建立团队安全管理制度。

④ 确立团队纪律等。

（3）商讨策划。

商讨策划包括统一全团思想，制度实施计划、方案，明确实践内容任务分工等内容。

第四节　实践方案的编写

一、方案编写流程

实践方案包括实践课题的基本情况、实践内容、可行性分析等三个部分。

（1）基本情况。

① 课题简介：名称、参与人员、实践地点、实践时间。

② 背景与意义：结合相关政策、背景资料分析课题的现实意义和实用价值。

③ 预期目标：计划达到的效果，形成的成果等。

（2）实践内容。

① 规划实践主要内容与形式。

② 不同阶段人员安排与任务分工，如集体行动、小组行动等。

③ 日程安排：筹备、出发、实践过程中的具体安排、总结、返程等。

（3）可行性分析。

① 筹备情况：与实践地、实践单位的联络情况；实践策划是否合理；团队成员实践时间是否能保证；物资准备是否齐全；安全工作是否到位等。

② 安全预案：对可能出现的安全问题、突发事件是否考虑周全，有无妥善的应对措施。

③ 经费预算：预算是否合理，现有资金是否满足实践需要，有无应急措施等。

二、优秀社会实践策划书案例

案例一："传承水利文化，共促人水和谐"暑期社会实践活动策划书

<table>
<tr><td>团队名称</td><td colspan="5">传承水利文化，共促人水和谐</td></tr>
<tr><td>指导单位</td><td colspan="5">四川农业大学信息与工程技术学院</td></tr>
<tr><td rowspan="3">指导老师</td><td>姓名</td><td>单　位</td><td>职务职称</td><td>是否随团</td><td>电话/手机</td></tr>
<tr><td>倪福全</td><td>工学院</td><td>副教授</td><td>是</td><td>×</td></tr>
<tr><td>×××</td><td>×××</td><td>×××</td><td>×</td><td>×</td></tr>
<tr><td rowspan="2">领队</td><td>姓名</td><td>性别</td><td>学校、学院、专业</td><td colspan="2">联系电话</td></tr>
<tr><td>李昌文</td><td>男</td><td>×××××××××</td><td colspan="2">××××</td></tr>
<tr><td rowspan="2">各负责人</td><td>姓名</td><td>性别</td><td>学校、学院、专业</td><td>联系电话</td><td>职务</td></tr>
<tr><td>××</td><td>××</td><td>×××××××××</td><td>××××</td><td>分队长等职务</td></tr>
<tr><td rowspan="5">立项信息</td><td colspan="3">团队总人数（含指导教师及领队）</td><td colspan="2">215</td></tr>
<tr><td colspan="3">实际活动天数（不含路上时间，包括实习时间）</td><td colspan="2">一个月</td></tr>
<tr><td colspan="3">是否具有接收单位证明</td><td colspan="2">是</td></tr>
<tr><td colspan="3">是否附有详细活动计划</td><td colspan="2">是</td></tr>
<tr><td colspan="3">团队队员个人责任书是否全部签字</td><td colspan="2">是</td></tr>
<tr><td>活动类型</td><td colspan="5">学术调研、学习参观、社会调查与服务、理论宣讲、预就业实习、科技活动等</td></tr>
<tr><td rowspan="2">实践单位</td><td colspan="2">单位名称</td><td colspan="2">联系人</td><td>电　话</td></tr>
<tr><td colspan="2">××××</td><td colspan="2">××××</td><td>×××</td></tr>
</table>

"传承水利文化，共促人水和谐"暑期社会实践活动策划书

一、活动来源及背景

1. 活动来源

河流与健康相结合是可持续发展和社会价值进步的必然结果，维持河流健康已成为河流管理的一个热点问题。河流是有生命的，类似于有机生命体的健康，我们可以用健康来描述

河流的生态状况。近年来，有关保护河流生态、维持河流健康生命方面的研究越来越受到社会的关注。人们日益认识到生态系统健康与人类健康密切相关，维持河流健康就是维护人类健康。人们通过对以工程为主的治水思路进行的反思，提出了“为河流让出空间”、“为洪水让出空间”、“建立河流绿色走廊”等理念，这些理念正被越来越多的国家和流域所接受，并进一步由理念转变为实际的行动。在我国，黄河水利委员会提出了“维持黄河健康生命”的目标，长江水利委员会提出了“维持健康长江，促进人水和谐”的治江新方略等。本实践活动就是建立此基础上，深入雅安市青衣江流域进行大量用水、管水、调水等的科学调研（包括科学实验、参观、采访、调研、科技服务、宣传等）。本项目设计科学合理，既符合本专业的知识拓展要求，又能培养了同学们的社会实践能力和语言沟通能力；而且本项目结合了雅安市自身发展的特点，希望通过调查研究对雅安河流整治工作提供思路与建议，希望通过本项目的实施丰富同学们的专业知识，提升大家的专业技能。

2. 活动背景

（1）青衣江流域水生态环境问题。得天独厚的水能资源是青衣江流域的最大优势，水力资源开发的潜力极大。水能资源的开发主要是以引水方式为主，为了实现四川电力发展目标，除建设一批优质的大型水电站外，还必须着手建设一些开发条件好、经济指标优的中小型水电站，因此修建了很多引水式梯级电站。引水式梯级电站的修建，虽然使水能资源得到了充分的开发，但对河道内外生态系统却造成了不同程度的破坏。引水式梯级电站通过引水系统，采用截弯取直方式引水发电，造成原河道中坝址与电站厂址间河段水量减少，甚至断流及枯萎。随着引水流量的加大，下泄流量减少，减水河段内水深、流速、水面宽、水面面积相应减小，对河道内水生生态造成极大影响。保护生态环境，避免水资源掠夺式开发，就必须在水资源配置中，保证河道在一定时间、一定空间内具有符合质量和数量要求的水量。故从开发与环境保护并重的角度出发，就必须采取下泄生态流量的保护措施。青衣江流域小水电建设带来的问题具体表现如下：

① 对生态环境用水的影响：小水电开发中引水式和混合式电站引水发电以及堤坝式电站调峰运行将使坝下河段减水，改变原河道水文情势，将对水生生态、生产和生活用水、河道景观等产生一系列的不利影响。

② 对生物多样性的影响：小水电开发过程中，工程占地、水库淹没将扰动原有地貌、破坏地表植被，使区域的生物生境发生变化，进而对陆生动植物造成一定的不利影响；坝（闸）下河段减水也将影响水生生物生境，特别是对鱼类“三场”造成不利影响，同时也将影响河岸植被需水量，破坏河岸景观生态。

③ 水库淹没与移民对生态环境的影响：水电工程水库淹没范围广，移民数量大，移民安置对自然、社会经济和生态环境将产生不同程度的影响。水库淹没引起大批居民需搬迁安置，许多专项设施要复建，开发大量田地，导致土地资源结构发生变化。如果安置不当，会造成库区乱垦滥伐，加剧水土流失，导致局部地区环境质量下降，在移民安置初期，造成水土流失，给森林植被，野生动物栖息环境带来影响。

④ 管理问题：近年来，各地积极发展小水电，对解决广大农村及偏远地区的用电需求，缓解电力供需矛盾，优化能源结构，改善农村生产生活条件，促进当地经济社会发展发挥了

重要作用。但是，在小水电快速发展的同时，不少地区也出现了规划和管理滞后、滥占资源、抢夺项目、无序开发、破坏生态等问题。

⑤ 库区移民安置问题：移民搬迁与安置涉及户籍改变、生产生活恢复、社区调整、道路等基础设施的重建以及移民文化、宗教、观念、生活习俗的适应等各个方面。所以水库移民问题不单纯是经济补偿的问题，还关系到库区移民可持续发展及如何构建和谐社会的问题。以往水库移民存在政策不明朗、问题简单化的倾向，为了电站项目尽快而简化移民安置设计的深度和内容；未充分考虑移民将来的发展，给以后移民的生产、生活以及移民管理留下了诸多遗留问题，如不及时研究并妥善解决，将会成为今后社会不稳定的隐患。

（2）水电开发与脆弱的西部生态。中国西部的水能资源集中在横断山区的岷江、大渡河、雅砻江、金沙江、澜沧江、怒江流域，但这一区域并不是具备水能资源开发潜力的所有地段都应该进行水电项目建设。因为该区是地质环境极不稳定的山地灾害高发区，是我国为数不多的原始森林分布区，是生物多样性表现最突出的地区，是许多珍稀和濒危生物物种的存留地，是我国自然景观资源最为丰富和最集中的区域，是长江以及澜沧江、怒江流域最重要的水源涵养地，是我国及其重要的生态功能区，是地质环境和生态环境极为脆弱一旦受损很难恢复的生态敏感区。

二、项目基本信息

（1）指导思想。本活动将以邓小平理论、“三个代表”重要思想和“科学发展观”为指导思想，积极响应胡锦涛总书记要求广大青年争做“四个新一代”的号召，秉承“一流的大学要有一流的学生，一流的学生要有一流的团队”的先进理念，奉行“服务学生的健康发展，服务水利学子的全面成才”的服务宗旨，以“倡导多元发展，打造精品团队，推出品牌活动，加强团队建设”为目标，以“积极、高效、服务、务实”为工作理念，坚持实事求是的科学态度，发扬求真务实的优良作风，团结广大本校及他校水利学子，组织好这次的“走人水和谐道路，促进雅安经济、社会和环境的友好发展调研”活动，为广大同学献上一场饕餮盛宴。我们将根据新中国成立六十周年我国水利事业的发展状况、变迁以及农村水利建设的60年巨变，做专项图片收集活动和图片展活动；针对汶川灾区次生水环境问题，对灾区恢复重建的影响以及突发事件的应急机制的建立和健全措施开展水利人奉行科学发展观的先进事迹调查；争对雅安市河流现存生态环境问题，发起保护河流，共建和谐社会宣传活动；争对全面建设小康社会的关键时期、我国总体上经济发展已进入以工促农以城带乡的新阶段、以人为本与构建和谐社会理念深入人心的新形势下，中央做出的又一个重大决策——建设社会主义新农村，进行农村水利基础设施现状的调研；面对金融危机，对我们水利专业学子的就业状况、学生心态以及应对措施进行专题调研；根据目前建设资源节约型、环境友好型社会的大好形势，对水利届各层人士就如何改善河流生态环境问题以及节能减排方面所作工作进行专项调研，并开展节能减排、保护河流宣传活动；此外，我们还将撰写论文，编写水利专业书籍等。

（2）实践目的及宗旨。通过积极参观、走访、调研、科技服务、宣传等形式，尽量获取第一手资讯，运用科学分析方法，立足实际，为雅安市经济的发展作出一名大学生应有的贡献。① 了解灾后重建中可能发生和已经发生的水环境问题以及相应的水利解决措施；② 了解新中国成立六十周年以来我国水利事业的发展状况、变迁以及农村水利建设的60年巨变；

③ 了解我国现存水环境问题和雅安市的水生态环境现状，广泛探讨其解决措施；④ 了解我国整体以及雅安市、重庆市的农村水利基础设施现状，广泛探讨其先进经验和改进措施；⑤ 广泛探讨金融危机形势下水利专业毕业生的就业状况、学生心态以及应对措施；⑥ 丰富广大同学的校园生活，陶冶同学文化情操；⑦ 在实践中弘扬川农大精神，发扬不怕苦、不怕累的作风，实事求是；⑧ 跨学校、跨专业、跨年级广泛进行学习及学术交流，增进同学间友谊，增加同学们的团队意识；⑨ 丰富同学们的专业知识，提升大家的专业技能和实际应用能力；⑩ 通过撰写论文、调研报告，锻炼队员的社会实践能力，提升学术素养；⑪ 总结和谐水利和可持续发展理念在推动水利建设中的成功经验和指导意义；⑫ 了解、感触基层人民生活，为将来的工作和学习树立信心和抱负。

（3）活动意义。通过实地走访、问卷调查、调研、科技服务、宣传活动、报告会、图片展览等丰富形式，了解雅安市、重庆市乃至我国目前水利事业的发展情况、面临问题，水资源规划与管理的理念、方法，新技术、新方法在水利建设中的应用，了解雅安市、重庆市部分流域概况，通过数据收集整合分析，利用 matlab、Autocad、Excel 等数据处理软件和绘图分析软件以及科学系统的分析方法总结出青衣江流域的水环境状况及存在的问题，针对这些信息，得出目前制约雅安市、重庆市乃至我国和谐水利发展的一些要素，然后把调研结果反馈给被政府相关职能部门，以期找到一条比较新颖实用的协调社会、经济、生态环境发展的思路和解决方案。最终，撰写论文及调研报告以提升同学的学术素养、务实精神和创新精神。

（4）活动时间。2009 年 7 月 9 日—9 月 3 日。具体安排见图 22.5。活动实施分五个阶段：5 月下旬—7 月 10 日为前期准备阶段，搜集大量相关资料，策划方案，征询专业老师意见和群众反馈意见；7 月 10 日—7 月 20 日为团队集中实践阶段，团队进行专项调研；7 月 20 日—8 月 20 日为团队分散实践阶段，主要于队员家乡进行部分专项实践；8 月 20 日—8 月 27 日为团队集中总结交流阶段，包括完成最终调研报告、实践论文、实践总结等实践成果；8 月 27 日—9 月 3 日为上交成果阶段；8 月 27 日—10 月下旬为全校社会实践交流阶段。

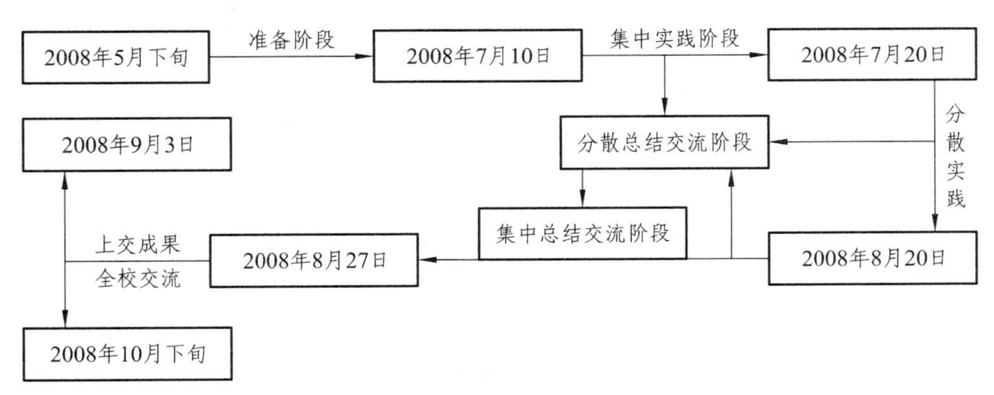

图 22.5　活动时间安排

（5）活动地域。包括雅安市水利局，雨城区水利局，石棉县水利局，汉源县水利局，名山县水务局，宝兴县水利局，荥经县水利局，芦山县水利局，天全县水利局，大兴水电站，雨城水电站，多营坪水文站，水津关水电站，四川华能宝兴河电力股份有限公司，雅安市水文局，雨城区大兴镇政府，大兴镇顺路村，寨坪村，穆家村，莫家村，龙溪村，前进村，雨城区沙坪镇政府，雨城区望鱼镇政府，青衣江流域雅安段，玉溪河灌区芦山县段，名山县段，濆江河流域，周公河流域，沙坪电站、小沙坪电站等，重庆市荣昌县水务局、农业局，城市污水处理厂，赖溪河，高升桥水库，麻雀岩水库，清升乡，双河乡，四川农业大学水厂、农场，四川省筠连县四方水电厂，丰都县水利局、青龙乡政府、双龙乡政府，沙坪镇水利部门，沙坪镇政府，重庆市彭水水电站，泸州市叙永县夏家村水电厂等。

（6）活动主题。本次实践活动以水资源、水环境、灾后重建、农村饮水安全、水土保持、水工建设及管理、水安全、水技术、水文化、水人物、水利志、水经济、水法律、水利类专业就业、水资源保护等位主题，全面实施了水利教育。

（7）承办单位：四川农业大学信息与工程技术学院水利，水电专业 06 级、07 级、08 级，西南大学动物科学系 06 级。

（8）实践方式：见习实习、参观、采访、学术调研、科技服务、宣传（如水教育、政策宣讲等）、知识问答、宣传板制作、图片展等。

（9）实践内容：① 走人水和谐道路，促进雅安经济、社会和环境的友好发展各项调研，调研内容为：灾后重建水利建设情况及出现的新的水环境问题，雅安市、重庆市部分河流现状（地理位置，地形地貌，河道断流状况，河道水质状况，河道淤积状况，浮游植物、浮游动物、水生维管束植物、大型底栖动物、鱼类资源状况，水生态主要问题，水文气象特征、地质、土壤、植物特征，地表水资源，地下水资源等），公民水环境保护意识及现状，金融危机下水利专业毕业生就业情况及在校学生心理状况，新形势下水利专业教育改革情况、水文化、水教育情况、水利人眼中的生态水利、水法律、中国水利的发展变迁等。② 数据处理（利用 matlab、Autocad、Excel 等基础软件进行信息处理分析）、现状分析，并用系统论思想加以分析处理。③ 先进技术、理念的应用推广，解决问题的途径及对策分析。④ 实践成果总结：实践感想、调研报告、实践论文等的撰写以及实践经验交流。部分调查内容如表 22.1 所示。

表 22.1 “传承水利文化，共促人水和谐”实践团调研内容

1. 科学发展观在雅安市水利灾后重建中的应用调研分队 ① 调查灾后重建中农村安全饮水规划和农田水利建设概况；② 调查金融危机和灾后情况下拉动内需的水利政策和方法；③ 调查灾后水环境、水资源状况及其管理措施和技术等；④ 调查灾后水土保持情况；⑤ 调查灾后雅安市的水产渔政管理方法；⑥ 调查汉源县水利局灾后重建的“交钥匙”；⑦ 调查、收集广大民众对灾后重建在农村水利设施中的实际需求；⑧ 调查灾后水利建设的内在机制
2. 雅安市水利文化调研分队 ① 调查雅安市的水利各方面文化（包括治水历史及先进事迹、运河文化、井文化、江河文化、湖泊文化、泉文化、瀑布文化、雅雨文化、雪文化等）。② 开展水利水电专业知识竞赛活动；开展水文化系列学生专题研讨会；开展“发展生态教育·建设生态水利”、“打造绿色雅安·共创和谐社会”等系列宣传教育活动。③ 认识实习，感同身受。组织水利认识实习，参观实习雅安市的重要水利工程——大兴水电站等，在诸多认识实习中，强化学生的专业思想，培育学生的职业精神，激发学生的责任感和使命感。④ 针对雅安洪涝干旱、水资源分布不均等情况，制作“雅安市水利五十年建设成就”课件。

（10）活动特色：① 紧密结合新中国成立六十周年以来水利事业发展变迁、灾后重建、科学发展观、社会主义和谐社会、生态水利建设、社会主义新农村、金融危机、建设资源节约型、环境友好型社会、传承民族文化，弘扬民族精神、大学生课外学术科技活动等重大背景及主题。② 紧跟专业步伐，有利于提高同学理论联系实际的能力。③ 活动地点主要位于雅安市、重庆市内，实践距离近，方便调查。大兴电站等单位是本校实践基地，有利于长期深入调研。④ 活动内容新颖大胆，体现专业前沿知识，结合当地水情、民情、墒情。⑤ 活动顺应时代发展，贴近人们关心的问题。⑥ 活动以本校为核心，跨专业进行；团队学生层次鲜明，体现社会实践宗旨。⑦ 团队分工明确，有效结合了同学们的兴趣爱好、专业特点以及队员所在家乡特色。

（11）活动项目类别：社会考察与热点调研、社区服务与志愿活动、科普宣传与科技服务。

三、活动可行性分析

（1）本团队大部分成员为水利、水电学生，选题切入专业特色。而西南大学分队也从其专业特色对我们的项目内容进行调研，有力地支撑了全队项目的系统化和专业耦合；同时，团队还有许多本校其他专业的学生，为我们跨专业交流提供了平台和思路。

（2）团队实践内容选取得当，既符合今年社会实践主题思想，又贴近生活、生产、实际。

（3）团队分工明确，按照活动的目的和宗旨，共分 14 支分队。各分队下面又设立完整的实践分工体系，实施中各分队各展其才能，保证项目的高质量完成。

（4）活动总体目标和阶段明确、内容准确，方法恰当，调研数据采集方便、可靠、实用。

（5）活动选取时间和地点明确、可靠。既落到了具体点上，又符合队员的要求及想法；活动地点既是建立在以前李昌文等同学组织社会实践的基础上，又是建立实践基地的良好基础上；活动时间既考虑到了目前和未来交通情况，又考虑到了实践单位的一些情况。

（6）本项目的实施既得到了相关部门的理解和支持，又得到了学院老师、领导和水建系水利、水电专业及西南大学许多老师的大力支持。

（7）团队体系层次分明健全，能够保证实施中可能发生的问题的及时解决。

（8）团队根据本校及其他高校的社会实践注意事项和本项目实施的特定情况专门制定了相关规定，包括安全预案、文明条例、团队责任书及队员责任书、实践生活小帮手、安全文明承诺书、实践礼仪规范等，保障了活动的顺利实施。

（9）本团队有许多大三水利学生参与，他们专业知识扎实、动手能力强，为顺利进行本项目奠定了理论基础。加之，本团队中许多同学都是学生干部，有着丰富的交际交流能力、处事素质和吃苦耐劳精神，项目时间和工作分配恰当，能确保项目的顺利实施和完成。

四、分工情况

团队分为 14 支小分队，设 1 名队长、4 名副队长、18 名分队长，各分队设立外联组、文秘组、宣传组、后勤组等。具体工作安排如表 22.2 所示。

表 22.2 团队分工情况

负责人	专业	年级或职务	特长	工作职能
×老师	××	×××××	××	××××
李昌文	水利	06：团支书、助理班主任	参加水论坛等多项学术活动，项目经验丰富，擅长策划	队长：主持团队全面工作
张义 李林芮	水电	08 级：团支书	细心、耐心、有较强的组织协调能力、有良好的语言沟通能力，活动能力强、亲和力好等	副队长：协调队长和各分队各项具体工作；负责经费管理、后勤保障、安全、宣传、外联、策划等工作
黄华东 张小燕	水电 水利	08 级：校团委组织部	外联能力强，善于交流，有责任心，做事有效率	副队长：主要负责政府、实践单位外联和官方信息资料收集
李昌文 巴燕 干欢	水利 水电 水电	06 级：团支书 08 级：生活委员	四川省综合素质 A 级证书获得者，语言表达能力强，细致，综合能力较强	队长、分队长：负责新闻稿，问卷设计及调查结果整理，统筹安排雅安市水利文化调研分队的各项工作
张小燕 王梅	水利	08 级：校团委组织部	细心，踏实，交际能力强	安排金融危机下水利学子毕业心态及就业现状调研分队的各项工作
黄华东 将革新	水电	08 级：文娱委员、学习委员	组织协调能力强，擅长表演、应用能力强， 专业知识扎实	副队长、分队长：统筹安排雅安市水资源保护及节水宣传教育分队的各项工作
李昌文	水利	06 级：团支书	对流域生态环境需水量颇有了解，专业根基扎实	队长：统筹安排雅安市水电开发中生态需水量的论证调研分队的工作
李昌武	动物营养	06 级：团支书	西南大学华创青年社西南分社社长，组织协调能力强	分队长：统筹安排荣昌县水环境及水利设施现状调研分队的各项工作
李林芮 李华	水电	08 级：班长	责任心强，好实干，饱含激情，	分队长：统筹安排雅安市水利灾后重建调研分队的各项工作
张树盛 李飞	水电	08 级	饱含激情，有责任感	分队长：统筹安排雅安市社会经济与水经济调研分队的各项工作
张义 成宏霞	水电	08 级：团支书、体育部	组织能力强，交际能力强	分队长：统筹安排雅安市水资源开发利用现状调研分队的各项工作
宋勇	水利	06 级：文娱委员	组织能力强，交际能力强	分队长：统筹安排雅安市各区县水环境现状调研分队的各项工作
蔡星鑫 黄琪	水电	08 级：组织委员	计算机应用能力较强、开朗大方，对水法颇了解	分队长：统筹安排雅安市水法律法规调研分队的各项工作
冷祥康 何雨微	水电	08 级：团支书	善于交流，有责任心，做事效率高、热爱农村	分队长：统筹安排农村水利基础设施调研分队的各项工作
黎云云 黄敏	水电	08 级：团支书	热爱水利事业，组织能力强	分队长：统筹安排雅安水利事业发展变迁调研分队的各项工作
谭尧升 黄河正	水利 水电	06 级、08 级：宣传委员	四川省综合素质 A 级证书获得者，专业知识扎实	分队长：安排灾后重建水环境状况及解决措施调研分队的各项工作
李昌文 张义	水利 水电	06 级：团支书 08 级：团支书	组织能力和协调能力强，对家乡水利建设充满兴趣。	副队长：统筹安排传承水利文化家乡调研分队的各项工作

五、实践方案

1. 前期计划

（1）通过实地走访、填写调查问卷以及进行学术调研、科技服务、知识问答、图片展等形式，发现并找出目前制约雅安市、重庆市经济、社会、环境、水资源和谐发展的主客观因素，并想办法从理论上、实际上解决它们。然后把调研结果反馈给被调查者或提交给相关职能部门，期望得函的理论及技术研究能够得到应用以解决目前雅安市、重庆市存在的水环境问题。

（2）通过上述形式，了解水资源规划与管理中新的理念、方法、技术、理论等，熟练掌握专业技能，把课程上的实验应用于实地调研中，发挥同学们的团队精神和实践、创新才能。

（3）分析处理所搜集的数据，运用电脑编程思想、系统论思想、数学建模思想，解决水环境问题，确定青衣江等流域的生态环境需水量，并发表论文、撰写调研报告。

（4）收集整理国内外相关文献资料，分析研究河流生态环境需水量的相关理论，总结其背景和意义，阐述其产生和进展，分析和研究进展中存在的问题和困难。

（5）调查研究青衣江等流域概况，包括地理位置、自然环境、水环境、流域梯级规划和开发现状、水电开发的重要性和必要性等，综合评述环境质量现状。分析青衣江流域目前所承担的系统功能（生态功能、环境功能和资源功能），预测流域水电梯级开发将对河流系统功能造成的影响，进而确定研究河段的生态环境需水的组成和特点。

（6）调查雅安市灾后重建中出现的水环境问题、水利建设和水资源管理的新思路和方法。

（7）调查研究雅安市水文化，并进行水教育宣传。

2. 前期准备（2009年6月上旬—7月8日）

（1）确定实践主题，并从网络上了解灾后重建中的水信息、水问题、水文化、水教育、河流健康、水资源管理与规划、人水和谐等相关信息。

（2）实地走访雅安市水利局等相关职能部门，了解他们关于雅安市人水和谐发展的一些方针政策和思路。

（3）根据我们所掌握的情况和我们此次社会实践调研的目的，编写调查问卷，并于雨城区进行问卷调查，探测此方案的可行性度。

（4）精心策划实践方向及方案。通过同学商讨，听取专业老师意见，决定开展实施本项目。

（5）招募人员，主要是水利专业的同学、关心河流健康的同学以及有河流健康专业知识的同学。

（6）分组分工。分项目之间相互联系相互促进，共同为主项目服务。

（7）进一步查阅相关资料。形式主要是：上网调查、本校新老区图书馆查阅、专业老师那里收集、同学间讨论获取以及与校内外同学、老师、市民交流获取资料。

（8）经费预算。主要包括队旗的制造费、实践全过程的交通费、材料费、摄影费、现场安排费、实践单位的联系费、意外伤害的医疗费、活动资金（生活费用、记录相关费用自己备）等。

（9）在四川农业大学校区宣传河流健康知识，主要形式是于新、老区食堂附近和下寝宣传分发活动主题知识传单。

（10）制作队旗。

（11）安全知识的宣传。由于本次社会实践活动的特殊性，我们主要从以下几个方面出发：① 下河游泳危害性很大，坚决杜绝下河；② 交通安全；③ 现场观察实践中的安全（要求每个队员头戴安全帽，身穿长裤）；④ 饮食安全。

（12）纪律知识的宣传。要求全部队员一定要明守法纪。言谈举止须以大学生的标准，并发扬川农大精神，做到不给学校添麻烦。

（13）联系实践单位。我们仔细考虑，打算以最少的经费、最省的力人力来获取最大的收获。在倪福全、卢修元、钟俊、吴晓强等老师的指点下，我们最终选择了大兴水电站、多营坪水文站、雅安市水利局、雨城区水利局、芦山县水利局、青衣江流域、喷江河流域、四川农业大学、玉溪河灌区（芦山县段）等实践地点。

（14）联系交通车辆，明晰我们要乘的车辆的出发时间及工作时间、地点及号码等。

（15）递交实践方案。

（16）对实践分队队员进行专题培训。

3. 实践开展计划安排

（1）7 月 8 日：实践启动仪式。分别在川农体育馆、西南大学荣昌校区集合，进行实践前的总体工作部署及纪律强调等，对活动费用开支、报销等相关工作进行详细说明，队员准备好各类个人物品，整装齐发。

（2）7 月 9 日—7 月 13 日：具体实施调研。① 联系实践基地负责人，介绍实践活动的具体内容，并根据实际情况对方案进行适当修改；② 开展走访、调研、宣传等相关实践活动；③ 每天召开团队会议，对实践内容进行讨论、分析和总结，落实下一步实践方向；④ 联系当地媒体，对活动进行宣传报道；⑤ 结合当地情况和实践成果提出可行性实施意见，并完成调研报告；⑥ 根据当地相关机构的反馈意见对调研报告进行修改，定稿，报当地政府。

（3）7 月 13 日—9 月 3 日：① 队员返回家乡实践，部分队员于单位进行专业实习。② 整理组织材料。方式：仍采取民主集中制的原则，先分工再综合整理，最后讨论分析，写成最终成果。地点：流动性强，不固定。主要分配在家乡、学校寝室、书图书馆及自习室。③ 后期宣传工作，包括校内、校外宣传。一方面，将实践后期信息报道投送至校内外媒体；另一方面将实践成果在校内展示。④ 总结大会：总结经验及教训，为以后的人生道路积蓄能量与知识，也为了增进队员友谊，特别搞了这么一个活动。方式：与别的实践分队作比较，总结自己的经验及教训以及获取的相关知识。成果提交形式，总结与整理，以论文形式发表在核心期刊、某学校学报上，递交实践过程中同学们的日志、心得体会、图片和视频资料。

4. 宣传工作（见表 22.3）

表 22.3　传承水利文化，共促人水和谐实践团宣传工作

<table>
<tr><th>具体时间</th><th>宣教传播地点</th><th>宣教对象</th><th>宣教传播信息</th><th>宣教传播手段</th></tr>
<tr><td>7.10</td><td>青衣江流域周边社区及村镇</td><td>群众</td><td>① 团队介绍；② 水资源保护宣传；③ 水文化宣传</td><td>① 传单；
② 水资源保护知识手册</td></tr>
<tr><td>7.11</td><td>雨城区大兴镇</td><td>村民</td><td>健康饮水及河流保护宣传</td><td>① 展板；② 宣传传单</td></tr>
<tr><td>7.12</td><td>雅安七县一区</td><td>游客、村民</td><td>① 问卷调查；② 健康饮水方法；③ 考察图片</td><td>① 海报展；
② 口头讲叙</td></tr>
<tr><td>7.13</td><td>四川农业大学</td><td>在校学生</td><td>① 实践活动宣传；
② 实践成果图片展示</td><td>① 海报宣传；
② 开展实践分享会</td></tr>
<tr><td colspan="5">宣教传播活动计划：我们以将活动做好做广做大的原则把团队实践活动后期宣传分为四个板块：</td></tr>
<tr><td colspan="5">① 政府宣传：将活动整理所得的所有资料给雅安市水利局、雅安市政府各一份，包括文集、通过各种途径所得的资料整理、活动全程纪录的 DV 等。主要宣传我们活动的全程；活动内容以及活动意义，让政府了解并关注我们的活动。
② 市民宣传：在公共场所进行宣传，包括公园和城市广场还有社区。主要让市民了解健康饮水的相关知识以及此次实践行动。让大家都对本次实践行动有所关注进而对河流水环境的现状进行关注。
③ 媒体宣传：在广播、电视、报纸、网络上进行宣传并进行深度报导。通过此次实践行动揭示农村饮水安全等现状所存在的问题。
④ 高校宣传：在川农大进行本次实践行动图片展览。并联系川农电视台播放农村饮水安全等 DV，以此达到让大家关注农村饮水安全等的目的。</td></tr>
</table>

5. 预期效果

（1）调研项目顺利完成，发表调研报告、专项新闻稿和论文，使得本活动具有一定的社会影响力。

（2）得出金融危机下水利专业学生的就业心态、就业率现状以及教师工作者在新形势下的教学改革和创新等。

（3）同学深刻认识河流环境污染状况和生态破坏状况，通过宣传教育，明晰从小事做起，树立水资源保护意识。

（4）将所得调研成果递交给当地水利部门，部分成果直接分发给广大民众，营造全社会珍惜水资源、保护河流、安全健康水利建设等氛围。

（5）增强同学间深厚友谊，加强学校间、专业间、年级间同学广泛交流，加强学科渗透，提高同学们的动手能力和创新能力，培养学生的理论联系实际的能力等。

（6）在社会上充分发扬“川农大精神”，使社会进一步了解川农大。

（7）树立互帮互助的典范，了解灾后重建的水利工程及水资源、水环境现状，拓宽平台，让社会更加了解灾区，更加关爱灾区人民的生活，树立和谐的理念建设灾区新环境。

（8）了解基层人民生活、农村水利基础建设现状。通过实践，有助于加强课程上相关专业知识的学习。

（9）提升学生的水文化涵养和学术素养等。

6. 经费来源及使用方案（见表22.4）

表22.4 传承水利文化，共促人水和谐实践团经费来源及使用方案

团队实践经费基本信息			
学校筹资	1 000元	总经费合计	5 050元
专业筹资	800元		
团队成员筹资	2 450元		
校外企业赞助	300元		
部分实践单位	大兴镇政府等单位提供实践平台，并予以部分资金支持，可节约500元		
力争评为“校级重点团队”，争取学校给予资金支持，预算500元			
支出科目	金额（元）	预算根据或理由	
交通费（雅安） 注：所列车费中涵盖当地公交车车费	100元	勘测路线、联系单位费用，200元； 芦山县水利局：15元每人，4人，往返共120元； 多营坪水文站、雨城水电站：1元每人，10人，往返共20元； 大兴水电站、水津关电站：4元每人，11人，往返共88元； 大兴镇政府及各村：4元每人，12人，往返总计96元； 雅安市水利局：往返公交车2元每人，7人，共14元； 雨城区水利局：去公交车，1元每人，回徒步进行，10人，共10元； 雅安市水文局、濆江河流域、青衣江流域：实地数据采集，队员徒步； 名山县水利局、名山灌区实践：8元每人，4人，往返共64元； 宝兴县水利局、宝兴河等地实践：26元，4人，往返共208元； 汉源县水利局实践：45元每人，3人，往返共270元； 石棉县水利局实践：60元每人，3人，往返共360元； 荥经县水利局实践：17元每人，3人，往返共102元； 天全县水利局实践：14元每人，3人，往返共84元； 雨城区沙坪镇政府及周公河流域实践：7元每人，6人，往返共84元 望鱼镇政府、周公河流域及其周边电站、水厂实践调研：10元每人，6人，往返共120元； 重庆市调研，西南大学分队自费；四川农业大学水厂、农场：徒步进行	
交通费	0元	队员于家乡水利局等部门及河流实践，包括四川省筠连县四方水电厂、丰都县水利局、青龙乡政府、双龙乡政府、沙坪镇水利部门、沙坪镇政府、重庆市彭水电站、泸州市叙永县夏家村水电厂等地，自费	
文案费	300元	策划书、问卷、宣传资料、调研报告、论文等打复印费	
上网费用等	60元	收集资料、整理成果部分上网费用	
联络费	100元	联系队员、交通、实践单位、事务通知等费用	
摄影费	150元	部分分队自给相机，其他分队租相机（25元每天）	
医疗费	120元	购买医疗药品和突发病例医疗费用	
队旗制作费	80元	制作本团队实践队旗两面，40元每面	
食宿费	500元	食宿费大部分自给；其中，途中矿泉水、干粮100元	
成果展示费	300元	实践成果宣传资料加工制作、图展制作、信息反馈等费用	
咨询培训费用	100元	咨询专家、或请学校教授讲课的交通补助等	
不定开支	500元	其他不定因素开销	
预算总支出	4 050元		

六、后勤保障

（1）安全保障。① 出发前，再次与实践地联系，确保所有安排都已妥当。② 出发前，办理好必要证件和证明。③ 实践过程中，听从领队老师和领队的指挥。④ 活动中注意安全，不在危险地区逗留。⑤ 乘车时保持秩序。⑥ 闲暇时，不单独行动，不去危险地区，未经许可不得游泳，不要晚上单独外出。⑦ 活动过程中，队员应互相关心，互相帮助，领队应了解每名队员的活动情况；返回时，领队应与每名队员保持联系，确保每名队员都安全返回。

（2）交通保障。前中期联系交通车辆，部分实践单位乘坐公交车即可，只需了解交通信息即可；对于芦山县水利局等实践单位，则需提前联系好交通工具，并保证出行时的安全。

（3）器材物质保障。① 需要带的物品有：毛巾被、凉席、个人卫生用品、凉鞋、运动鞋、雨衣、洗漱用具、餐具、手电、圆珠笔、笔记本等。着装本着实用、整洁大方、简便的原则。② 钱、粮及经费预算。③ 咨询服务器材。在青衣江等流域实践时，需要进行数据采样，我们将安排队员对实验仪器、队旗和宣传资料进行特别保护。④ 办公用品：文件档案袋、行文纸张和信笺；笔纸浆糊，直、曲别针，订书机、刀、剪、尺；财务、物资管理的各种账簿和表格；通讯录、交通时刻表、地图；手电、蜡烛等照明用品。实行分类准备，专人保管。⑤ 要用到的文娱和宣传用品是：吉他、宣传材料和宣传工具。

（4）住宿保障。由于实践方式灵活、简约，我们将当天返程，第二天继续下一站的实践，故不需安排住宿。

（5）饮食保障。① 注意饮水卫生；② 瓜果一定要洗净或去皮吃；③ 慎重对待每一餐，不允许饥不择食；④ 学会鉴别饮食店卫生是否合格；⑤ 乘行时，节制饮食；⑥ 多吃新鲜绿叶蔬菜与水果，多饮绿茶。

（6）医疗保障。① 严格遵守安全卫生纪律、强化卫生常识；② 准备必要的医药、卫生保健用品。

七、培训需求

团队队内培训内容见表22.5。

表22.5　传承水利文化，共促人水和谐暑期社会实践团队队内培训内容

知识培训	① 科学发展观核心经典知识培训；② 灾后重建次生水生态环境和水利建设的相关知识；③ 金融危机经典知识培训；④ 水利类学生就业形势专题培训；⑤ 河流和鱼类研究方向知识培训；⑥ 水环境、水资源调研知识培训；⑦ 水利文化知识专题培训；⑧ 水资源保护及农村饮水安全相关知识培训；⑨ 农村基础水利设施建设知识培训；⑩ 水利历史知识专题培训；⑪ 水经济专题知识培训；⑫ 水法专题知识培训；⑬ 生态需水量专题知识培训
技能培训	① 设计可参与性强的活动方案；② 制作问卷调查表；③ 怎样去检测活动的影响；④ 这样去说服别的上家为我们提供帮助；⑤ 访谈方面的技巧等
安全培训	① 交通安全；② 饮食安全；③ 住宿保障；④ 医疗保障；⑤ 财产保管

案例二：雅安市农村水利基础设施调研及水资源保护宣传分队

<table>
<tr><td colspan="5">四川农业大学信息与工程技术学院暑期社会实践团队项目申报表（2009年）</td></tr>
<tr><td>分队名称</td><td colspan="4">雅安市农村水利基础设施调研及水资源保护宣传分队</td></tr>
<tr><td>团队名称</td><td colspan="4">“传承水利文化，共促人水和谐”暑期社会实践团队</td></tr>
<tr><td>指导单位</td><td colspan="4">信息与工程技术学院团总支</td></tr>
<tr><td>实践时间</td><td colspan="4">2009.7.10—2009.7.16</td></tr>
<tr><td>实践地点</td><td colspan="4">雨城区大兴镇、沙坪镇、望鱼镇、雅安市水利局、青衣江、天区县等</td></tr>
<tr><td rowspan="2">带队老师</td><td>姓名</td><td>××××</td><td>工作单位</td><td>××××</td></tr>
<tr><td>职务职称</td><td>××××</td><td>联系方式</td><td>××××</td></tr>
<tr><td rowspan="4">分队领队</td><td>姓名</td><td>黄华东</td><td>学号</td><td>××××</td></tr>
<tr><td>院系</td><td>××××</td><td>班级</td><td>××××</td></tr>
<tr><td>住址</td><td>××××</td><td>政治面貌</td><td>××××</td></tr>
<tr><td>手机号码</td><td>××××</td><td>E-mail</td><td>××××</td></tr>
<tr><td>项目简介</td><td colspan="4">分项目思想是由大三李昌文同学提出的，为了拓宽大一新生的学习范围，探讨学术知识，使得学术与实践的融合，提高专业学习的激情，提升社交能力、团队协作能力，发扬不怕苦不怕累的精神，专门借社会实践的良机，进行一次大胆的调研。本着“传承水利文化，共促人水和谐”的大主题，开展雅安市农村水利基础设施的调研及水资源保护的宣传。通过与社会的实际接触，了解雅安当地农村水利设施的现状，针对具体问题具体分析，提出适宜于实际情况的解决方案，并撰写成文提交水利部门，或发表于期刊杂志上，从而实现其应用的价值和功能</td></tr>
<tr><td>前期准备</td><td colspan="4">① 拟定策划书，做好细节安排；② 上交方案，老师指导；③ 立项宣传，招募队员；④ 临行准备，后勤保障，安全教育、交通安排，调研路线勘定等</td></tr>
<tr><td>实施计划</td><td colspan="4">① 安排计划：依照学校要求及团队策划方案，做好实践各方面工作布置；
② 成果计划：通过实践，了解农村水利实际情况，做好记录，探讨交流</td></tr>
<tr><td>成果提交</td><td colspan="4">① Word文档形式提交策划书和立项申请表；② Powerpoint形式提交实践图片、影像资料；③ 手写稿形式提交队员心得；④ 提交实践DV；⑤ 高质量的调研报告；⑥ 实践成果图片展；⑦ 实践单位感谢信；⑧ 实践基地协议书；⑨ 于核心期刊发表高质量的论文数篇</td></tr>
<tr><td>预期效果</td><td colspan="4">① 经济效益：通过下乡实践，带给农民农村饮水安全、基础水利建设、水资源保护、节水、灌排技术等知识；通过发放传单、知识手册，交流，特邀专家对村干部培训等形式，将科研成果带进老百姓家中。⑨ 社会效益：针对农村水利基础设施和水资源保护现实问题，提出科学的解决措施，并征求专家意见，成文反馈于相关部门</td></tr>
<tr><td>经费使用</td><td colspan="4">① 经费来源：队员募资；评为校级重点团队，学校资助部分；拉赞助筹资。
② 使用方案：用于资料的打复印、交通费、药品费、饮食费、住宿费、相机租用费用等</td></tr>
<tr><td>资金预算</td><td colspan="4">① 经费来源：队员筹资，共计460元；拉赞助筹集资金，共计200元；水建系提供实验用品；当地政府提供实践平台或部分资金。
② 使用方案：总计：870元。资料打印费20元；药品费20元；车费180元；宿费100元；水费40元；租照相机费40元；伙食费250元；现场活动布置费100元（当地政府）；水安全知识手册打复印费120元（水建系水电、水利专业资助部分）
注：具体的开销要节约用，不能挥霍，考虑到资金使用预算大于经费来源</td></tr>
</table>

<table>
<tr><td colspan="2">第一章　活动背景</td></tr>
<tr><td colspan="2">水利是农业的命脉，没有农村水利设施的完善，就没有农业的持续发展、农民的富裕与农村的稳定，就更谈不上整个社会的全面进步。水利工作要围绕解决好“三农”问题，进一步加大人畜饮水、灌区改造、牧区水利、农村水电、小流域综合治理、淤地坝建设等工作力度，特别是要做好粮食生产区水资源的保障，切实为农民增收和保障粮食服好务。我国是水资源短缺的国家之一，农业是用水大户。我国人口和耕地、气候、水资源自然条件，决定了农业必须走节水灌溉发展的道路。经过几十年的努力，农村水利基础设施家底渐厚，全国农田灌溉面积 8.3×10^8 亩，每年灌溉面积上生产的粮食占全国总量的 3/4，生产的经济作物占 90%以上。灌溉取得了巨大的成就，是我国能够以占全世界 6%的可更新水资源量，9%的耕地，解决了 22%人口的温饱问题，为保障我国农业生产、粮食安全的重要保障。
考虑到我国许多地方水利设施十分落后，维护管理水平差，造成了农田水利系统破损、渠道老化、病险水库加剧，农民难以享受水利基础设施带来的实惠，进而靠天吃饭的局面，由此，我们本着服务三农的宗旨，组织了这次实践调研，以求收集关于农民心声、农村水利运作现状的第一手资料。希望通过这次调研，让每位队员感悟国情，脚踏实地的学习钻研，培养务实的精神，并为工作考研准确定位，尽可能地将所遇困难解决，给农民朋友一份真诚的建议，同时号召全社会关心三农问题。</td></tr>
<tr><td colspan="2">第二章　活动意义</td></tr>
<tr><td colspan="2">① 通过该实践活动，深入了解和认知雅安及周边地区农村水利设施和水资源现况，为决策提供有价值的参考数据，增强水资源保护意识。② 通过调研，得出农村水利环节的优势和不足，探析改进方案，提出草案，反映给有关部门。③ 增强专业技能和兴趣，培养专业认知力。</td></tr>
<tr><td colspan="2">第三章　活动宣传</td></tr>
<tr><td>宣传渠道</td><td>传单，报刊，媒体，网站，在校设立现场宣传点</td></tr>
<tr><td>前期宣传</td><td>校内发放传单、张贴信息、借助学院网站和校团委网站宣传活动概况</td></tr>
<tr><td>中期宣传</td><td>借助媒体、校园网络、校团委及学院网站对活动实施情况进行报道</td></tr>
<tr><td>后期宣传</td><td>在校内、外媒体上展示实践成果，反映当地实际情况，凝结队友心得，提出意见</td></tr>
<tr><td colspan="2">第四章　活动实施</td></tr>
<tr><td>7 月 10 日：雅安市水利局、雨城乡村</td><td>① 上午：徒步到雅安市水利局，收集有关资料，与相关领导做详细探讨和交流；② 中午：就餐并做短暂休息；③ 下午：深入农村体验并做考察；④ 晚上：交流心得，总结经验和问题，整理成果，安排第二天的实践工作。</td></tr>
<tr><td>7 月 11 日：大兴镇政府及各村居民点、沟渠、水库</td><td>① 上午：大兴镇实地调研，了解水库病险情况、渠灌设施、人畜饮水安全现状、小流域水资源概况；② 下午：大兴镇政府调研，并邀请专家专题讲座；③ 晚上：村民联谊晚会，之后返校休息，短暂交流和总结，撰写新闻媒体稿。</td></tr>
<tr><td>7 月 12 日：沙坪镇政府及周公河</td><td>① 上午：与沙坪镇政府相关领导探讨交流；② 下午：村镇宣传与调研，周公河流域、电站、排灌渠现状调研；③ 晚上：总结交流会，撰写新闻媒体稿件。</td></tr>
<tr><td>7 月 13 日：望鱼镇政府及周公河</td><td>① 上午：与望鱼镇政府相关领导及基地工作人员探讨交流会；② 下午：村镇调研，周公河流域相应数据采集；③ 晚上：总结交流会，写新闻媒体稿件。</td></tr>
</table>

7月14日：总结交流	①上午：总结交流，整理视频、图片、文字资料、心得；②下午：汇总反馈，总结实践成果，做好宣传资料，并将部分成果反馈实践单位；③晚上：开展文娱活动
7月15日：学校	上午返乡实践专题培训
开学前：队员家乡	队员返回家乡进行专题实践
八月下旬：学校	队员返校总结交流，撰写实践调研报告和论文等，后期宣传

第五章　后勤保障		
安全保障	①为预防遭遇炎热和雷雨天气，每位队员配备遮阳帽及雨伞；②人身安全、财产安全、交通安全等的保障。	××负责
交通保障	提前与车站联系，定好出发日车票，保证按时到达实践地点	××负责
器材保障	照相机、竿、安全帽、雨伞、队旗、录音笔、队员财产和医疗品等	后勤组负责
住宿保障	提前联系好住宿，保证队员休息	队长负责
饮食保障	后勤组安排伙食，并注意饮食安全；在调研时，配备矿泉水	××负责
医疗保障	纱布，创可贴，板蓝根，藿香正气液，三精双黄连，感康，康泰克	后勤组负责

第六章　赞助方案	
合作方式	互利互赢，我们做宣传和广告，对方提供必要的资金赞助
宣传方式	以传单和讲述等方式给农民朋友们宣传
赞助方受益分析	农村是种子的主要消耗地，我们借助此次实践把他们的产品以广告的形式发出去

队员分工情况		
职务	工作	成员
顾问	实践活动总体安排和疑难困惑的指导	×××
领队	全面负责分队的各项工作，协调队友间的关系	×××
外联组	联系实践及媒体单位，实践期间做好交流工作	×××
文秘组	策划方案，认真做好实践信息的真实记录、实践成果的整理、调研报告的撰写	×××
拍摄组	拍下每一次感动的瞬间，实践过程的全程跟踪，数据信息的真实记录	×××
宣传组	做好实践报道	×××

第五节　联系单位

一、联系方法

（1）主动联系单位。联系实践单位时要注意根据活动的规模、形式、内容与相关部门取得联系。例如，进行革命传统教育可找当地宣传部门和负责党史、地方杂志的有关单位；进行青年文化活动可与当地共青团组织联系；到企业参观学习可与其教育培训中心联系等。

（2）寻找勤工俭学、实习岗位。可通过网络和校园海报等渠道，了解学生兼职实习岗位的招聘，也可参加相关企业开展的专题招聘会。需要注意的是，找兼职实习岗位时，要谨防受骗。

（3）他人介绍。同学们可以把实践和回家结合起来，让家里人在当地帮助寻找联系实践单位，还可经导师推荐到与专业紧密相关的单位进行挂职锻炼、预就业实习等。

二、联系过程

（1）到学校学院暑期社会实践网上下载实践联系证明或者按照统一规范撰写实践联系证明，并到团总支老师处盖章，最后自行与实践地联系。

（2）与意向中的实践地取得联系后，可根据实际情况与当地政府签订实践基地协议或开具实践地接收证明。

（3）出发前应再次与实践地联系，确保所有的安排（如食宿交通）都已妥当，并办理好在实践地活动所需的必要证件和证明。

第六节　项目准备阶段

“凡事预则立，不预则废”，大学生社会实践活动也不例外。在对社会实践的内容和形式做出决策之后，认真细致的前期准备工作就成了一次社会实践活动能否取得预期成效的关键性环节。

一、思想准备

出发前必须在思想上做好充分的准备，以保证实践活动顺利进行。活动从筹划、实施到完成是一个复杂艰辛的过程，许多仅凭愿望出发，缺乏必要思想准备的同学，往往是半途而废，事与愿违。

开展活动前，必须使大家提高认识、统一思想，上下一心、步调一致地进行活动，这是搞好一次社会实践活动最基本的前提条件，十分重要。

大学生在参加社会实践活动之前，也要从“受教育、长才干、作贡献”出发，注意转变自身的角色，把社会实践当做人生的重要一课，认真上好；当做走向社会的重要一步，认真走好。

相对而言，学校的学习、生活环境比较安定，可一旦走向社会，很多难题就会摆在同学面前。在实践活动中遇到各种各样的困难在所难免，关键一点是不能回避，而要正视困难。首先，要在出发之前，对实践活动地点、条件、人员等各方面的情况作一些了解，在思想上要做出吃苦的准备。其次，要保持一个平和的心态，把问题看得深远一点，把困难想得严重一点，尽可能做到有备无患。最后，还要调动大家的斗志和激情，以积极的态度战胜可能出现的困难，确保实践活动的顺利开展。

二、知识准备

学生参加社会实践的过程，既是接触工农、了解社会、认识国情、提高觉悟的过程，也是运用知识、联系实际、服务社会的过程。因此，合理的知识结构直接影响着社会实践活动的效果。一是要注重实际，按所学专业和选定的实践方向确定知识系统中各种成分比例，专业知识要占较大比例。二是要注重合作，不同专业、不同学科的合作，充分发挥群体知识结构的互补效应。在社会实践活动前党团组织要多方面收集信息，为同学散发科技资料，组织各种实用技术讲座班，拓展学生的知识领域，这样在实践中才能真正收到实效，受到欢迎。大学生实践之前，必须在与实践活动有关的知识方面做充分的准备。

三、组织准备

组织准备是社会实践活动能否按计划有序开展的关键，包括以下四个方面的内容：

（1）制订具体的实施计划。

具体到某一次社会实践活动的计划，要考虑以下内容：① 指导思想：社会实践活动所体现的党和国家对大学生的要求、某一特定阶段的中心任务以及本次社会实践活动的主要目的等。② 内容：根据社会实践的目的、要求以及学生和社会实际情况，设计具体活动内容。③ 主题：根据社会实践的目的和内容所提出口号，如“到实践中去，向人民学习”、“受教育、长才干、作贡献”、“实践‘三个代表’，服务地方经济”等。它是社会实践的出发点和落脚点。④ 方式：为实现社会实践活动的目的，根据活动内容以及各种主客观条件选择具体的活动方式和方法。⑤ 规模和组织形式：参加社会实践的人员范围、人数、领导机构、部门分工和人员分工。⑥ 活动时间及地点：确定活动的具体时间地点，包括培训和准备阶段、具体实施阶段、总结评估阶段等。⑦ 方案实施和活动程序：计划中最重要最详细的组成部分，包括活动的具体环节、落实人员和日程安排。⑧ 纪律要求：为确保活动顺利开展，结合实际情况对参与人员提出的纪律要求。⑨ 经费预算：活动所需费用的总金额，各项活动的支出项目及金额，经费的申请和资金来源，经费的使用和管理方法等。⑩ 物质保证：个人行装，集体物资的捎带项目和管理办法。

（2）制定必要的纪律措施、规章制度。

具体来说，纪律和规章制度应包括以下五部分内容：① 重申行为规范：作为一名大学生，无论在什么条件和环境下都应严格遵守大学生行为规范，其言行都要与其身份相符。② 强化集体观念：集体活动要强调步调一致，防止各行其是，个人一定要服从集体，集体所制定的纪律或制度，个人必须无条件地遵守。活动的负责人应对集体负责，而其他人则要服从负责人的指挥，坚持必要的请示和请假制度。③ 强化时间观念：遵守时间是集体活动得以保证的关键，特别是活动实施过程中涉及诸如集结时间、分散时间、联络时间、作息时间等，应该人人清楚、人人遵守，这样才会使活动效率高、成果大。④ 安全防范措施：活动要强调安全第一，根据当地的民情和自然环境提出具体要求和防范措施。如不能私自游泳、登山等。⑤ 尊重当地的风俗习惯：不损害实践地人民的物质利益，不伤害实践地人民的感情；同时还应了解当地有关规定和不成文的习惯（规矩）、风俗、禁忌等。作为一项重要纪律来遵守，这是赢得群众支持，顺利开展活动的保证。

（3）人员配备和分工。

周密的活动计划和严格的纪律规章都离不开人去执行。在社会实践活动的组织准备上，特别要注重队伍自身的建设，对参加活动的人员要精心挑选、详细分工。

① 一个坚强的组织领导核心：在活动的组织筹备过程中，各团队都要有专人负责工作。

② 合理的人员配备和分工：实践队伍的组成必须认真考虑成员的合理配备和明确分工。

（4）实践活动前对各类人员的培训。

① 培训的内容和形式：一般来说，培训内容包括：a. 岗位职责和组织观念的培训，强化集体意识和独立自主的工作意识。b. 掌握社会实践的总体意图，包括具体的活动计划，制定自己所组织的实践活动单位的活动方案。c. 熟悉本次实践队伍的人员构成和基本情况，包括姓名、性别、年级、专业、年龄、籍贯及家庭状况、爱好、特长、社会工作能力、专业学习情况、身体健康情况等。d. 了解活动的主要实施方式方法，如调研、咨询、授课、劳动、报告会、座谈会、文艺演出等活动的组织方法。e. 向队员详细介绍实践地的情况。f. 对有可能出现的意外情况作预案处理。g. 明确学校领导和活动负责人下达指示的程序和联络途径。

② 宣传、后勤人员的培训：实践活动中，宣传工作和后勤服务的质量，直接关系到活动的效果如何，因此在活动开展之前要着重对从事宣传和后勤工作的人员进行强化培训。宣传人员培训的内容包括：a. 深刻领会实践的目的意义，了解活动总体规划，明确不同阶段的宣传重点；b. 党和国家的现行路线、方针、政策和法律法规知识；c. 宣传工作者的职业道德；d. 如何通过简报等形式开展对内宣传；e. 怎样搞好采访，如何撰写采访稿；f. 如何向各种新闻媒介投稿，如何向有关部门及新闻单位提供活动情况的典型材料；g. 如何向实践地群众开展宣传；h. 需要宣传推广的科技知识；i. 宣传实践地群众的生产生活方面的成就等。

宣传人员的培训，既要靠平时的知识积累，也可请有经验的宣传人员、新闻记者进行指导或翻阅以往社会实践活动中的宣传稿件资料等。在培训中，每个宣传人员都要针对所参加的实践活动，制订出较为详细的宣传计划和提纲，对稿件撰写需要的资料要作重点准备。

后勤保障人员的培训主要侧重在职责和技术管理上。培训内容主要包括：a. 帮助后勤保障人员树立为人民服务的思想，确定职责范围和进行目标管理；b. 理清头绪，形成系统完整的工作台账；c. 制定经费预算表、经费使用计划、审核办法、结算手续；d. 各种收支明细账的记账方法；e. 对经费使用的监督方法；f. 物资归类、清点和保管的方法；g. 伙食、住宿、交通工具的安排方法；h. 常用设施和器材的简单维修方法；i. 制定明确的安全卫生制度；j. 一般卫生保健方法和急救措施。

四、物质准备

社会实践活动的选址尽量要求就近就便，但只要走出校门，就要有可靠的物质保障。集体活动更是如此，无论是个人还是集体都需要做充分的物质准备。

1. 行　装

社会实践一般要在外住宿，每个人必须适当携带一些行装。行装内容与实践时间、地点和实践地接待条件而有所不同。一般来说，社会实践大多选择在夏季，那时天气较热，行装也不必太多。需要带的有：毛巾被、凉席、蚊帐、换洗衣物、个人卫生用品、凉鞋、运动鞋

（山区常用）、雨衣、雨伞、洗漱用具、餐具、手电、笔、笔记本等。行装的大小规格要利于自己能独立携带，特别是采用徒步、骑自行车考察等方式的社会实践活动更应是如此。着装方面应本着实用、整洁大方、简便的原则。

2. 钱、粮及经费预算

活动经费分为集体活动的各种费用和个人必需的生活费用。在实践活动中常出现经费不足的问题，特别是在活动后期。就其原因，有的是由于特殊情况发生，不可预料；有的是经费管理混乱，使用缺乏计划；有的则是前期预算有误。所以，准备工作中要重点抓好经费的预算。预算必须对社会实践活动的全过程所需各种费用进行分类，其主要依据是参加活动人员数、活动项目多少、时间长短。

（1）费用计算方法：a. 人均交通费 × 人数 = 交通费用；b. 人日均住宿费 × 人数 × 天数 = 住宿费用。c. 人日均伙食费 × 人数 × 餐次 = 伙食费用。以上三项的总和，再扣除个人支付（一般是伙食）的款项，即为活动的生活费用。

（2）活动费用：宣传用品费用（笔墨纸张、资料费、特殊招待费、咨询、调研等活动费用、文体活动费用。

（3）不可预见费：俗话说："穷家富路"，活动在外难免会有不时之需，所以要适当带一些应急用款。社会实践活动不可能把每个参加者所需的生活费用统揽下来，因此个人在出发前也要根据自己的生活习惯和实践地的消费水平，自己准备一些必要生活费用。经费预算要求内容详细，既要减少漏洞，又要扣除重复项，尽可能做到科学合理，并且还要制订详细的使用计划和管理措施。

3. 咨询服务器材

根据咨询内容和形式准备部分咨询器材，特别是咨询活动所特别需要的、实践地又不能提供的用品，如播放器材，科技咨询服务的实验用品、仪器，咨询用宣传牌、宣传画，以及授课用的教具、挂图、实验用品、咨询用文字材料等。

4. 参考资料

社会实践活动是一个集考察、服务为一体的综合性活动，开展此项活动离不开必要的参考资料。

（1）参考资料的范围：① 组织者必备的实践地有关史料、工农业、民俗及自然情况的资料、地图等。② 咨询用参考资料，包括相关政策、专业书籍。③ 中小学教材、讲义、教案。④ 调研和科技服务的专用资料。

（2）资料的准备：可以搜集现成的原始资料，也可以根据活动需要提前整理并编写专门的资料，以便在活动中灵活运用，要充分利用图书馆的图书以及各种报纸杂志和网络媒体上的知识和信息。参考资料的准备要求具有针对性、实用性。

5. 文具、办公用品

活动组织、宣传、后勤服务、对外联络，都需办公用品，而且必须分类准备，专人保管。包括文件档案袋，行文纸张和信笺，笔纸浆糊，直、曲别针，订书机、刀、剪、尺，财务、物资管理的各种账簿和表格，通讯录、交通时刻表、地图，手电、蜡烛等照明用品。

6. 文娱用品

在紧张的社会活动中，同学之间、师生之间、实践者与当地群众之间要组织各种文娱活动以增进了解，交流感情。

（1）娱乐用品。① 棋牌类：象棋、围棋、跳棋、扑克等；② 球类：羽毛球、足球、排球、篮球、乒乓球或网球。

（2）艺用品。为了宣传党的方针、政策，歌颂祖国和人民群众，表达大学生对人民群众浓郁的感情，在社会实践过程中，常需要编排部分文艺节目为当地群众演出；有时还会和当地群众一起联合演出。因此要根据实际需要，适当准备一些文艺演出用品。比如，化妆品、简便演出服；乐器、收录机及歌曲磁带；演出标记和小道具。有些以文艺演出为主要内容的实践活动则要准备更多的乐器、灯光等设备。

7. 宣传用品

包括宣传材料（文字、图片、音像资料等）和宣传工具。宣传材料中还必须强调队员充足的知识储备，并做好授课、咨询服务。宣传工具主要有：广告纸、毛笔、各色颜料；照相机及辅助用件；广播用麦克风、收录机等。办公用品、咨询用品和文娱宣传用品有的可以相互代替。全队以上物质准备一定要统筹兼顾。同时，应根据活动内容及物质需求与实践地接洽，能在当地解决的尽量不要列入准备范围之内，以使整个队伍更加精干，便于行动。

8. 医药、卫生保健用品

离开学校或大城市等熟悉生活环境来到农村、厂矿、部队等地，许多同学因水土不服、体质弱、气候变化或意外事故等自然和人为原因出现各种疾病。特别是暑期，由于天气炎热、饮食不当，就更易引发疾病。为确保同学身体健康，一方面要严格遵守安全卫生纪律、强化卫生常识；另一方面要准备必要医药、卫生保健用品。同学个人一般都对自己的体质有所了解，所以要求每个人根据自己的体质情况准备一些常用药品。组织者要和卫生人员一起分析同学身体情况和易发病、易发事故等因素，在传授卫生保健知识的同时，集中准备一批医药卫生用品。大致有：外伤用药品，消毒止血、外伤包扎用品；各种治疗肠、胃疾病的药品；消暑、退烧、感冒等常用药品；晕车、因水土不服发生反应等药品。为保证安全，各种医药用品要由负责卫生的人员妥善保管。在活动中，常有分散活动、分散驻扎，有的地方交通联系不便，又缺少医疗条件，卫生人员就格外重要，药品准备则需更加细致认真。

9. 问卷设计

要求全体队员整理调研思路，明确研究意义。问卷设计内容具体见本书第九章第二节。

10. 指引装备

包括手表、当地地图、手机（充电器）等。

11. 其他资料

包括社会实践登记表、团队记录手册和介绍信等。具体见第十章社会实践常用文体写作。

五、身体准备

健康的身体是社会实践活动顺利进行的保证，如果不具备良好的身体素质，就不可全身心地、积极活跃地、精神饱满地投入到社会实践中去。社会实践活动在某种程度上就是在检验我们的身体素质、锻炼我们的意志品质，所以在活动之前，每个人都应该有意识地对自己的身体进行全方位的调节和准备；集体则要有计划地组织一些健身活动。

1. 调整作息时间

我们在学校有着规律的作息时间，早已成为一种习惯。部队有铁一般的作息纪律，工厂有严格的时间要求，农村有“日出而作，日落而息”的起居习惯，这肯定不同于我们的习惯。到不同的地方开展社会实践活动，就有不同于我们的日常学习时间安排、生活习惯，因此建议在实践开始前 2 ~ 3 周，按所去实践地的作息情况进行调节性训练。

2. 调整饮食习惯

良好的饮食习惯是使人保持健康的身体和良好的精神状态的基础。在一个新的环境中，如果不能具备良好的饮食习惯，不能顺应当地的饮食特点，则极易使体力、脑力不支，并造成各种肠胃疾病，从而影响身体健康和活动的开展。要有意识地，甚至有时要强迫自己一改往日的不良习惯。这不仅是适应实践活动的需要，更是关爱自我的表现，也是为今后步入社会这个大课堂所作的前期准备工作。

3. 加强身体锻炼

根据实践的具体要求，有目的地锻炼身体十分重要。有些活动需要长时间徒步和骑自行车进行考察，身体的锻炼尤为重要。我们应根据所去的具体地点进行专项的训练。

第七节　项目实施程序

一、项目申报阶段

1. 团队要求

一般来说，方案切实可行且准备充分的团队容易审批通过。① 主题鲜明，结合本专业特色、社会热点、学校实际、科研项目选题，意义深远，服务社会。② 活动策划书详细完善，对实践地背景情况了解透彻。③ 团队分工明确，安全、财务等有专人负责。④ 团队做足了思想、物资、安全等方面的准备，选题可行性较高。⑤ 本着勤俭节约的原则，合理预算经费。⑥ 收到实践地、实践单位明确的回执信息。⑦ 团队具有沟通、协作、摄影、独立开展调研等能力，负责人具有良好的组织领导能力，团队成员具有良好的身体素质。⑧ 注重实践安全，考察安全预案、实践策划的合理性和可行性。具有较大安全隐含的组团申报学校不予审批。

2. 项目申报流程

项目申报流程包括拟订实践计划、填写申报书、指导老师提出意见、上交审批、立项通过 5 个步骤。

（1）实践计划。实践前期，团队应做好各项准备工作，通过大量查阅资料，熟悉实践流程，储备社会实践的各项知识，并拟订好实践计划。要求实践计划一定要周密；实践路线一定要准确；实践内容要大胆，体现创新特色，并结合自身特长、兴趣和专业特点、学校特色。

（2）填写申报书。根据实践计划，填写好社会实践申报书。要求申报书填写内容要有特色，语言要书面化，信息要全面简洁。

（3）指导老师意见。指导老师根据团队的情况提出一些针对性的意见，并做好书面描述。团队应结合指导老师的宝贵意见对自己的实践计划和申报书进行修改和完善。

（4）上交审批。做完前面 3 项工作后，团队负责人应在规定时间内将社会实践申报书交给学校、学院（系）。学校、学院（系）应根据每个团队的申报书，结合相关的评价规则进行打分评定，然后评选出优秀的团队。

（5）立项通过。立项通过后，结合自己情况与学校的相关政策，开始实施社会实践项目。

二、筹备部署阶段

1. 活动初期调研

实践前期，团队应进行初期调研活动，对实践地的相关信息进行全面分析和总结。团队可以采用网络途径，利用广阔的互联网信息平台及丰富的图书馆资源进行调查；也可以选择实地调查，采访老百姓和市民，了解当地信息；还可以选择在具有浓厚文化气氛的大学里进行调查，通过大学生问卷调查、采访老师、师生探讨等多种途径了解实践信息。

2. 选好社会实践基地

只有有了实践基地，事先准备的方案才能付诸实施，效益才能得以体现。而基地的选择，既应看能否发挥自己的最大能力，又要充分考虑社会的承受能力，若几十人或上百人同时把实践地点选到同一单位，这就要考虑单位上吃、住等具体条件能否承受。因此，从长远看，各实践小分队一定要有自己的活动基地。

3. 取得家长理解、支持

实施前，学生、学校或学院应向家长寄送大学生社会实践书信或直接与家长取得联系，一方面取得家长的理解和支持，另一方面则使家长放心，并做好各种防范措施。

4. 制定完善管理体系

在活动开始前一周左右，团队要落实好活动的时间、地点、人数、设备以及交通工具、费用等，提醒学生准备好笔、记录本、照相机等辅助工具。有条件的话，队员最好事先实地考察下目的地，做到心中有数，使实践活动的开展更顺畅、操作性更强。如组织学生参观博物馆，虽然目前博物馆已免费为市民和学生开放，但需要拿票才能入场；如果事先没有做好准备，当天排队拿票，光排队就得花上好几个小时，所以应该提前排队拿票或通过网上预订。

三、调查选点阶段

项目实施前，队员应进行调查选点。一是选好实践地点；二是勘测好实践路线。再好的社践方案，如果没有科学的实施路线，那么操作起来就会棘手。以四川农业大学传承水利文化，共促人水和谐实践团为例。在实施前 15 天，该团队设立了 5 人路线勘测小组，先通过先进的网络平台，将实践地地理位置进行标注，得到初步的路线图；然后查阅雅安市地图，进一步细化实践路线；最后选点，并实地调查勘测，得出了理想的实施路线，如图 22.6 ~ 22.11 所示。

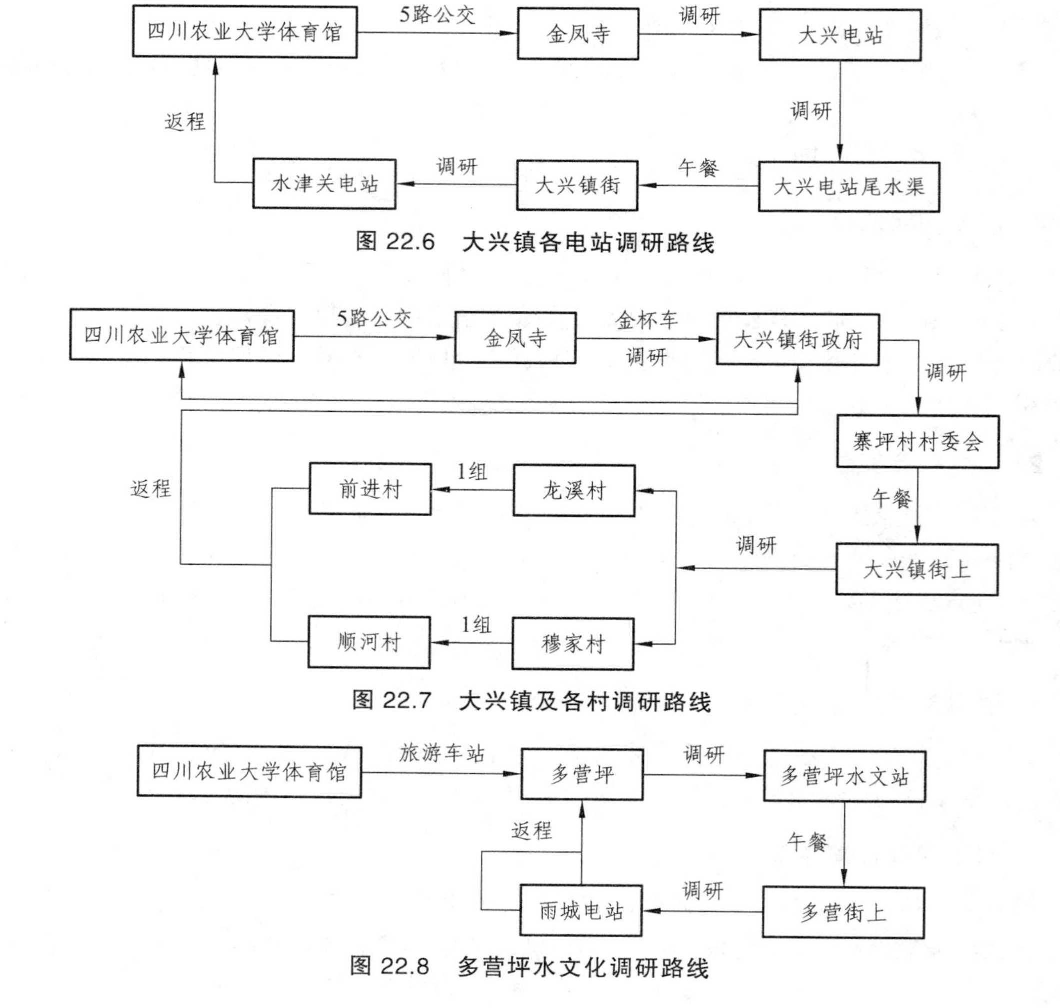

图 22.6 大兴镇各电站调研路线

图 22.7 大兴镇及各村调研路线

图 22.8 多营坪水文化调研路线

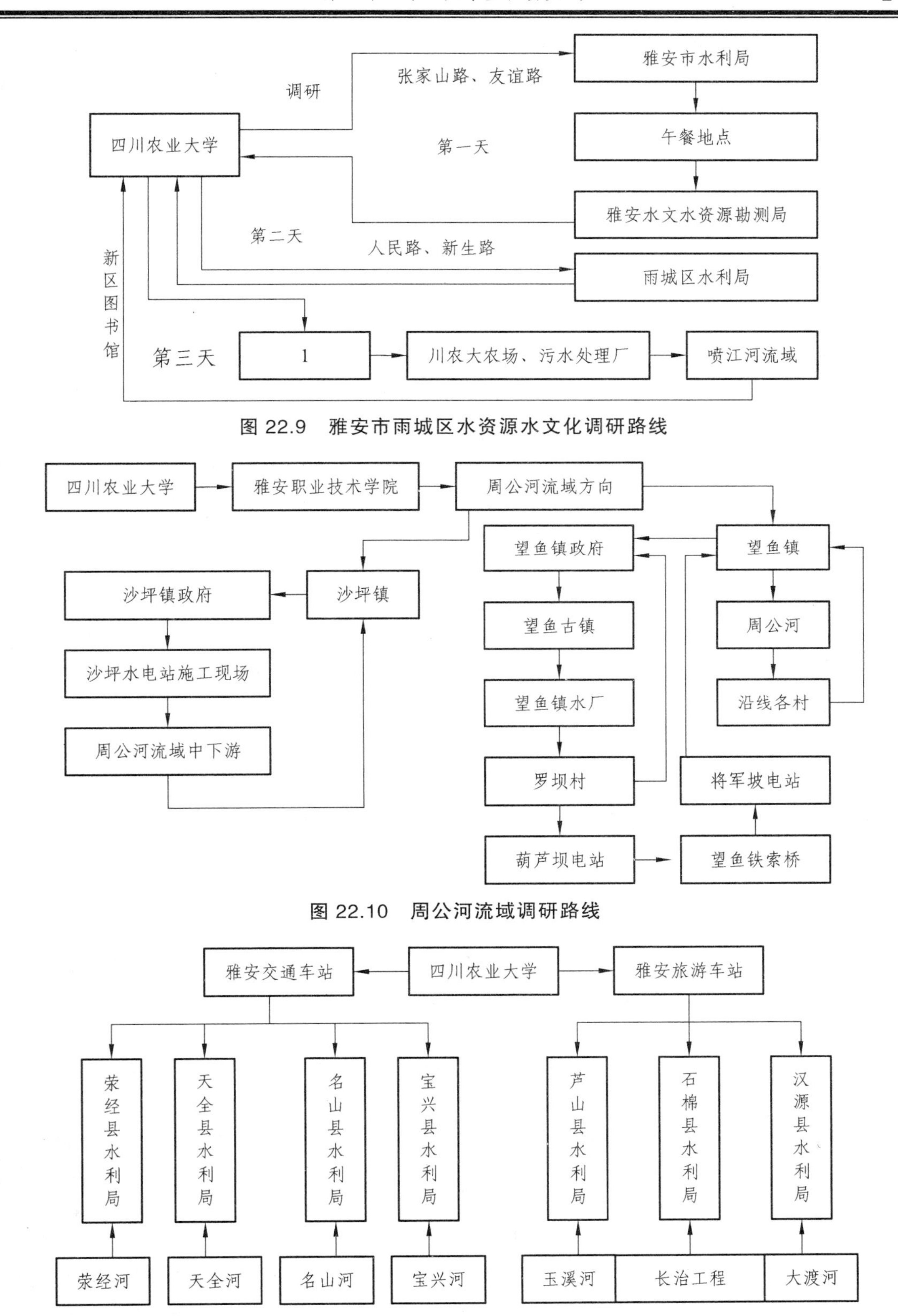

图 22.9　雅安市雨城区水资源水文化调研路线

图 22.10　周公河流域调研路线

图 22.11　雅安各区县调研路线

四、组队动员阶段

活动实施前一天或者几天内，团队应根据自身情况认真部署动员大会，在前期各项培训工作的基础上，进一步强调实践注意事项，并激发大家实践热情，将实践气氛升华为最高潮。

五、项目实施阶段

1. 三大准备工作

① 安全第一，精心组织；② 定时、定点巡查，及时解决学生问题；③ 和企业及时沟通，协调实践内容，提高实践效果；④ 实施中队员必须带上身份证、学生证等证件及必备物品。

2. 实施环节

实施环节是大学生社会实践的实战阶段，是保证社会实践活动效果的关键一环。这一阶段可分三步进行：第一步，收集材料。要求学生通过各种途径，包括收集图书资料、网上搜寻、问卷调查等，获取大量信息资料，如基本情况、主要数据、图片、照片等。此外，指导教师还应告诉学生观察事物和收集材料的方法，尽可能多地增加学生的感性认识。第二步，亲身体验。深入社会生活，亲身体验，帮助学生将理性认识与感性认识结合起来。为使这一工作顺利进行，教师要向学生提出明确的行为规范要求，注重学生形象做到文明、有序，听从管理人员的指挥，单独行动时，要特别注意人身和财产安全等。第三步，加工整理。教师要指导学生围绕主题，根据收集到的材料和本人的切身体验，对相关资料进行筛选、分析、加工、整理，形成《社会实践活动调查报告》，就具体问题提出自己的设想、见解和建议等。

3. 注意事项

（1）精心组织队伍，教育管理结合。社会实践队伍的组建，是学生在实践过程中相互教育和共同提高的组织基础。各实践小分队一定要有带队教师或高年级学生作后盾，带队教师除了具备一定专业知识外，还应有做思想政治工作的意识和能力。学生干部要及时组成核心，发挥作用。在实践过程中，对每个队员的思想和生活都要提出严格要求，每人承担一定服务性工作，讲课、咨询、答疑等，充分发挥每个队员的聪明才智，为当地多作贡献。

（2）依靠当地组织，圆满完成计划。社会是复杂的，学生们一旦步入社会各种难题都会摆在面前，对社会适应能力较差的同学来说，当务之急是提高应变能力。目前，较为突出的难题有两个：一是社会实践中的人际关系。学生步入社会参加活动，若得不到社会的配合和支持，那将寸步难行。要想在很短的时间内处理好人际关系，得到人们的配合，最关键的一点就是尊重人，不要认为自己是大学生就身价百倍，目中无人，那样在社会上会处处碰壁。只要能谦虚谨慎，虚心好学，尊重工人、农民、干部、群众，就能赢得人心，从而掌握活动的主动权。二是实践中的各种突发性事件。出门在外各种情况都可能出现，遇到这种情况怎么办，这里有两点可借鉴：一要紧紧依靠当地政府，求得他们的支持和帮助；二要冷静、沉着，以不变应万变，切不可头脑发热，感情用事。

（3）针对当地需求，组织重点攻关。随着大学生社会实践的深入开展，基层对大学生下乡的要求也在逐渐提高，所以大学生社会实践要想取得成效就必须与当地要求相结合。在具体实践中要做到：送科技成果到乡，送科技人员到村，送科技资料到户，送实用技术到人。

（4）临别事宜。① 征求意见、反馈意见。实践项目完成以后，队员应及时征求实践单位意见,认真听取单位领导及当地群众对我们社会实践各方面的情况所提出的宝贵意见和看法，根据这些建设性的意见，队员应及时总结和交流，得出科学的结论。此外，团队、学校及老师应与实践单位建立良好的互动平台，并保持长期的合作与交流。学校、学院、实践团队要及时根据实践地领导及群众的反馈信息作出针对性的战略调整，将服务“三农”、服务社区的理念贯穿始终。② 物品清还，搞好卫生。实践后，队员应及时对实践场地进行打扫，搞好卫生，给人民留下好的印象；实践期间所借的物品也应及时归还，并表示感谢。③ 真情话别、表示感谢。实践期间，我们在单位领导、工人、农民、地方政府那里感触了很多，学到了很多，收获了很多，这些将是我们大学生活中的美好回忆，更是我们开阔视野、认识社会、提升自我的宝贵财富。离别时，彼此都依依不舍，心情都特别难受。人民群众将改造家乡现状、建设和谐农村及社区的愿望托付给了我们大学生，这份沉甸甸的责任不仅仅表达了他们建设伟大祖国的愿望，更表达了人民对我们的信任。我们应该对其在社会实践中的支持与关怀表示深深的感谢，并履行好自己的职责。

（5）实践中的备忘录。① 积极向学校的社会实践专题网站提交实践成果和实践感言。② 及时向学院反馈团队实践信息。③ 积极联系媒体做宣传报道。④ 联系媒体的方法有：第一，与实践接收地取得联系，通过实践接收地的帮助取得媒体的联系。第二，直接与当地媒体打电话联系，邀请媒体关注实践团活动，或者实践团自行准备好宣传材料向媒体投稿。⑤ 实践中及时交流、总结、记录，填好社会实践登记表。⑥ 资料分类整理，留有备份，注意保存。对于电子类，如照片、录像、录音等，要做好备份，防止因存储介质的损坏造成资料遗失；而纸质类资料，如访谈记录、事件日志、项目合作意向书等，注意防火、防水，统一放入档案袋或文件夹中。⑦实践中照片的采集方法。实践过程，采集的照片需要区别于旅游时的照片，应以体现实践实况的内容为主，并且需要有身着实践 T 恤的同学在内（最好 5 人左右），通过对片段的抓取，能体现实践的感人瞬间。

六、总结交流阶段

社会实践的效果，一半在实践过程，一半在实践总结。只有在各级党团组织的有效引导下，发动广大同学认真思考总结，把感性认识上升到理性认识，把个人所得转化为大家的精神财富，才能使学生既“丰产”又“丰收”，获得思想和业务、素质和能力的全面提高。

七、材料上交阶段

1. 汇报材料

开学后两周时间内领队须将实践成果的电子版和纸质版各一份上报至学院，并将其他实践书面成果上交；同时，积极地准备申报社会实践优秀分队。

（1）团队实践总结材料。进行团队实践的学生需要以团队为单位上交团队实践总结材料，包括《社会实践登记表》（纸质版）、团队实践报告（打印版、电子版各一份）、答辩PPT、活动照片、新闻稿、媒体报道、交通票据、实际花销明细表，电子版存放在一个文件夹里，以“团队编号 + 团队名称”命名，由班级收齐上交到学院团委或校团委社团部，学院团委和校团委社团部统一上交至校团委实践部；涉及调查问卷的实践报告，须在报告后附上原始问卷 1 ~ 2 份。需上报的电子版材料有：① 团队整体完成的实践课题成果（调查报告、论文等）；② 团队总结报告一份；③ 团队实际参加人员名单；④ 团队个人小结或实践课题成果（每人一份）；⑤ 至少 5 张比较有代表性的活动照片，能够反映团队特色或当地人文特色，并有简要说明；⑥ PPT 展示文稿（要求有电子版的照片）和团队自行拍摄编辑的 DV 短片（选交）。需上交的书面材料有：① 当地媒体对实践活动的相关报道，当地领导或者知名人士对社会实践活动的题词；② 接收单位评语（即实践活动意见反馈表）；③ 实践基地意向表（选交）。

注意事项：① 有 DV 短片的实践团，领队将 DV 直接上报至学院实践部，供制作暑期社会实践光盘，并将在评比过程中给予优先考虑。② 上交的材料直接与后期的活动评比挂钩，各领队应予以高度重视并按照规范操作。③ 团队实践报告不少于 5 000 字，个人报告不少于 3 000 字，两类报告标题统一使用小三黑体，正文部分使用小四宋体，1.5 倍行距。④ 涉及调查问卷的实践报告，须在报告后附上原始问卷 1 ~ 2 份。⑤ 照片要能展现活动过程或某一场景（包含具有实践地鲜明特色的集体照一张），每张照片的名称要包含事件时间、地点、概要，如“7 月 24 日在天津市引滦入津工程展览馆参观学习”。⑥ 媒体报道：报纸等的原件（或复印件）及扫描版；电视报道的视频版；网络媒体的网页截屏及网址；所有媒体报道须附有简要说明（媒体名称、报道时间、内容等）。⑦ 新闻稿：电子版，不少于一份。从实践开始至结束期间都可上交至实践部邮箱，新闻稿内容为团队风采掠影或活动小结或社会媒体报道。

（2）个人实践总结材料。进行个人实践的学生需上交个人实践总结材料，包括《社会实践登记表》（纸质版）、个人实践报告或心得体会（打印版、电子版各一份），电子版统一存放在一个文件夹里，以“学号 + 姓名”方式命名，由班级收齐上交到学院团委，学院团委统一上交至校团委实践部；涉及调查问卷的实践报告，须在报告后附上原始问卷 1 ~ 2 份；不少于 3000 字，标题统一使用小三黑体，正文部分使用小四宋体，1.5 倍行距。

2. 花费报销

领队须算清所花费用，整理好发票，在得到通知后上交到学院实践部。所有报销的票据必须是正式开具的发票，各类证明、收据等不予报销。因住宿费用及杂项费用所开具的发票中须写明付款单位、商品名称、金额总计、开票日期等项目，并盖有各单位发票专用章。其中：① 交通票据：公共汽车票、火车硬座、长途客车票等为有效票据；各旅游景点内的交通票据以及由于毁损或票面过于污浊等不能清晰辨认票面金额的交通票据、退票手续费、卧铺等票据不予报销。② 住宿票据：须住宿单位开具发票。发票中须列明住宿天数、人数，且不超过每人每天 30 元的住宿标准。③ 其他票据：购买各类低值必需品、打印复印等须开具正式发票。发票中商品名称不能为“办公用品”、“鲜花”、“礼品”、“文具”等，需列明所购商品的详细名称、数量及单价。各类门票、明信片、邮资反馈单、餐饮娱乐等票据不予报销。团队在实践过程中要保存好相关票据，尤其是有效的交通票据。

3. 申报材料

① 优秀团支部申报材料：电子版、打印版各一份，包含团支部社会实践前期组织动员、实践活动质量、“实践归来话感受”团日活动开展、成果总结转化、学生参与率统计等内容，材料形式不限，字数不限，图文并茂，反映班级实践组织的电子版照片 2～4 张。② 优秀团队申报材料：学生暑期社会实践优秀团队申报表电子版、打印版各一份，打印版须有学院盖章；其他具体要求参见下发的评选通知。③ 先进个人申报材料：电子版一份，由学院统一上交；内容积极健康，富有真情实感，展现个人的实践特色，以撰写实践心得故事为主；体裁不限，字数 1 000 字左右，标题使用小三黑体，正文部分使用小四宋体，1.5 倍行距。④ 十佳标兵申报材料：《×大学××年学生暑期社会实践十佳标兵申报表》，电子版、打印版各一份，打印版须有学院签章；答辩 PPT；打印版 2 份。⑤ 社会实践优秀指导先进教师申报材料：《×大学××年学生暑期社会实践优秀指导申报表》，电子版、打印版各一份，打印版须有学院签章；指导实践团队进行社会实践的优秀事迹，电子版、打印版各一份，1 500 字左右。⑥ 先进工作者申报材料：《×大学××年学生暑期社会实践先进工作者申报表》，电子版、打印版各一份，打印版须有学院签章；个人参与社会实践工作优秀事迹，电子版、打印版各一份，1 500 字左右。⑦ 学院工作总结材料：社会实践工作总结，电子版、打印版各一份，包含学院动员宣传、课堂教学组织、总结交流、成果转化、评比表彰、社会实践经费使用等活动情况总结；反映学院动员、培训、宣传、总结等指导性工作的照片 5～10 张；学院工作总结视频。

八、成果转化阶段

1. 如何取得好的成果

① 前期认真筹划，挖掘闪光点、锐意创新；② 中期及时记录、总结、思考；③ 实践后有计划、有步骤地进行成果汇编、抽取精华、形成成果。优秀的成果获取方法如图 22.12 所示。

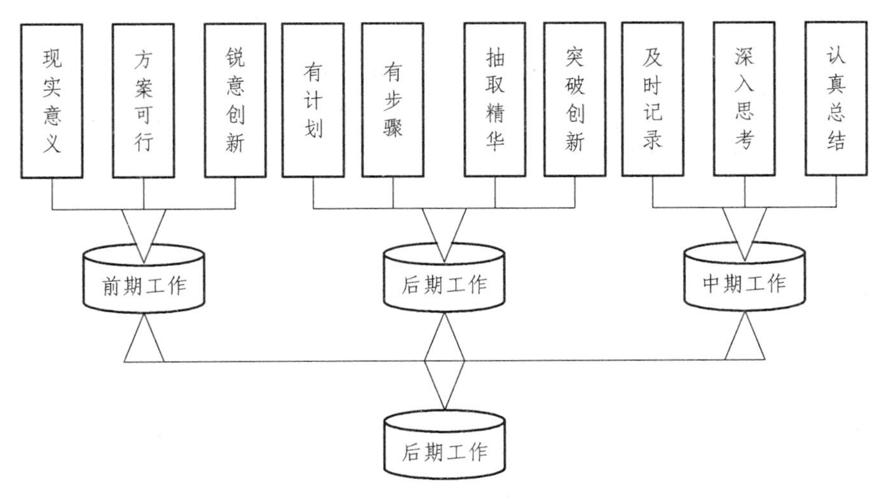

图 22.12　实践成果获取方法

2. “文字”类转化途径

“文字”类转化主要有以下途径：① 在教师指导下，认真撰写调研报告、科技论文等实践报告。② 具有较高学术价值的报告和论文可以报送相关部门，供参考研究用；具有较高学术价值的报告和论文可以往一些期刊、杂志投稿。③ 参加大学生社会实践科普调研征文竞赛。④ 参加课外学术科技作品竞赛。⑤ 参加全国“挑战杯”课外学术科技作品竞赛。

3. 其他转化途径

举办经验交流会、主题论坛、专题讲座等活动，推广实践成果；通过校内外网络平台进行实践活动及成果展示，如大学生社会实践课程网、“5470”、贝城社区、大学生社会实践网等。

第八节　社会实践常用文体写作

本节主要对社会实践登记表、社会实践团队记录手册的设计进行了讲述，并对社会实践新闻稿、实践报告、实践论文、介绍信的撰写进行了分析。这些文体的写作对于社会实践的成功具有关键性的作用。因此，本节也对此进行了大量的案例分析。

一、社会实践登记表的设计

（1）基本要求。

① 整体布局要自然流畅，色彩搭配协调。② 版面以 A4 纸张为大小，上部、左边距均留出 3 cm 的空白区域，下边距留 2.5 cm 的空白区域，右边距留 2 cm 的空白区域。③ 编辑区域内要有学院或学校标志。④ 对活动题目、院系、姓名、学号、指导老师排版。⑤ 封面设计要凸显专业信息。⑥ 所设计图片图形要有寓意，能够传递专业信息。⑦ 封面要能反映实践的基本信息。⑧ 除硬性要求外，大学生还应大胆创新，运用所学知识，发挥想象，设计出独具一格的实践登记表封面。

（2）社会实践登记表设计封面应包括题目、学院名称、专业名称、班级名称、学生姓名、学号、实践地、实践类型、团队编号、实践时间等内容。具体格式可照下面模板做，仅作参考。① 题目分为院别和实践标题，分别采用小一号楷体_GB2312 和一号黑体，单倍行距；②学生姓名、学号、院系、专业班级、社会实践团、实践单位、实践时间小三号黑体字，单倍行距；③ 最后一栏的“某大学某学院制发”、时间用三号黑体，单倍行距。

二、社会实践团队记录手册设计

1. 封面设计

（1）标题：某大学暑期社会实践团队记录手册。小一号黑体，加粗，段前 0 行，段后 0.5 行，1.25 倍行距。

（2）内容：学院、团队名称、主题类别、负责人姓名、联系方式、实践地、实践时间。

四号黑体字，加粗，段前段后 0 行，单倍行距。

（3）署名：某大学大学生社会实践领导小组制，四号黑体字，加粗，段前段后 0 行，单倍行距。

（4）时间：某年某月，小四号黑体字，段前段后 0 行，单倍行距。

2. 说明部分

（1）《社会实践团队记录手册》是学生组团参加社会实践过程的记录，团队负责人须如实填写，字迹工整、清晰。

（2）社会实践活动或调研、访谈记录应按表格内容注明填写具体活动时间、地点、过程、访谈对象与内容等，可另附页。

（3）团队实践单位意见由团队实践所在单位填写，并加盖公章；因特殊原因不能获取实践单位意见及加盖公章者，需详细说明原因，并由指导老师签字证明。

（4）主题类别请查阅本书相关内容。

（5）团队应加强与媒体的联系，如有相关媒体报道，应按照相关要求记录，收集原版保存，返校后上交备案。教材附录有部分媒体的联系方式，可以查询。

（6）在实践过程中，除地方条件限制外，团队必须按照学校要求，及时上报团队实践新闻到学校团委实践部，实践部根据新闻质量将在本校新闻网给予宣传。

（7）为保证每个人参与实践，团队负责人本着高度负责的态度，认真填写队员名单。

3. 内容设计

表 22.1　××大学暑期社会实践团队记录手册

<table>
<tr><td colspan="8">团队社会实践基本情况</td></tr>
<tr><td>指导教师</td><td></td><td colspan="2">团队负责人</td><td colspan="2"></td><td>财务负责人</td><td></td></tr>
<tr><td>安全负责人</td><td></td><td colspan="2">宣传负责人</td><td colspan="2"></td><td>参与人数</td><td></td></tr>
<tr><td colspan="8">实际参加社会实践人员名单</td></tr>
<tr><td>学院</td><td>姓名</td><td>学号</td><td>班级</td><td>学院</td><td>姓名</td><td>学号</td><td>班级</td></tr>
<tr><td></td><td></td><td></td><td></td><td></td><td></td><td></td><td></td></tr>
<tr><td colspan="8">前期准备及计划</td></tr>
<tr><td colspan="8">（简述实践组团讨论会的内容、实践计划、相关准备情况、可附页）</td></tr>
<tr><td colspan="8">访谈调查或社会实践活动过程记录</td></tr>
<tr><td colspan="8">实践第×天　　__月__日　　星期__　　天气 ___</td></tr>
<tr><td colspan="8">注：实践超过两周者，请另附页（请在本行右侧空白处注明）：</td></tr>
<tr><td colspan="8">各种媒体报道记录日志</td></tr>
<tr><td colspan="8">注：媒体报道包括报纸、网络、电视、广播等，注明报道时间，地点，大概内容等；平面媒体报道请复印后附于登记表后。</td></tr>
<tr><td colspan="8">实践单位意见</td></tr>
<tr><td colspan="8">__________实践团共____人在我单位实习过程中______________________
（单位盖章）
200　年　月　日
（注：衷心感谢贵单位提供我校学生实践机会，共同培养学生成才，不够附页）</td></tr>
</table>

三、实践新闻稿的撰写

1. 新闻稿格式

本文新闻稿写作格式参照共青团四川农业大学委员会社会实践新闻稿的写作规定。

（1）内容要求。新闻稿应具有真实性，不能虚构编造；应具有及时性，发稿时间距活动时间原则上不超过 3 天；新闻稿应符合新闻稿件规范，不要出现“我院”、“我队”等字样，应写全称。稿件统一传到团委邮箱（aumdxtw@sicau.edu.cn），文字图片分开以附件形式发送，不要把图片嵌在文档中。邮件主题包含学院、团队名称、活动时间。

（2）排版要求。统一用 word 排版，标题居中，正文字体为宋体，小四号，段落格式为首行缩进 2 字符，段前段后各 0.5 行，行距固定值 18 磅。

（3）图片要求。图片应清晰并能充分反映活动主题。图片大小为 400×300～448×336 像素，不要超过 200 kb。

备注：

（1）团委邮箱接收的稿件审核通过后会发到学校共青团主页和团省委主页，各分队通讯稿传到团委邮箱后请勿重复往团省委上报。

（2）请用 163、126、sina 等大型门户网站邮箱传送稿件，不要使用 qq 邮箱以及个人网站邮箱传送（可能会被系统误认为垃圾邮件处理）。

（3）如果几个团队合作参与同一活动，只需上传一份通讯报道，在稿件中说明是几个团队共同合作即可，无须重复上传。

2. 部分社会实践投稿媒体联系方式

表 22.2 常用的社会实践投稿媒体联系方式

序号	投稿单位及网站名称	通讯地址
1	中国共青团网	ccyl@cycnet.com，gqt@qgt.org.cn，http://www.gqt.org.cn
2	团中央学校部邮箱	daxuechu@sina.com
3	“三下乡”专门网站	54club.com
4	四川共青团团省委学校部邮箱	sctswxxb@163.com
5	中国大学生社会实践网	http://www.myunivs.com 010-61766177
6	中国媒体咨询	http://www.cmni.com.cn
7	中国教育在线校园频道	webmaster@cernet.com
8	中国网	webmaster@china.org.cn 86-10-68326688
9	中国大学生在线	contrib@univs.cn advice@univs.cn 86-21-62934948
10	大学生在线	winboth888@yahoo.com.cn
11	中国教育网	webmaster@ chinaedunet.com 010-64803658

续表 22.2

序号	投稿单位及网站名称	通讯地址
12	中国教育在线西部	webmaster@cernet.com
13	中国大学生创业就业信息网	62021800-801/802
14	中国高等教育网	010-64957995；0532-85932838
15	雅虎	cn-abuse@cc.yahoo-inc.com；010-82615762
16	四川农经网	center@scnjw.gov.cn；028-87343798
17	四川新闻网	028-85178709；028-85176612；jb@newssc.org
18	新华网：（新闻中心）	86-10-63070925；xhszbs@xinhuanet.com
19	江苏新闻网	js-news@163.com
20	中国教育报电子信箱	edudaily@public2.bta.net.cn
21	新浪	jubao@vip.sina.com；010-82615762
22	雨城电视台	0835－2224114
23	团体之窗	tuanlian@126.com
24	人民日报	rmrb@peopledaily.com.cn

四、实践报告的撰写

1. 涵　义

社会实践报告是对某一情况、某一事件、某一经验或问题，经过在社会实践中对其客观实际情况的调查了解，将调查了解到的全部情况和材料进行去粗取精、去伪存真、由此及彼、由表及里的分析研究，揭示本质，寻找出规律，总结出经验，最后以书面形式陈述出来的实践成果。调查报告是大学生利用课余时间进行的有意识、有目的地对于社会的许多新动态、新问题或新情况进行详细的调查后，将所得的材料进行整理、归纳、分析并加以研究而写成的书面报告。

2. 分　类

根据内容的不同，调查报告分为基本情况调查报告、新生事物调查报告、典型经验调查报告和揭露问题调查报告等。① 基本情况调查报告，即关于某一领域、某一地区、某一单位或社会的某一方面基本情况的调查报告。② 新生事物调查报告，即及时向社会比较全面地介绍某一新生事物的调查报告。通过揭示新生事物成长的规律及其产生的意义，向人民展示它的强大生命力，并通过预见性的判断推出它的发展趋势，达到指导工作的目的。③ 型经验调查报告，指对某一地区或单位贯彻执行党和国家的方针、政策的典型经验进行总结、推广的调查报告，不仅可起到表彰先进、树立典型的作用，而且可推广典型经验，用于指导面上的工作。④ 揭露问题调查报告，指对工作中发生的重大事故、出现的严重失误所写的调查报告。通过全面、深入、细致的调查，用确凿的事实说明事故或问题发生的原因、情况和结果，分析产生的背景及性质，以澄清是非、查明真相，达到揭露问题、解决问题的目的。

3. 撰写原则

调研报告撰写原则主要有四点：① 符合格式要求；② 具有针对性和典型性；③ 包含一定的学术价值；④ 不可弄虚作假，拼凑文章。同时，团队总结报告应与个人总结报告应区分开。

4. 结　构

布局要恰当，结构要完整。实践报告没有固定的格式，应根据调查所得的材料，围绕主题，合理地安排结构。实践报告一般由标题、导语、正文、结论、落款5部分组成，有时候还包括附件、致谢等内容。

（1）标题。调查报告的标题形式比较灵活，通常有两种构成形式：一种是单行标题，另一种是双行标题。单行标题又分两种形式；一种是公文式标题，由事由和文种构成，如《关于邯郸钢铁总厂管理经验的调查报告》；另一种是内容概括式标题，如《联合之路就是生财之路》、《湖南农民运动考察报告》。双行标题又叫主副式标题，由主标题和副标题构成，如《亏损企业的现状不容忽视——关于××市亏损企业的调查报告》。无论采用哪种形式拟制标题，都要力求做到简洁、醒目、观点鲜明。

总标题，包括陈述型和形象型两类。a. 陈述型：用一种判断句的形式对全文内容进行概括性描述，如《行政垄断与WTO国民待遇原则的法律冲突》、《“9.11事件”后美国全球战略的调整及其对中国的影响》。b. 形象型：用形象生动的词或句表现实践对象，如《漂在北京——隐形就业的大学毕业生调查》、《生命缘何如此之轻——大学生自杀现象解析》。

② 副标题。是对总标题的补充和说明，明确论文的研究对象、内容、目的等。副标题包括以下三个类型：a. 与他人商榷性，如《谈思想政治教育学的研究对象问题——左鹏先生的<新思考>引出的思考》。b. 缩小论文内容，如《从小岗村到南街村——中国社会主义农业改革和发展的“两个飞跃”研究》。c. 对比和借鉴，如《如何认识保险中的保证——兼论对我国<海商法>第235条的理解》、《试论英国海上保险立法中的近因原则——兼论对我国立法的有关借鉴》。

③ 确定标题的原则。确定标题要根据以小见大的原则，从一些小事中看出更深远的意义来。如《论提单》、《关于“提单是物权凭证”的反思》、《对提单的物权凭证功能的再思考》、《信用证条件下银行对提单的权利属性》、《倒签提单法律性质之我见》。

（2）导语。导语是调研报告的开头部分，可以称为总提或引言。主要叙述调查的意义和目的，调查对象和范围，调查采取的方法及其大致过程等，该部分语言表达力求精练，内容简明扼要。导语部分要力求“全、精、简、实”，关键词要讲述到论文所主要涉及的问题。① 要引出所述问题；② 要提出主要论点；③ 要揭示研究成果；④ 要简述全文结构。导语部分一般概括说明三方面内容：一是调查工作的基本情况，二是“调查对象”的基本情况，三是调查研究结论的提示。

（3）正文。这是调查报告的核心内容，也是对调查研究结果的具体引证、说明部分。其结构形式主要有两种：一种是纵式结构，根据事物的发生、发展、结局过程来组织材料；另一种是逻辑结构，即根据事物的内在联系，分几个部分来安排材料，各部分可以设小标题，也可用序号标出，各部分之间可以是并列关系，也可以是递进关系。正文部分需要分章节陈述整个调查，并且有叙有议，具体展开整个活动。正文写作包括以下四种方式。① 演绎式：先提出中心论点，然后分别从几个方面论证，阐明中心论点。② 归纳式：从几个方面比较分析，然后归纳起来得出结论。③ 推进式：一步一步深入，由浅入深的论证方法。④ 散述式：边分析边作结论，松散的叙述。

（4）结论。这是文章的结尾部分，是对整个调查活动的总结，带有结论性质，提出自己对调查主题的意见和建议，也可以归纳活动的社会意义所在。该部分可长可短，根据实际情况而定。它包括以下两部分内容：① 对本论文分析、论证的问题加以综合概况，引出基本论点；② 对课题研究的展望。

（5）附件。包括方案、宣传报道、队员日志或心得、活动掠影、相关证明和感谢信等。

（6）致谢。感谢在实践中帮助过你分队的单位或个人。

5. 常见问题

① 文不对题；② 采用教科书的写法；③ 采用提纲式的写法；④ 在引用个案资料时不能有机地融入文章；⑤ 在文中常采用第一人称或加入一些不必要的话；⑥ 采用外文资料时翻译不当；⑦ 引入法规时直接使用法规简称；⑧ 不适当地采用文学语言；⑩ 在引用他人著述时不注明出处。

6. 优秀实践报告案例

案例一：统筹城乡背景下的农民问题调研及志愿服务小分队社会实践报告

论统筹城乡背景下的农民利益问题

米玲　先丽　柴婷婷

摘　要： 城市是现代化的载体，城市化是现代化的标志，作为国务院设立的“全国统筹城乡综合配套改革试验区”成都一直备受关注。然而，近年来成都许多地方实行城乡一体化改革中，令人担忧的情况已经出现，如农民与政府沟通不良、村民对城乡一体化建设的信心不够、一城两建等。如果城乡二元结构不变，城市化进程的提速，对于原本就贫穷落后的农村而言无异于雪上加霜。因为按照习惯的做法，许多地方凭借城市管理农村的权力，用平调侵占农村资源的办法来加快城市建设，最终造成农村经济的崩溃和社会的动乱。因此，从农民的角度看待城乡一体化，把农民的切身利益放在首位已迫在眉睫。

关键词： 城乡统筹；利益；教育；安置；保障；发展

一、前　言

城乡一体化是一个国家和地区在生产力水平或城市化水平发展到一定程度的必然选择。

根据发达国家的现代化和城市化发展经验，当城市化水平低于30%时，城市文明基本上固定在城市里，农村远离城市文明；当城市化水平超过30%时，城市文明开始向农村渗透和传播，城市文明普及率呈加速增长趋势；当城市化水平达到50%时，城市文明普及率可能达到70%左右；当城市化水平达到70%以上时，城市文明普及率将接近或达到100%。可见，城乡一体、统筹发展是城市化进程中的必然选择。我国由于各种原因导致城乡长期二元分割，因此城乡一体、统筹发展更有意义。

城乡一体化建设有着深刻的内涵。在我国现阶段，它要求统一城乡规划，打破城乡分割的体制和政策，加强城乡间的基础设施和社会事业建设，促进城乡间生产要素流动，逐步缩小城乡差别，使农村与城市一样共享现代文明，以实现城乡经济、社会、环境的和谐发展。为此，城乡一体化包含有以下多方面内容：一是统筹城乡发展空间，实现城乡规划布局一体化；二是统筹城乡经济发展，实现产业分工一体化；三是统筹城乡基础设施，实现城乡服务功能一体化；四是统筹城乡社会事业，实现城乡就业、教育、卫生和社会保障一体化；五是统筹城乡两个文明建设，实现城乡社会进步一体化。在我国，实现这种“以城带乡、以乡促城、城乡结合、优势互补、共同发展”的城乡一体化道路，是全面建设小康社会、实现城乡和谐发展的有效途径，是落实科学发展观的具体体现，是我们建设社会主义新农村所追求的目标。

推进城乡一体化与建设社会主义新农村相辅相成、协同共生。通过统筹城乡经济发展，可以实现以工补农、以城带乡、城乡产业优势互补的良性互动，促进农村的生产发展、农民生活宽裕；通过统筹城乡两个文明建设和空间布局一体化，可以促进农村的村容整洁和乡风文明；通过统筹城乡社会事业和社会管理改革，可以推进农村管理民主、社会事业得到快速发展，实行工业反哺农业、城市支持农村，让广大农民共享改革发展成果，逐步建立起以工补农、城乡良性互动、协调发展的新型城乡关系。

利用暑期组织大学生开展社会实践进行“三下乡”活动，是深入贯彻中共中央国务院16号文件精神，推进大学生素质教育的重要举措。为了充分响应党的号召，四川农业大学经济管理学院的统筹城乡背景下的农民问题调研及志愿服务小分队深入温江万春镇和郫县唐昌镇进行调查和志愿服务。

二、调查基地简介

1. 温江区万春镇简介

万春镇位于成都城区西郊、温江区北部，全镇辖区面积54.6 km^2，户籍人口49 612人，其中农业人口37 593人，城市化率为24.2%。根据万春城镇规划，2010年城市化率要达到68.95%，至2020年城市化率要达73.15%。要达到如此快速的城市化进程，只有依靠产业的发展，并通过产业的发展，不断扩大城镇的容量和规模，完善其功能，集聚人口，提高城镇化质量，促进经济社会协调发展。

万春镇种植花木的历史悠久，万春花木户共计6 000户，其中种植规模在50亩以上的大户有230家，100亩以上大户有18家，规模以上种植户数比例为4.1%。万春地处国家级生态示范区核心地段，地势平坦，气候宜人，花卉、植物品种繁多。各项生态指标俱佳。生态优势和花博会品牌效应为产业发展带来了机遇，万春的绿色资源在成都市中数一数二，优势明显。万春在生态、休闲、文化等方面突出的资源优势，吸引了置信、蓝光等众多知名企业，他们投资建设国色天乡、江安河世界文化长廊等一大批重大服务业产业化项目。国色天乡一期项目已建成，推动了该片区的整体建设，带动了当地农民就业，推进了城乡一体化进程。

即将启动的江安河世界文化长廊项目将使沿线形成集婚庆、旅游、餐饮等为一体的产业链，推动万春向更高层次发展。地处万春镇的永和社区是一个非常祥和非常有代表性的社区，区内居民生活安康，治安稳定，人民生活富裕，人均收入6 000元/年。值得一提的是，社区政府设置很完善，有宽敞明亮的农家图书馆，也有电子阅览室；每年专门给农民电脑培训，给毕业者颁发毕业证书。区内居民乐观向上，生活的很快乐。

2. 郫县唐昌镇简介

唐昌镇位于郫县西北部，东距成都市中心 42 km，由沙西线至成都主城区只有 26 km，约半小时车程。唐昌镇平均海拔600 m左右。北隔柏条河与彭州市相望，西邻都江堰，东与郫县唐元、新民场镇接壤，南与安德、花园镇相连。现有成灌高速、国道317线、沙西线、温彭快速通道、竹唐路贯穿境内。全镇辖区面积51 km^2，辖17个行政村，6个居民委员会。

唐昌镇以科学发展观为指导思想，以全面建设小康社会为总体奋斗目标，以实现传统城郊型经济向现代都市型经济、传统城市郊县向现代化都市功能区的两个转变为战略取向，以深入推进城乡一体化战略实施为主线，以开放和创新为动力，统筹区域经济社会全面发展。按照深入推进城乡一体化的要求，统筹推进城乡建设，逐步建立定位合理、功能特色突出的区域城镇体系。通过推进工业化、城市化、服务业现代化、农业产业化、城镇生态化和社会文明建设，到2010年将唐昌镇建设成为经济发达、城乡繁荣，社会文明、环境优美、人民富裕、功能完善的特色功能片区。

地处唐昌镇的战旗村是一个发展很快的优秀村，有许多人在这里投资建厂，居民安居乐业，是郫县经济和文化发展突出的一个村。在2006年，唐昌镇被选择为开展“高校＋支部＋农户——大学生进农家”试验活动基地，组织360名大学生与战旗村180户农户结对子同吃同住同劳动，开展汽车驾驶、种植养殖、文化辅导等各类培训，举办“乡村辩论赛”和“结对子，心连心”联欢晚会，放“映坝坝电影”等形式多样、内容丰富的城乡文化互动活动，并聘请高校学生会主席担任村长助理，优秀学生干部担任社长助理和实习村广播员，直接参与村务、社务管理，使当地居民生活更加丰富多彩。

我们选取了温江永和社区和郫县战旗村作为调查对象，进行了广泛的走访调查，包括安置保障类的工作、收入水平、生活状况及住房赔偿、教育类的费用、硬件设施、关心程度等。

三、问卷分析

1. 郫县战旗村

（1）基本情况。唐昌镇战旗村隶属成都郫县唐昌镇，地处横山脚下，柏条河畔，位于郫县、都江堰市、彭州市三市县交界处。战旗村总人口1 642人，农业人口1 636人，共9个小组，总户数486户。2006年人均纯收入5 424元，贫困人口13户，29人，总劳动力984人，其中高中及以上文化人数128人，常年外出务工的人数118人。战旗村土地资源3 090亩，其中农业用地2 163亩。其中田2 163亩，林地450亩，草地0亩，水域面积150亩，荒地0亩，滩涂0亩，工矿企业用地150亩，道路用地183亩，人均耕地1.07亩。

① 农业生产情况。战旗村粮食作物主要以水稻、小麦为主，经济作物以油菜、蔬菜和花卉苗木为主。全年粮食生产总量98万公斤。主要养殖猪、鸡。2006年人均占有粮食596公斤，人均纯收入5 424元。全村土地流转率达到40%左右。

② 产业发展情况。战旗村拥有集体企业7家，现有集体资产1 280万元；私营企业5家。多数为农产品加工企业。2006年，全村集体企业实现销售收入7 000万元，利税400万元，私营企业实现销售收入2 000万元，利税100万元。全村土地规模集中度达40%以

上。全村正开展院落合并和土地整理工作，将现在较为分散的院落进行合并，农户集中到新型社区内居住，对腾出的院落进行整理，并对农田、水利、道路等基础设施进行改造，改善农村居民的生产、生活环境，让农民享受到与城镇居民同样的文明。我们对其中的50户居民进行了走访调查。

（2）结果分析。从调查问卷中反映出，郫县战旗村村民对于城乡一体化后认为生活水平相对变革以前会有很大提高的有6.9%；认为会有提高，但很少的有20.69%，认为会与现在差不多的有27.59%，认为不会提高，反而会下降的有17.24%，不好说的有27.59%；村民们对城乡一体化建设表现的缺少信心。他们对现在的工作的满意满意程度见图1。

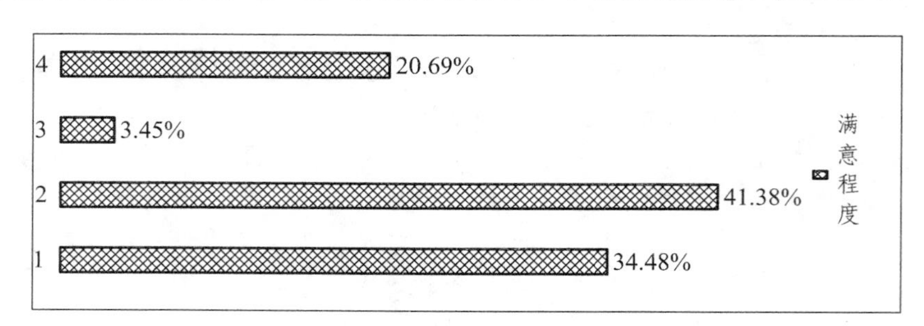

图1　满意程度

1—很满意34.48%；2—一般满意41.38%；3—不满意3.45%；4—无所谓20.69%

不难看出村民对现在的工作满意度还是比较高的，他们一般在家务农、就近打工、外出务工。我们就举办青年技能培训情况进行了相关调查。对于政府组织青年参加技能培训，当地村民的态度见图2。

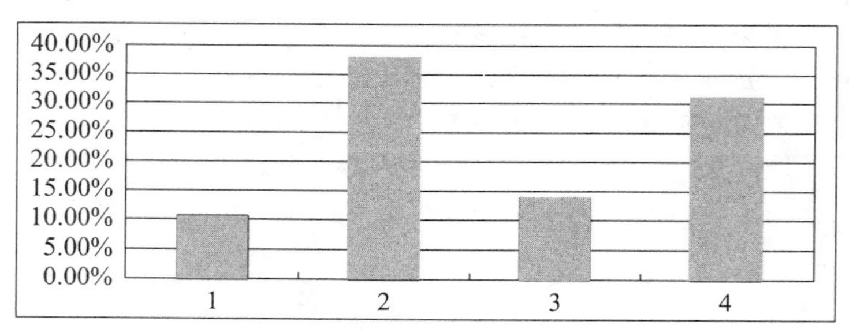

图2　村民态度

1—毫无用处，只是完成工作任务10.35%；2—对农村发展很有作用37.93%；
3—作用一般，且投入远远大于取得的效果13.79%；4—无所谓 31.03%

显然，村民是非常支持技能培训的，而且就我们了解很多年轻村民都有参加培训的经历，他们普遍反映良好，且还有不少人找到了相当不错的工作。比如，当地一妇女经过一家政培训后，现已在北京从事家政服务行业，而这已是当地的新闻。当地村民对培训会的热情越来越高，强烈要求有用培训会的开展，村民自身素质的提升也非常明显。培训会的作用在村民中显而易见。在所调查的村民中，有64.72%的认为经过技能培训增强就业竞争力，增加收入作用明显；23.52%的认为经过技能培训增强就业竞争力，增加收入有一点作用，他们大多是有固定工作的；有11.76%认为经过技能培训增强就业竞争力，增加收入作用不明显，他们大多是年纪比较大的村民，因为他们由于身体或年纪的原因没有参加过培训会。具体见图3。

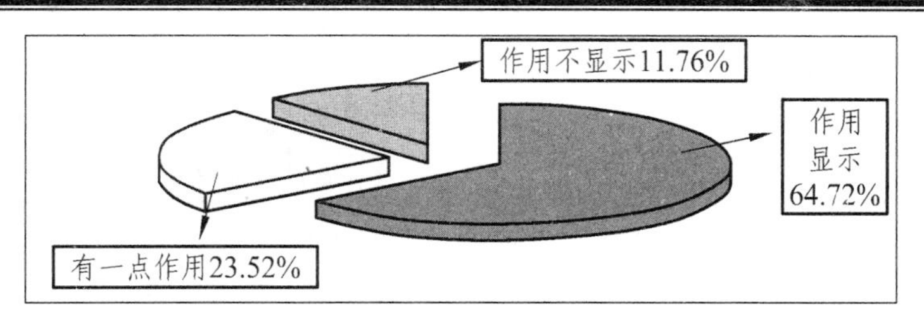

图 3　村民对培训的态度

关于村民的生活水平，我们对村民的参保状况以及生活环境进行了调查。其参保率为100%，这让我们非常欣喜。具体参保险种请看图 4。其中参与医疗保险的群众有 92%之多，这是一个很惊人的数字。还有 8%的人是有固定工作有条件购买社保和其他保险，其中还有8%之多的村民购买了两种以上的险种。

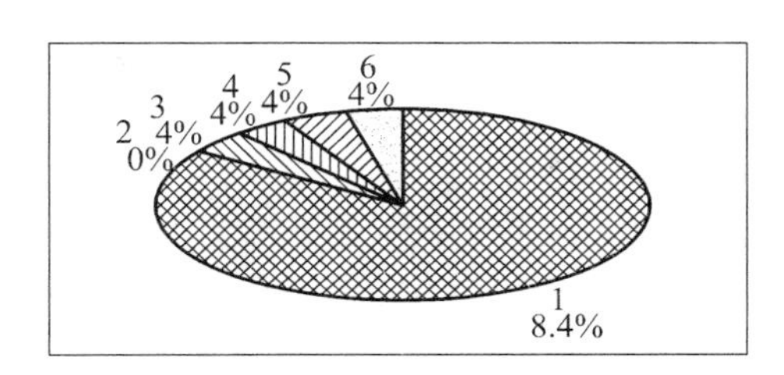

图 4　参保险种比例

1—医疗保险 84%；2—失业保险 0；3—养老保险 4%；4—其他 4%；
5—医疗保险＋养老保险 4%；6—医疗保险＋其他 4%

生活水平的提高使得人们对其生活环境要求更高，我们就这个问题对村民进行了询问。结果见图 5。

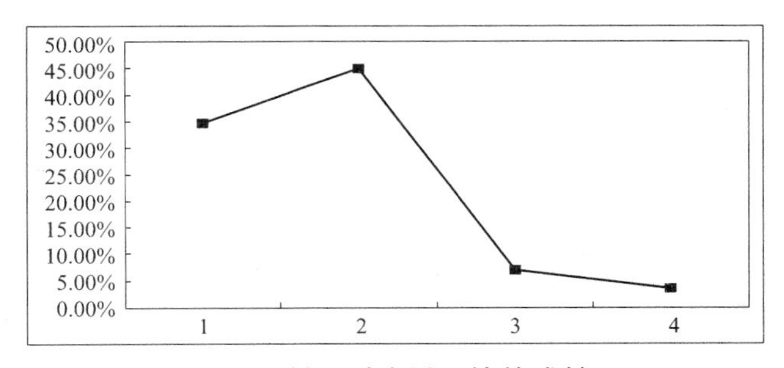

图 5　村民对生活环境的感触

1—很好，非常干净 34.48%；2—一般，还过得去 44.83%；3—不好，6.90%；4—不愿意回答，3.45%

可以看出大多数人是满意他们的居住环境的，还有 3.45%的村民没有做出选择，那是因为他们认为现在的环境在不久的将来会有很大的改善，所以持保留意见。

一个地区未来的发展，归根到底还得看它的教育。为了完善我们的调查问题，在问卷中涉及了教育类的问题。在我们的调查人群中有 50%是小学毕业，有 45%是初中毕业，还有 5%大专文凭，从中可以看出村民的文化水平相对于 30 年前有了很大的提高。他们更加明白了教育的重要性，大部分家长对自己的下一代的前途有一定的规划，着重是体现在教育上，即使是计划赶不上变化。请参考图 6。

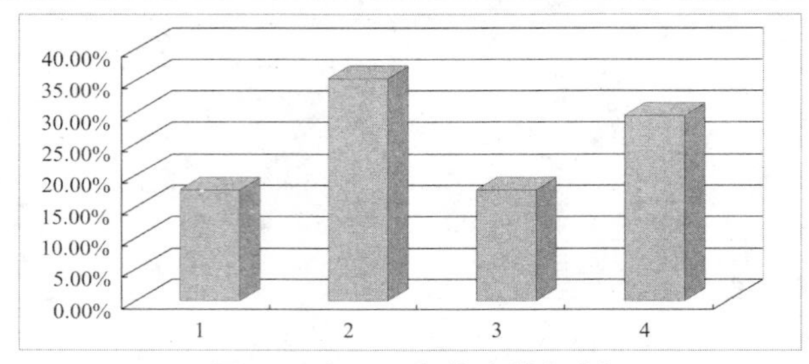

图 6　对下一代前途的规划

1—有详细的规划，17.65%；2—稍加考虑，35.29%；3—没有，17.65%；4—没想过，29.41%

显然，将近 70%的村民都有为下一代前途规划的意识，村民也告诉我们，只要孩子能考上大学，他们非常愿意送孩子上大学，这种想法也体现在他们对孩子特长培养的关注度上。根据调查结果，有近 68.42%的村民对孩子特长的培养都有不同程度的关注，没有一位家长对其子女的特长培养不予重视。见图 7。

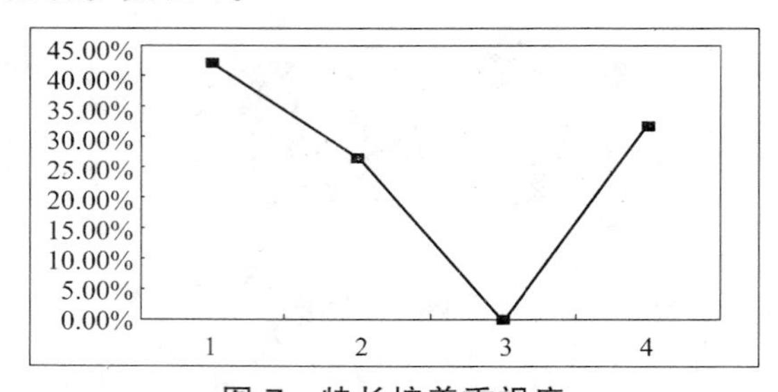

图 7　特长培养重视度

1—很重视，42.1%；2—一般，26.32%；3—不重视，0；4—不了解，31.58%

在我们调查的时候，一位老奶奶跟我们讲述了她孙儿的事。她孙儿的乒乓球打得不错，她的儿子儿媳就在这方面培养他，现在她的孙儿即有了特长，又学习快乐。

当地的居民告诉我们，学校都是政府建设的，而且离家很近，每天只要有自行车就可以很快地回家了。因为我们的调查在地震之后，所以我们就涉及了学校对孩子的安全关注程度。居民告诉我们，他们很放心。在地震发生的时候，学校的老师都积极、快速地将孩子们转移了，而且孩子们回家后，老师还和家长联系。因此家长们将孩子交给老师也非常放心。在平时，学校常给家长打电话和开家长会。家长认为学校和家长经常沟通的有 24.14%；要沟通，但不多的有 37.93%；基本不沟通的 10.34%，其他的 6.90%。

九年义务教育的施行给很多家庭都带来了实惠，从实质上为老百姓减轻了负担，也为更多的孩子带来了接受教育的机会。现将家长对学费的感觉程度见图 8。

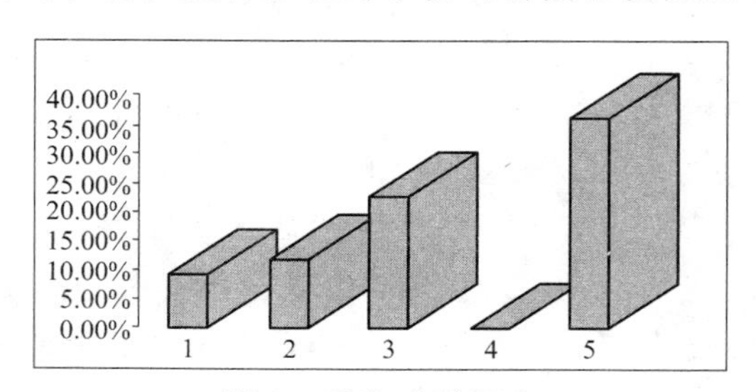

图 8　学费感觉程度

1—非常贵，9.09%；2—有点贵，11.82%；3—差不多，22.73%；
4—不是很贵，0；5—很便宜，36.36%

显然，大部分家长对九年义务教育是非常支持的，学费的降低使得他们的孩子接受教育的成本降低，所以他们更愿意投资于教育这一行业。

学校硬件设施的加强也为学校教育能力的提高起了保障作用，城市学校的硬件设施和农村学校的硬件设施的差距，直接从某些方面影响着学生之间的素质差距。近几年农村学校硬件设施的提高是有目共睹的。我们也设计了这样的问题，我们的调查对象对这一问题做出了诚恳的回答。具体见图 9。

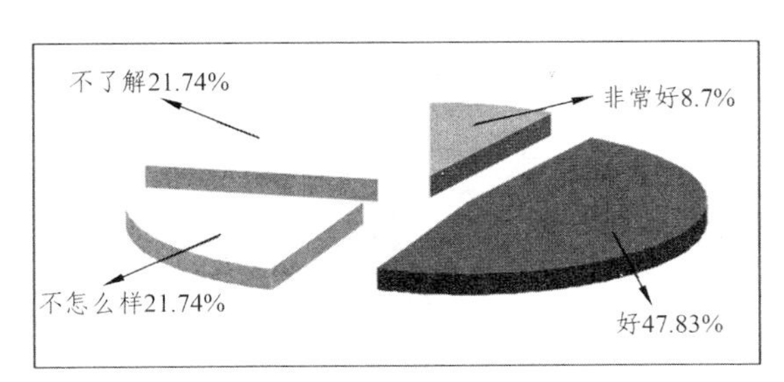

图 9　对学校教学设备的看法

由饼状图可以清楚地看出，有过半的人给出了很好的评价，农村学校的教学设备已经开始跟上，而且得到了大部分人的肯定。

2. 温江永和社区

（1）基本情况。永和社区总面积 $2.9\times10^4 m^2$，社区总人口 3 150 人，党员 86 人，14 个生产小组。主要是花卉、生态为主要生产结构。全社区人民的主要收入是花卉种植和外出务工，在五年前社区人均每年 2 600 元左右的收入，而现在已经是人均 6 300 多元。

（2）结果分析。我们在温江永和社区采集了 50 份问卷。因为永和社区还没有正式进行城乡一体化建设，因此我们将问卷做了微小的调整。主要针对城乡一体化建设前当地村民对城乡一体化的了解程度、收入变化、居住环境、教育类等一系列问题。据我们了解，当地居民是很期望城乡一体化建设的到来，希望城乡一体化能给他们带来经济的增长和生活水平的提高，但他们对城乡一体化的了解还是不够全面，具体表现在对政策了解甚少上。可以从图 10 上直观地看出：

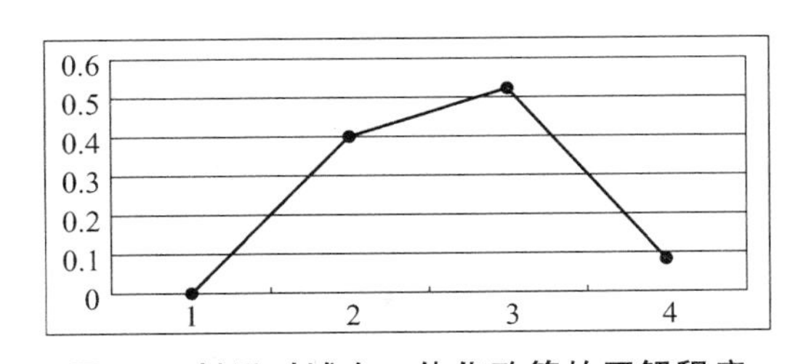

图 10　村民对城乡一体化政策的了解程度

1—十分了解；2—基本了解；3—了解甚少；4—不了解

显然，这样的了解程度是导致他们对城乡一体化建设期望过高，忽略了城乡一体化的一些客观缺陷，一旦在建设过程中出现问题，他们就难以接受，因此有必要做好“打预防针”的工作。当地村民收入相对于其他地区普遍偏高，人均年收入高达 6 300 多元，其经济基础非常有利于城乡一体化建设进行。见图 11。

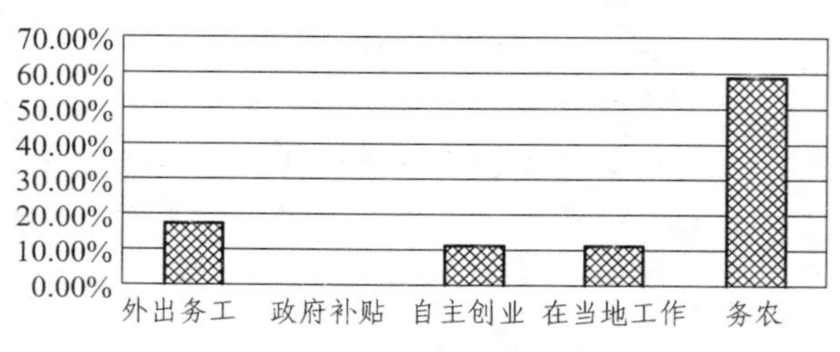

图 11 收入主要来源

1—外出务工；2—政府补贴；3—自主创业；4—在当地企业工作

值得高兴的是，在图中我们可以看出没有村民依靠政府补贴的行为。在温江，基本上每家都种有花卉，因此村民们主要是在家务农，有少部分壮年外出务工。当地的花卉种植已经形成了规模，政府还在温江建设了一个花卉交易中心，这为农民增收起了一个积极作用。我们居住在永和社区时，发现在社区办公楼图书室内有十几台电脑，当询问后才知道，那是用于对村民电脑培训时用的，而且，培训已经举办了两届，绝大部分村民已经拿到了合格证书。会用电脑使得他们了解花卉种植、交易的途径更趋多元化。就像我们在调查中一位调查对象所说的，经电脑培训后她可以在网上查找一些有关花卉的最新动态，而且还利用这个平台找到了新客户，给她的经营带来了新的活力。我们还对他们对于青年培训的态度作了调查，结果见图 12。

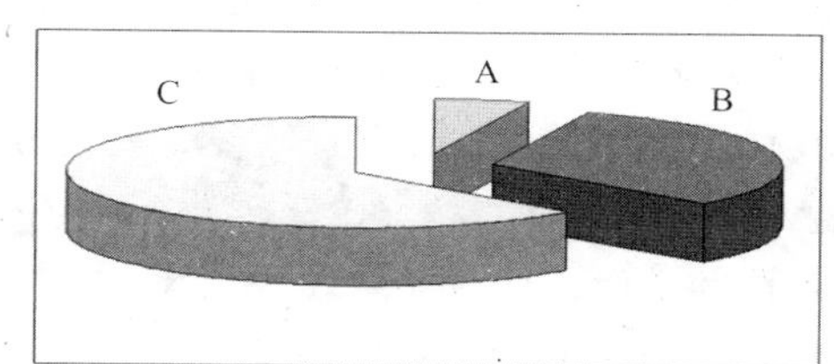

图 12 村民对政府组织青年参加技能培训的态度

A—毫无用处，只是完成工作任务；B—作用一般，且投入远远大于取得的效果；C—对农村发展很有作用

调查中，当问及一些老人对社区内举办的技能培训时，他们很风趣地说："教种花草的时候，我们听得懂就去嘛。人家教电脑，你认都认不到，去干啥子嘛，那种培训是为年轻人准备的噻！"我们还发现，当地居民对技能培训能增加收入这一点是很赞同的，请看图 13：

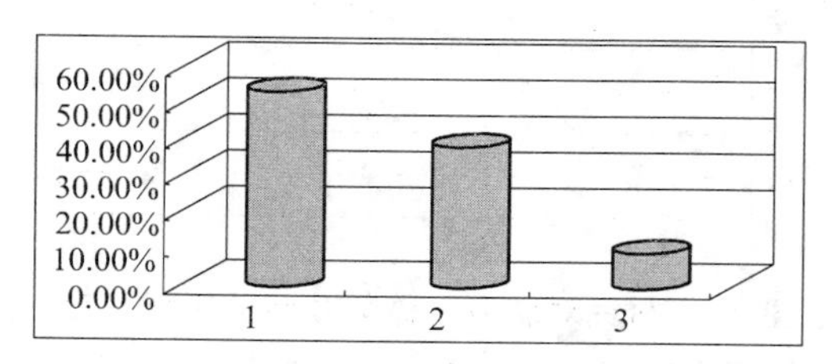

图 13 居民对技能培训增加收入的认可度

1—作用明显；2—有一点作用；3—作用不明显

从图中我们可以看出，有超过一半以上的人认为经过技能培训能够改变自己的收入状况，而且作用明显。但我们也得清楚地认识到，要适宜的技能培训才能起作用。在温江我们做了同郫县一样关于调查对象的文化知识水平的调查，结果如图 14 所示：

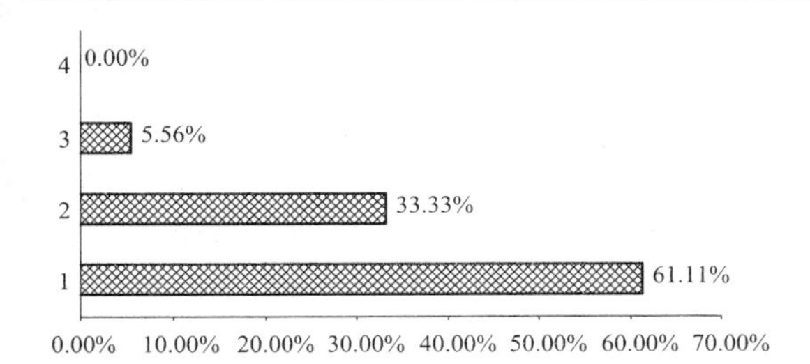

图 14　文化程度

1—小学；2—初中；3—高中；
4—大专及本科以上

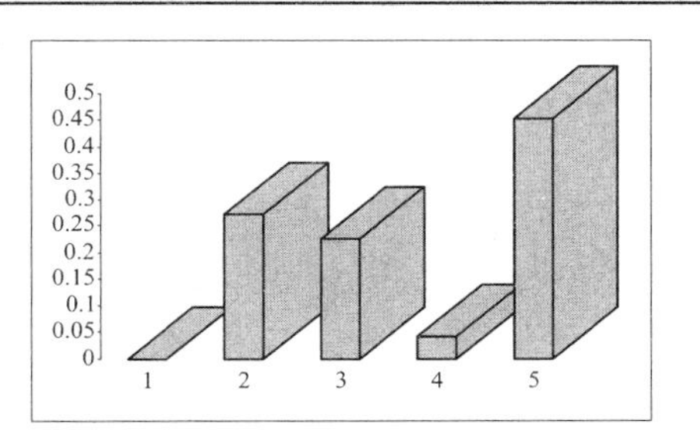

图 15　家长对于学费的认同

1—非常贵；2—有点贵；3—差不多；
4—不是很贵；5—很便宜

可以看出，其中有61.11%的人只有小学文化的水平，33.33%有初中文化水平，5.56%的调查对象具有高中文化水平。这样的结果并不影响他们对于下一代受教育的重视。这一点可以从他们非常关注孩子的学习看出，只要孩子愿意学习他们就会尽可能把孩子送往比较好的学校。此外，他们中的绝大多数人认为现在学费的降低使得上学的成本降低。图15可以清楚地看出他们对学费的直接感受。

四、温江、郫县存在问题分析及优点

对调查资料进行分析后，我们可以在分析的结果中找出一些在城乡一体化建设过程中存在的问题，希望通过这些我出的问题对有关机构有建设性意义。我们选取的调查点是有区别的，郫县的战旗村是正在进行城乡一体化建设的工作，属于建设中的类型，我们针对这个现状得到的调查结果可以为建设者提供反馈意见，为村民和建设者的联系提供一个高质量的桥梁；而温江的永和社区现在还未进行城乡一体化的系统建设，我们主要是针对他们对于城乡一体化建设期望而设置了问题，得到了一些具有前瞻性的结论，可以为将来的建设提供一些具有现实意义的资料。

（1）两地村民对城乡一体化的相关政策了解不够深入，对城乡一体化建设的信心不够。温江和郫县两地村民们对城乡一体化建设的政策了解还不够，当问及城乡一体化建设的内容是什么、能给他们带来什么时，他们的回答一般是不太清楚、不了解或者就是增加收入等，而不知道城乡一体化的主要作用是为了减小城市与乡村的距离，消除城乡二元结构。如图16村民对城乡一体化政策的了解程度（温江）。而在郫县战旗村村民对于城乡一体化后认为生活水平相对变革以前认为会与现在差不多的有27.59%，是我们调查中所占比例最大的。在城乡一体化建设中难免会遇到这样那样的问题，而我们的基层政府作为老百姓与政府沟通的桥梁，应该多与他们交流、多听取他们的意见。城乡一体化建设是有关农民们切身利益的大事，应该知道他们心目中的美好未来的样子。

（2）郫县的村民们大部分满足于现状。村民们对自己现状的工作环境满意度非常高，高达75.86%。现在的社会是竞争的社会，虽然他们工作在农村，但是随着城乡一体化建设进程的推进，像他们现在这种靠体力获得收入的方式将越来越不适应现代社会的发展。但是他们在对于青年培训的态度上是非常积极的，这让我们对于他们以后的发展呈乐观态度。他们这种矛盾的表现，也体现了安于现状，求安乐的心态。

（3）在温江永和社区内，基层干部对村民的娱乐活动不够关心。在温江永和的调查过程中，虽然社区有老年歌舞队，但政府不予重视。一些老年人讲他们社区没有正式的老年歌舞队，现在的队伍都是他们自己组织的，他们向政府申请了几年都没下来。而隔壁社区的基层干部就为当地的村民建起了老年协会、老年歌舞队，为他们的娱乐生活增添了不少乐趣。

（4）两个地区的教育相对刚改革开放之初的30年前有了很大的进步。可以很清楚地从我们前面的图形中看出两地的教育有的大进步。在他们对于下一代的态度上，他们支持孩子接受更高的教育，与自己的收入增高、九年义务教育的执行学费的降低、学校硬件设施的更新等都有密不可分的关系，而且在我们的调查中主要是听取意见的过程中，发现更加重要的一个原因是因为他们的开放心态，他们认识到接受新知识才是他们继续发展下去的动力，尤其是下一代的教育是关乎以后几十年的发展的重要推动力。正如那句话：一个地区未来的发展，归根到底还得看它的教育。两地区的调查现状，让我们对于两地区以后的发展持乐观态度。

（5）郫县战旗村和温江永和社区的农民参保率都达到 100%，但参加的险种较少。在农村医疗保险实施以来，我们看到这个政策很好地在这两个地方实施，而且参保率已经高达100%。在农村医疗保险的基础上，有些农民还参加了其他的保险，这也看出农民的保险意识有所提高，具体参保险种请看图16、17。

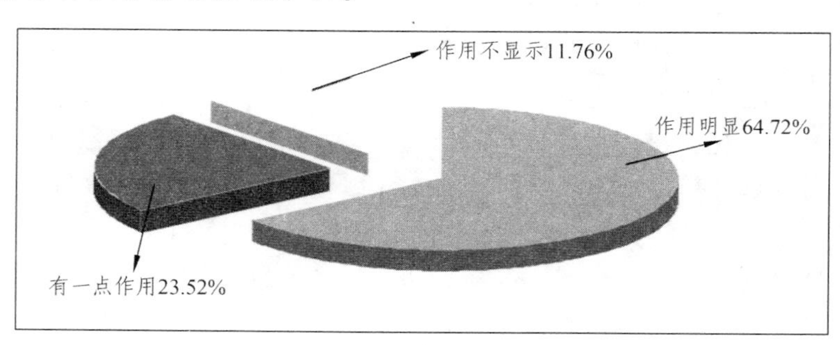

图16　参保作用

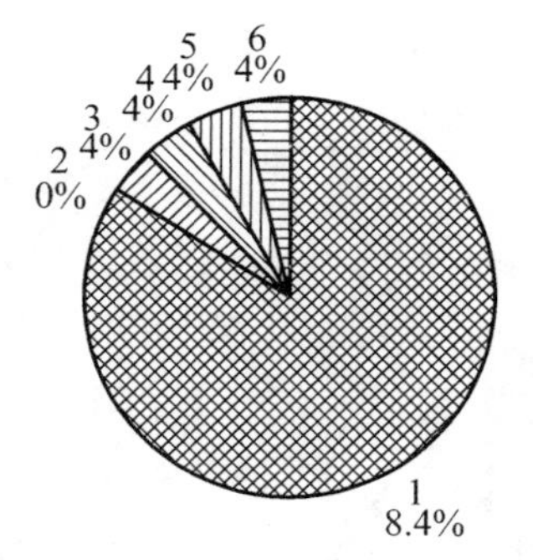

图17　参保险种比例

1—医疗保险 84%；2—失业保险 0；3—养老保险 4%；4—其他 4%；
5—医疗保险＋养老保险 4%；6—医疗保险＋其他 4%

看事物应该看它的两面，既要看到它的优点，也要看到它的缺点。从图中我们看到绝大多数参加的保险是医疗保险，而参加养老保险的人就非常少了；另外，他们参加的保险种类也很少，主要就是医疗保险和养老保险两种。从图中还可以看出，农民没有参加失业保险，在调查中我们发现，有很多农民根本就没有听说过失业保险。看来政府还得加强这方面的宣传工作。

（6）在建设中遇到的环境问题，村民表示了极大地理解。尤其是在战旗村正在进行的建设集中居住点工程期间，对周围环境产生了很多的不好影响，虽然政府没有就环境问题专门对村民进行过一些解释，但当地村民在我们的提问中表示虽然有时难以忍受，但一想到这是不可避免的，就表示了他们极大的宽容心。绝大多数人对政府都表示了理解，这应该是顺利实行城乡一体化建设非常有力的保障，而我们的政府也应该就这方面引起注意。

五、对城乡一体化农民民问题的几点建议

（1）政府在城乡一体化建设中，既是引导者，更是沟通者。在城乡统筹发展中，政府的主要作用是宏观指引，将城乡一体化建设的目标明确化、大众化、简单化。让绝大多数农民能够知道城乡一体化建设的意义；建设的具体步骤；实行城乡一体化后他们的生活面貌等，将统筹城乡建设引导走向一个健康可持续发展的路子。而在城乡一体化建设中难免会遇到这样那样的问题，而我们的基层政府作为老百姓与政府沟通的桥梁，应该多与他们交流、多听取他们的意见。城乡一体化建设是有关农民们切身利益的大事，应该知道他们心目中的美好未来的样子，将社区建设成为他们想要的社区。

（2）加强精神文明建设。当今时代，文明越来越成为民族凝聚力和创造力的重要源泉、越来越成为综合国力竞争的重要因素，丰富精神文化生活越来越成为我过人民的热切愿望。温江永和社区内虽然有老年人自己组织的歌舞队，但当地的老年人还是希望政府能出面建立起一个正式的协会；而在郫县战旗村却忙于建设统一的社区，没有时间和金钱建设文化。我们认为，这样建设出来的社区将会患上“小儿麻痹症”。只有物质文明与精神文明“两手抓”，才能使城乡统筹健康发展。

（3）增加培训机会，加强村民的就业能力。虽然在调查中，当地政府有组织一定的技能和就业培训，但就当地村民反映，他们参加的培训还是较少，其中有培训不对口或听不懂的现象。因此，我们认为政府应该了解村民希望得到什么样的培训，增加一些村民的培训机会、尽可能地让参加的人都能听懂，都可以运用到实，从而达到开办培训的目的。

（4）建设绿色社区，加强环保意识。在温江的调查过程中，我们随处可以呼吸到新鲜的空气，这让我们非常高兴。但在郫县的时候，我们发现虽然他们的统筹城乡建设走在前头，社区建设也基本成型，但在环境方面却没有多大注意。在问及有关环境问题的时候，郫县大部分村民都对现在的环境表示满意，但我们得看到仍有6.9%的被调查者表示不满。他们认为环境污染的主要来源是引进的企业，虽然现在的环境比较好，但他们很担心这样下去，后果将不堪设想。建设绿色社区，最主要的还是得加强环保意识，以“预防为主，防治结合”。当环境真的被污染后才治理，到时候的成本将是难以估计的。

（5）重视义务教育，增加硬件设施设备，注意对家长的有意识的引导。在调查中我们可以清楚地看到，这几年的义务教育推广实行的非常好，农民们对义务教育费用收费也非常满意。可以说城市义务教育和农村义务教育的差距也在不断地缩小，但我们认为要想进一步缩

小城乡教育差距，一个关键因素是硬件设施设备。城市的小朋友有电脑用于学习，有多媒体辅助教育，但我们的乡村小朋友呢？发展经济固然重要，但要持续健康的发展，教育是一个不得不大力考虑的要素。都说父母是自己的第一教师，家长的教育是非常重要的。而调查发现家长的受教育水平60%以上是小学，而所有被调查的家长对孩子的前途有规划的很少。因此，我们认为政府除了增加对九年义务教育的重视，加强硬件设施设备建设，还需要对家长在教育方面有意识地正确引导。

六、后记：特殊案例

7月13日，冒着烈日酷暑，我和队友走进了一农户，该农户的状况使我们的心里有所颤动，但更多的是给我们留下了无尽的深思。两间不到的房子破破烂烂，家里只有孤寡老人一个，他大概六十岁，整个人消瘦无比，当时他正一个人孤单、默默地坐在椅子上收听着收音机。看到我们后他连忙起身给我们让座，就在这一刹那，我才知道他的眼睛似乎有些弱视，连唯一陪伴他的收音机也摔在了地上，那可是他的伙伴讷！整个屋子里只有两把椅子，待我们坐下之后，他就蹲着跟我们谈话。在谈话的同时，我感觉到他那双深陷的眼睛充满了无奈。

第九节　实践论文的撰写

一、撰写内容与要求

一份完整的实践论文应由以下几部分组成：

（1）论文题目。用简短、明确的文字写成，把活动的内容、特点概括出来。字数要适当，不宜超过20个。如果有些细节必须放进标题，可以设副标题，把细节放在副标题里。

（2）学院及作者名称。学院名称和作者姓名应在题目下方注明，学院名称应用全称。

（3）摘要。论文需配摘要，摘要应反映论文的主要内容，概括地阐述实践活动中得到的基本观点、实践方法、取得的成果和结论。摘要字数要适当，中文摘要一般以200字左右为宜，英文摘要一般至少要有100个实词。摘要包括：①“摘要”字样；② 摘要正文；③ 关键词；④ 中图分类号。此外，有英文摘要时中文放于前面，英文放于后面。

（4）正文。实践论文的核心内容，为作者所要论述的主要事实和观点，包括介绍实践活动的目的、相关背景、时间、地点、人员、调查手段组成，以及对得到的结论的详细叙述。要能够体现解放思想、实事求是、与时俱进的思想路线，有新观点、新思路；坚持理论联系实际，对实际工作有指导作用和借鉴作用，能提出建设性的意见和建议；报告内容观点鲜明，重点突出，结构合理，条理清晰，文字通畅、精炼。字数控制在5 000字以内。

（5）结束语。结束语包含对整个实践活动进行归纳和综合而得到的收获和感悟，也可以包括实践过程中发现的问题，并提出相应的解决办法。

（6）谢辞。谢辞通常以简短的文字对在实践过程与论文撰写过程中直接给予帮助的指导教师、答疑教师和其他人员表示谢意。

（7）参考文献。参考文献是实践论文不可缺少的组成部分，它反映了实践论文的取材来源、材料的广博程度和材料的可靠程度，也是作者对他人知识成果的承认和尊重。

（8）附录。对于某些不宜放在正文中但又具有参考价值的内容，可以编入论文的附录中。

二、撰写论文的主要步骤

实践论文的写作过程应包括以下步骤：收集资料、拟订论文提纲、起草、修改、定稿等。各个步骤具体做法如下：① 收集资料。资料是撰写实践论文的基础。收集资料主要包括：照片、证明、感谢信;途径主要有：通过实地调查、社会实践或实习等渠道获得或从校内外图书馆、资料室已有的资料中查找。② 拟订论文提纲。拟订论文提纲是作者动笔行文前的必要准备。根据论文主题的需要拟订该文结构框架和体系。学生在起草论文提纲后，可请指导教师审阅修改。③ 起草。论文提纲确定后，可以动手撰写实践论文的初稿。在起草时应尽量做到“纲举目张、顺理成章、详略得当、井然有序”。④ 修改、定稿。论文初稿写之后，需要改正草稿中的缺点或错误，因此应反复推敲修改后，才能定稿。

三、实践论文的写作细则

（1）封面。报告或论文题目，队长、队员姓名和班级，指导教师，日期等。

（2）排版。论文一律用 A4 标准大小的白纸打印并装订成册。版式要求如下：版面页边距上空 2 cm，下空 2 cm，左空 2.5 cm，右空 2 cm。页码位于页面底端，居中对齐。论文题目使用黑体小二号字，学院、专业班级及作者名称（“四号”“仿宋体”居中，学院与作者名称间应空两格），摘要、关键词用楷体小四号字，正文使用宋体小四号字，字间距为 22 磅。

（3）标点符号。实践论文中的标点符号应准确使用。

（4）名词、名称。科学技术名词术语采用全国自然科学名词审定委员会公布的规范词或国家标准、部标准中规定的名称，尚未统一规定或叫法有争议的名词术语，可采用惯用的名称。使用外文缩写代替某一名词术语时，首次出现时应在括号内注明全称。外国人名一般采用英文原名，按名前姓后的原则书写。一般很熟知的外国人名（如牛顿、爱因斯坦、达尔文、马克思等）应按通常标准译法写译名。

（5）量和单位。实践论文中的量和单位必须符合用中华人民共和国的国家标准 GB3100～GB3102—93，它是以国际单位制（SI）为基础的。非物理量的单位，如件、台、人、元等，可用汉字与符号构成组合形式的单位，如件/台、元/km。

（6）数字。实践论文中的测量、统计数据一律用阿拉伯数字。

（7）标题层次。论文全部标题层次应统一、有条不紊，整齐清晰，相同层次应采用统一的表示体例，正文中各级标题下的内容应同各自标题对应，不应有与标题无关内容。章节编号方法采用分级阿拉伯数字编号方法，第一级为“1”、“2”、“3”等，第二级为“2.1”、“2.2”、“2.3”等，第三级为“2.2.1”、“2.2.2”、“2.2.3”等，每一级末尾不加标点；也可以采用第一级为一、二、三，第二级为（一）、（二）、（三），第三级为 1、2、3，第四级为（1）、（2）、（3）等。

（8）注释。实践论文中有个别名词或情况需要解释时可加注说明，注释可用页末注，而不可用行中插注（夹在正文中的注）。注释只限于写在注释符号出现的同页，不得隔页。

（9）公式。公式居中书写，公式的编号用圆括号括起放在公式右边行末，公式与编号之间不加虚线。引用文献标注应在引用处正文右上角用〔 〕和参考文献编号表明，字体用五号字。

（10）表格。包括表序和表题，表序和表题应写在表格上方居中排放，表序后空一格书写表题。表格允许下页续写，续写时表题可省略，但表头应重复写，并在右上方写“续表××”。

（11）插图。文中的插图必须精心制作，线条要匀称，图面要整洁美观；插图6幅以内，用计算机绘制；若为照片，应提供清晰的黑白照片，比例一般以1∶1为宜。插图一律插入正文的相应位置，并注明图号、图题每幅插图应有图序和图题，图序和图题应放在图位下方居中处，图序和图题一般用五号字。

（12）参考文献。一律放在文后，书写格式要按GB7714—87规定，按文中引用的先后，从小到大排序，一般序码宜用方括号括起，不用圆括号，且在文中引用处用右上角标注明，要求各项内容齐全。文献作者不超过3位时，全部列出；超过3位只列前三位，后面加“等”字或“etal”。人名一律采用姓名前后著录法，外国人名字部分用缩写，并省略“.”。

四、优秀论文

基于DEM和ArcGIS 9.0的雅安生态水文特征提取及应用研究

谭尧升[1] 倪福全[1,2] 刘国东[2] 张招成[1] 蔡明成[1]

（1. 四川农业大学信息与工程技术学院 四川雅安 625014；2. 四川大学水利水电学院 四川成都 610065）

摘 要 本文依据DEM数字高程模型提取流域水文信息的基本原理，应用ArcGIS 9.0的水文分析工具箱Hydrology，对雅安境内流域进行了水文特征的提取，得到了该区域水流流向、汇流累积量、水流长度、河网、汇水区出水口等信息，在集水区面积阈值为9900上的河网空间分布与实际的河流水系有最大相似性。基于此，可对雅安七县一区农村饮水水质进行致癌物及非致癌物的健康风险的单因子和组合因子的ArcGIS 9.0专题图的制作与综合评价，为水源地的治理提供了科学依据，为深入开展雅安生态水文的研究提供数据支撑。

关键词 DEM；ArcGIS 9.0；雅安；水文特征；提取

1. 引 言

雅安位于四川省西部，属四川西缘山地典型区，水域面积287.01 km^2，占全区总面积的1.88%，多年平均径流总量182.9×10^{8}m^3，水系分属青衣江、大渡河、岷江，流域面积30 km^{2}以上河流131条。该区是长江上游生态环境保护区，山高、谷深、生态环境脆弱，受各种自然因子和社会因子的影响较大。特别是近年来随着人们对水土资源开发利用的不断加剧，水环境问题日益加剧，导致水土流失问题严重，生态环境恶化，生态问题已成为本区经济社会发展的瓶颈。因此积极开展本区生态水文研究，为当地生态水文风险的决策与管理提供科学的依据十分必要。

综合国内外参考文献资料[1~8]，基于DEM（Digital Elevation Mode1）和ArcGIS进行相关数据与水文资料的提取、管理、空间分析、可视化显示、制图是建立生态水文信息系统数据库的基础，是探讨生态水文空间分布特征和时空变异等问题的关键。DEM是流域水文分析的主要数据，通常有栅格（GRID）、不规则三角网（TINs）和矢量（DLGs）三种形式[9]。DEM包含了丰富的水文信息，能够反映各种分辨率的地形特征，通过DEM可以提取大量的水文信息，如水流流向、水流长度、汇流累积量、汇水区出水口等流域特征信息。美国环境系统研究所公司（ESRI）为ArcGIS 9.0推出的水文分析工具箱Hydrology，主要用于地形和河流网络的提取和分析，能够很方便地提取大量的水文信息并加以直观显示，其强大的流域特征分析功能可以满足各种流域DEM处理的需要[10]。本文采用ArcGIS 9.0的水文分析工具箱Hydrology，基于1∶25万栅格DEM对雅安境内流域进行水文特征信息提取，以获得本区域水流流向、汇流累积量、水流长度、河网、汇水区出水口等水文信息，为深入开展雅安生态水文的研究提供了科学依据。

2. 材料和方法

本文首先在GlobalMapper环境下对雅安初始DEM文件进行处理，然后在ArcGIS中运用其水文分析工具箱Hydrology子分析模块，对雅安进行生态水文信息进行提取。具体方法如下：

2.1　生成等高线

将雅安初始DEM文件导入GlobalMapper，生成值为200 m等高线，然后输出其矢量数据到Shape File，得到本文所需的DEM数据。

2.2　生成无洼地DEM

洼地是指一个栅格或空间上相互联系的栅格集合，进行水流方向计算时，由于洼地区域的存在，往往得不到合理的水流方向数据，因此要事先对原始DEM数据进行洼地填充，得到无洼地的DEM。填充过程中要特别注意Zlimit值的设定，它会对生成的河网密度和精确度产生十分明显的影响。

2.2.1　提取水流方向

水流方向（Flow direction）是指水流离开格网时的指向。水流方向的确定是利用DEM进行水文分析的基础。ArcGIS 9.0水文分析工具箱Hydrology采用的水流方向算法（D8法）认为：单个格网中的水流只有8种可能的流向，分别定义为东北、东，东南、南、西南、西、西北和北，并用128、2、4、8、16、32和64这8个有效特征码表示。每个栅格单元水流的流向为其邻近8个栅格单元中距离权落差最大的那个单元，距离权落差通过中心网格与邻域网格的高程差值除以两格网间的距离决定。其算法为：$S=AZ/D$，其中AZ为两个格网单元之间的高程差，D为两个格网单元中心之间的距

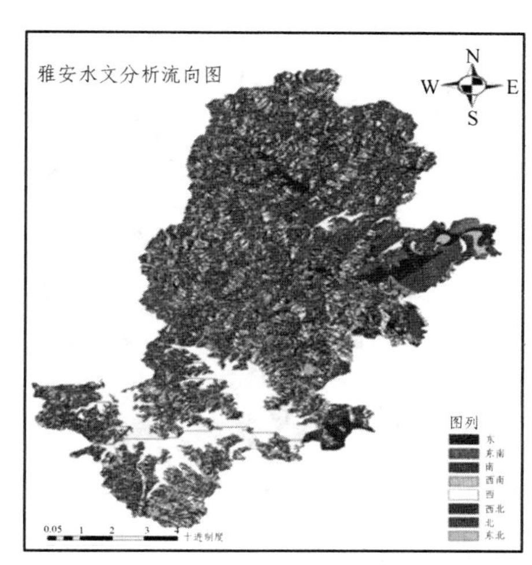

图18　水流流向图

离[11]。ArcGIS 9.0 中水流方向提取步骤：一是利用 Flow Direction 工具选择输入的 DEM 数据并指定输出水流方向文件名；二是输出水流方向数据提取水流方向。提取结果见图 18。

2.2.2　洼地提取

在洼地填充前要计算洼地深度，由此来判断洼地是由数据误差造成还是地表的真实反映，从而在进行洼地填充时设置合理的阈值。其提取步骤为：一是利用 Sink 工具输出贡献区域；二是利用 Watershed 工具确定流域分水线；三是利用 Zonal Statistic 工具和 Zonal Fill 工具分别计算贡献区域最低高程和贡献区域出水口的最低高程；四是在 Spatial Analyst 工具栏利用 Raster Calculator 计算贡献区域的洼地深度。

2.2.3　洼地填充

原始的 DEM 数据中通常都有洼地（Sinks）或尖峰（Peaks）。洼地是指一个单元格的高程低于与它相邻的 8 个单元格的高程；尖峰是指一个单元格的高程高于与它相邻的 8 个单元格的高程。洼地单元格中的水流只能流入而不能流出；尖峰单元格中的水流则只能流出而不能流入。它们是 DEM 数据中的"缺陷"，会给流向和流域边界的确定造成困难[12]。被高程较高的区域围绕的洼地的存在会阻碍自然水流朝流域出口的流动。因此，在 DEM 水系特征提取之前要先进行"填洼"预处理[13]。利用 Hydrology 工具包中的 Fill 工具来填洼和削峰。经该工具处理后的 DEM 数据称 Depressionless DEM。Fill 的工作原理是扫描各个单元格的时候，比较该单元格与相邻的 8 个单元格的高程，如果是洼地，那么该单元格的高程值将被赋予相邻 8 个单元格中最低的那个点（即 Pourpoint）；削峰的方法与其类似[14]。

ArcGIS 9.0 中洼地填充步骤如下：一是利用 Hydrology 工具箱中的 Fill 工具选择要进行洼地填充的原始 DEM 数据；二是输入洼地填充阈值，要保证洼地深度大于阈值的地方不被填充，作为真实地形保留。经 Fill 工具处理后的 DEM 数据即为无洼地 DEM 数据。提取结果见图 19。

2.3　汇流累积量计算

在得到水流方向之后，利用 Flow Accumulation 工具，即可计算出汇流累积量。汇流累积量计算的基本思想是：以规则格网表示的数字地面高程模型每点处有一个单位的水量，按照水流从高处流往低处的自然规律，根据区域地形的水流方向数据计算每点处所流过的水量数值，从而得到该区域汇流累积量[11]。提取结果见图 20（因区域较大，仅截取了局部成果图，图 21、图 22 类同）。

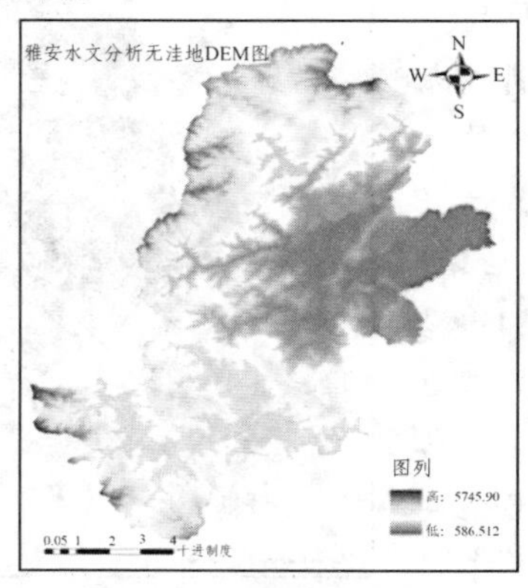

图 19　无洼地 DEM 生成图

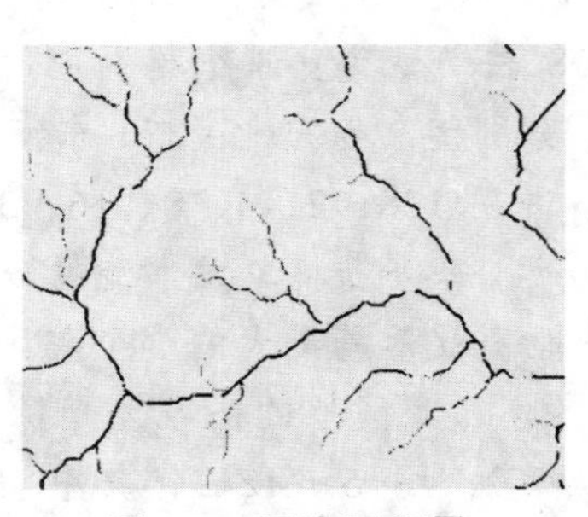

图 20　汇流累积量

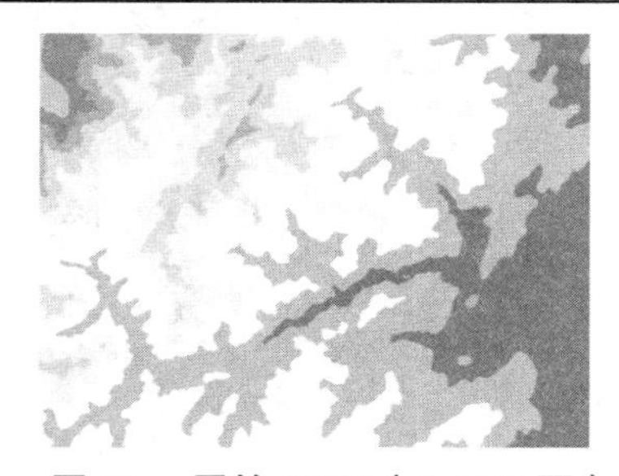

图 21　原始 DEM（1：25 万）

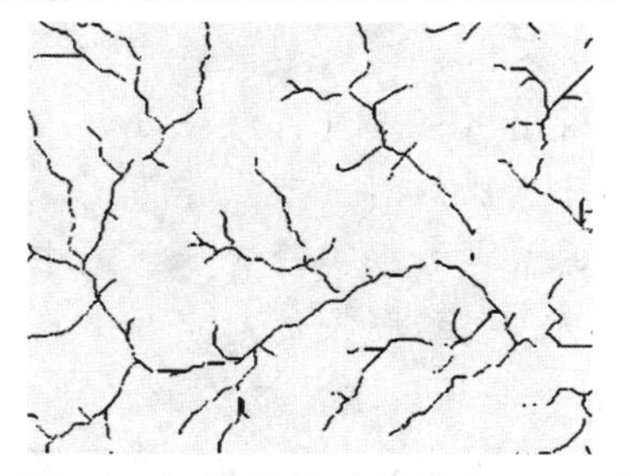

图 22　河网提取（阈值取 9900）

2.4　水流长度提取

水流长度（Flow length）是指在地面上一点沿水流方向到其流向起点（终点）间的最大地面距离在水平面上的投影长度。其水流长度数据的获取是利用 Flow Length 工具进行顺流水流长度计算（Downstream）和逆流水流长度计算（Upstream）。

2.5　河网提取

ArcGIS 9.0 使用的河网提取方法采用地表径流漫流模型计算[15]。ArcGIS 9.0 中河网提取步骤为：一是利用 Raster Calculator 进行计算；二是输入汇流累积量数据并输入合理的阈值得到栅格河网；三是河网到要素（Stream to Feature）栅格河网矢量化；四是河网节点（Stream Link）记录河网结构信息。值得注意的是，界定阈值时，需采用试算法并结合实际情况来确定，通过实验，界定阈值为 9900。原始 DEM 图见图 21，阈值取 9900 时提取的河网见图 22。通过两图的比较可以看出，生成的河网与实际河网能很好地吻合。

2.6　河网分级

不同级别的河网代表的汇流累积量不同，级别越高的河网，其汇流累积量越大。本文采用 Stream Order 工具，结合水流流向数据和栅格河网数据，对河网进行 Strahler 和 Shreve 分级，输出结果如图 23、图 24。

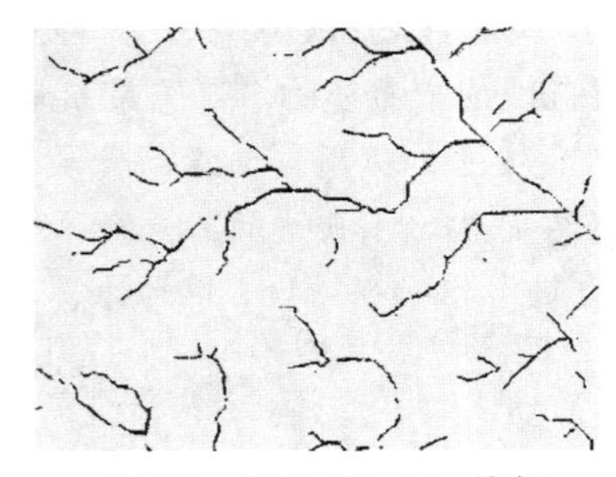

图 23　河网 Strahle 分级

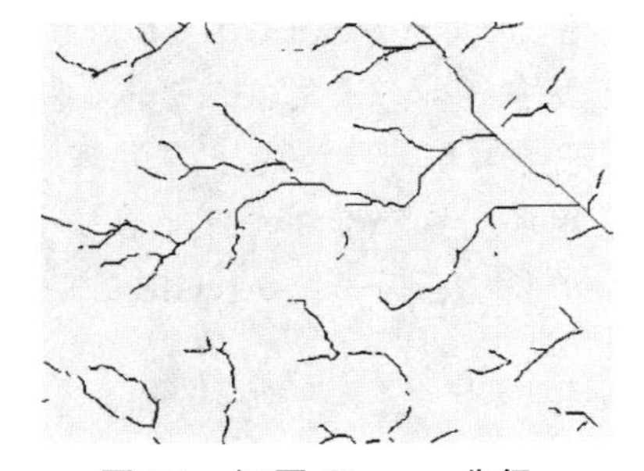

图 24　河网 Shreve 分级

2.7　流域分割

2.7.1　确定流域盆地

流域盆地是由分水岭分割而成的汇水区域。它通过对水流方向数据的分析确定出所有相互连接并处于同一流域盆地的栅格。利用流域盆地分析，可以从很大的一个研究区域中选择感兴趣的流域并将该流域从整个研究区域分割出来进行单独分析[15]。本文采用 Basin 工具，结合水流方向数据计算确定流域盆地。输出结果如图 25 所示，其中，1 号区域属于青衣江流域，2 号区域属岷江流域，3 号区域属于大渡河流域，符合本区流域分布的实际情况。

2.7.2 汇水区出水口确定

确定汇水区出水口是进行流域分割的基础。可利用河网提取中已生成的河网节点作为汇水区的出水口数据。因为河网节点数据中隐含着河网中每一条河网弧段的联结信息，包括弧段的起点和终点等，相对而言，弧段的终点就是该汇水区域的出水口所在位置[16]。本文采用 Snap Pourpoint 工具，结合水流流向数据和河流节点确定汇水区出水口。

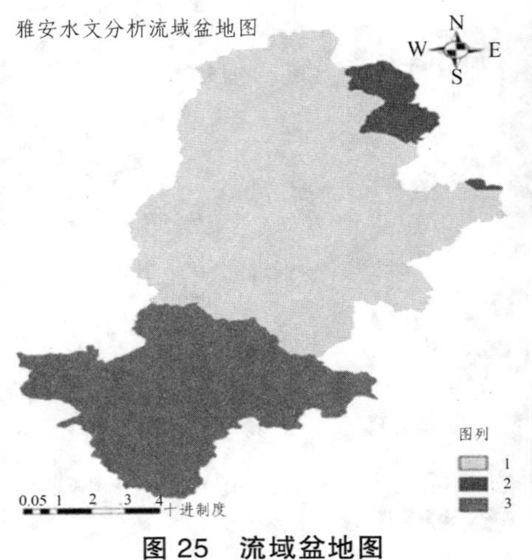

图 25 流域盆地图

3 结果分析

通过原水系网和 ArcGIS 9.0 提取河网的对比可以看出，取阈值为 9900 时提取的河网空间分布与实际的河流水系能很好地吻合。所以，基于 ArcGIS 9.0 从栅格 DEM 数据中提取河网等水文信息，不仅效率较高，而且基本的河网提取比较准确，可将这些数据应用到雅安的生态水文研究中去。

4 结 论

基于 DEM 和 ArcGIS 9.0 的雅安水文特征提取结果符合雅安的实际情况，说明提取的水文特征信息比较准确。但由于 1∶25 万 DEM 本身精度有限，且选定的等高距值较大（取值为 200 m），对最后的计算结果有一定的影响。同时，软件计算和使用过程中算法的不完善，对最终生成河网的精度也产生十分明显的影响，特别是在汇流累积量、河网、河网分级的表达上，因线条过密过小，不能精确地将雅安的整个信息表达出来，因而也仅选用了局部的成果图。另外在选取阈值时，也值得商榷。

就总体而言，本文应用 ArcGIS 9.0 的水文分析工具箱 Hydrology，基于 1∶25 万栅格 DEM 对雅安整个区域进行生态水文信息提取，获得了该区域的水流流向、汇流累积量、水流长度、河网、汇水区出水口等水文信息。这些理论、技术和方法的应用，为深入开展雅安生态水文的研究提供了数据支撑。例如，可对雅安七县一区农村饮水水质进行致癌物及非致癌物的健康风险的单因子和组合因子的 ArcGIS 9.0 专题图的制作与综合评价，以为水源地的治理提供科学依据等。

第五部分

毕业设计

第二十三章　毕业论文（设计）指导

第一节　毕业论文概述

通常所称的毕业论文指的是大学本科生在毕业前必须完成的论文或毕业设计等的总称。

根据《中华人民共和国学位条例》和《中华人民共和国学位条例暂行实施办法》的规定：高等学校本科毕业生在完成教学计划所规定的各项要求后，其课程学习和毕业论文，包括毕业设计和其他毕业实践环节的成绩，表明确实已经比较好地掌握了专业的基础理论或专门知识和基本技能，并且有从事科学研究工作和负担专门技术工作的初步能力的，经审核准予毕业，授予学士学位。毕业论文是考察学生的专业知识和基本技能的一个综合性的作业。在学生完成毕业论文的过程中，可培养他们从事科学研究工作和负担专门技术工作的初步能力。

基础课程和毕业论文都完成后，学校及教育部就可以授予学位。

进一步说，毕业论文就是高等院校应届毕业生独立完成的一篇总结性的学术论文。毕业论文的主要特征是由应届毕业生承担和完成。完成毕业论文需要应用各种基础知识，学校可通过毕业论文来检查学生的基础知识、基本理论和技能。从这个意义说毕业论文具有总结性。毕业论文除具有以上的特征以外，它与平时完成的其他学习任务的不同点在于它有一定的学术性。所谓学术性，是指论文中要有作者提出自己的观点和立论，这些观点和立论需要理论和实践依据来加以证实，使自己的立论能够成立，且能对社会或该学科在应用或理论上有一定的贡献。

对于水利水电工程专业本科生完成的学士论文来说，其基本要求大致如下：

一、科学实验论文

一般由以下主要部分组成，依次为：1. 题目，2. 作者，3. 中文摘要，4. 英文题目、作者、摘要，5. 论文正文，6. 参考文献，7. 致谢，8. 附录。具体要求如下：

1. 题　目

表述论文所研究的对象和内容。要求简明精炼，原则上不超过 20 个字，如果设有副标题，副标题指具体的研究内容。

2. 作　者

题目下面第一行写作者的专业和姓名；第二行注明指导老师的姓名和职称。

3. 中文摘要

摘要应概括地反映论文的主要内容，主要说明本论文的研究目的、研究方法、所取得的成果和结论。突出本论文的创造性成果或新见解，力求语言精练准确。论文摘要 200 字左右，关键词 3 ~ 5 个。

4. 英文题目、作者、摘要

英文题目、作者、摘要与中文相对应。

5. 论文正文

论文正文大体上包含四个部分：前言、材料与方法、结果与分析、讨论或结论。

前言应综合评述前人相关研究工作，说明论文的选题目的与意义。前言篇幅不要太长，一般教科书中有的知识，在前言中不必赘述。

论文实验部分一般包括：研究对象、实验和观测方法、仪器设备、材料原料、实验和观测结果、计算方法和编程原理、数据资料、经过加工整理的图表、形成的论点和得出的结论等。写作方式可因学科专业、论文选题等而不同，但必须实事求是，客观真实，合乎逻辑，层次分明，分析要有一定深度和广度，讨论必须言之有据。图表布局合理，整洁，线条粗细均匀，标注规范，注释准确，图表单位要统一为国际单位制。

6. 参考文献

参考文献指在正文中被引用过、正式发表的文献资料。正文中应按顺序在引用参考文献处的文字右上角用[×]标明，[×]中的×序号应与正文之后刊出的“参考文献”中序号一致。参考文献 15 篇以上，其中至少有 2 篇外文文献。文献中的作者不超过三位时全部列出；超过三位时一般只列前三位，后面加“等”字或“et. al.”；作者姓名之间用逗号分开。

7. 致　谢

致谢中主要感谢导师和对论文工作有直接贡献及帮助的人士和单位。

8. 附　录

主要列入正文内过分冗长的公式推导，供查读方便所需的辅助性数学工具或表格；论文使用的符号意义、单位缩写、程序全文及其说明等。

二、调研报告

调研报告包括对研究问题的论述及系统分析，比较研究，模型或方案设计，案例论证或实证分析，模型运行的结果分析或建议、改进措施等。正文大体上包含前言、调查对象与方法、结论与分析、意见与建议，其他格式与科研实验论文相同。正文写法如下：

（1）前言主要是阐述调查问题的提出，前言部分一般不超过全文的 1/3。

（2）调查对象与方法主要说明调查的目的、对象、方法和调查组织及工作完成情况等。

（3）结论与分析是以调查研究后提出的观点或得出的结论为纲目，对逐个观点（问题）进行论述，同时阐明它们之间的关系。切忌只是调查材料的简单堆砌，没有主次之分，没有作者自己的分析和观点。

（4）意见与建议是调研报告的重要组成部分。调研的最终目的在于解决实际问题。作者在经过调研摸清情况，掌握规律的基础上，提出解决问题的意见和建议，它既可为决策者提供依据和空间，也可为进一步研究解决问题奠定基础。

三、毕业设计报告

毕业设计报告应扼要地写出整个设计的方案与思路，本人承担的任务在整个方案中的地位，所承担的部分在国内外的发展状况，在此次设计中使用何种方法，以及自己通过设计工作所得到的体会以及对设计有何改进意见。毕业设计正文分前言、设计目标、设计方案、问题讨论等部分，其他格式与科研实验论文相同。正文写法如下：

（1）前言要写明设计任务的由来，设计标准与任务要求，承担单位，分工情况，学生本人承担的任务与完成情况等，前言部分一般不超过全文的 1/3。

（2）设计目标主要对设计方案使用后达到的目标和效果进行说明。

（3）设计方案主要阐述本人承担的任务如何进行设计构思，采用的设计方法以及取得的设计成果及评价。

（4）问题讨论是对设计中的问题或难点以及有新改进的地方提出来讨论，以便能够进一步探讨与解决问题。

四、其　他

1. 字数要求

科学实验论文和毕业设计一般不少于 5 000 字，管理类和人文学科类论文一般不少于 8 000 字。各专业可根据实际情况作具体要求。

2. 打印要求

论文一律用 A4 纸打印并装订成册。版面页边距上空 2.5 cm，下空 2 cm，左空 2.5 cm，右空 2 cm。页码位于页面底端，居中对齐，首页显示页码。论文题目使用黑体三号字，正文使用宋体小四号字；一级标题段前段后空 0.5 行，正文段前、段后空 0.5 行，字符间距为标准。

3. 计量单位使用说明

计量单位须采用国际公认的计量单位。

封面格式如下：

编号：

四川农业大学本科毕业论文（设计）

（　　届）

题　　目：________________________

____

院　　别：________________________

专　　业：________________________

姓　　名：________________________

指导教师：________________________（签名）

完成日期：　　　年　　月　　日

科学实验论文格式

××××××××（题目）

×××学院　×××专业　×××（学生姓名）

指导教师：×××（教师姓名及职称）

摘要（中文）：

……………………………………………………………………………………

关键词（中文）：×××　×××　×××

英文题目

摘要（英文）：

关键词（英文）：

前　言

……………………………………………………………………………………

材料与方法

……………………………………………………………………………………

结果与分析

……………………………………………………………………………………

讨论或结论

……………………………………………………………………………………

参考文献：

[1]　作者姓名．题目．　期刊名．年份，卷（期）：起讫页码

[2]　作者姓名．题目．　书名，出版社，出版时间

致谢

调研报告格式

×××××××××（题目）

×××学院　×××专业　×××（学生姓名）

指导教师：×××（教师姓名及职称）

摘要（中文）：

……………………………………………………………………………………………………

关键词（中文）：×××　×××　×××

英文题目

摘要（英文）：

关键词（英文）：

前　言

……………………………………………………………………………………………………

调查对象与方法

……………………………………………………………………………………………………

结论与分析

……………………………………………………………………………………………………

意见与建议

……………………………………………………………………………………………………

参考文献：

[1]　作者姓名．题目．　期刊名．年份，卷（期）：起讫页码

[2]　作者姓名．题目．　书名，出版社，出版时间

致谢

毕业设计报告格式

××××××××（题目）

×××学院　×××专业　×××（学生姓名）

指导教师：×××（教师姓名及职称）

摘要（中文）：

……………………………………………………………………………………

关键词（中文）：×××　×××　×××

英文题目

摘要（英文）：

关键词（英文）：

前　言

……………………………………………………………………………………

设 计 目 标

……………………………………………………………………………………

设 计 方 案

……………………………………………………………………………………

问 题 讨 论

……………………………………………………………………………………

参考文献：

[1]　作者姓名．题目．　期刊名．年份，卷（期）：起讫页码

[2]　作者姓名．题目．　书名，出版社，出版时间

致谢

第二节 毕业论文基本流程

在一般工科院校，毕业论文这门课程的大致流程是这样的：由教师为学生提供一个实用性较强的题目，其内容通常是教师科研课题的一小部分；学生得到题目与任务书后需要独立查找国内外文献资料，撰写3万字左右的文献综述报告；学生提出初步实验计划得到教师认可后，进行实验准备。在初步实验阶段，教师可安排学生去相关企业调研收集资料准备实验材料。初步实验后进行正式实验，整理实验结果，撰写实验结果和讨论并与指导教师讨论，如实验结果不理想的则需重新进行实验，这个过程是动态的。最后是论文撰写，教师修改论文，正式论文送其他老师进行审阅，学生在规定时间内参加论文答辩，最后由教师给出成绩。

根据学校实际情况看，具体的流程安排大致如下：

一、毕业论文（设计）和毕业实习组织与管理

（1）各学院成立毕业论文（设计）及毕业实习工作领导小组，负责全院毕业论文（设计）和毕业实习的领导组织工作与过程监控。

（2）各学院应在2013年10月15日—10月21日召开动员大会，安排部署2011级毕业论文（设计）和毕业实习工作。

（3）实行本科生全员导师制， 师生间“双向选择”。第8—10周（2013年10月22日—11月10日），学生在网上选填毕业实习指导教师，教师在网上确认所指导的学生。

（4）毕业论文（设计）和毕业实习时间：第6—7学期进行毕业论文（设计），第8学期进行毕业实习。

二、指导教师资格与职责

指导教师应具有讲师（或中级）以上专业技术职务或具有硕士以上学位。毕业论文（设计）和毕业实习实行指导教师责任制。指导教师应认真履行职责，严格管理，重视对学生独立工作能力、分析和解决问题能力及创新思维的培养，对学生毕业论文（设计）选题、开题、实施和论文撰写以及毕业实习给予全方位、全过程指导。尤其在答辩前对学生毕业论文（设计）进行认真审阅，提出修改意见和建议，并指导学生对毕业论文（设计）进行反复锤炼，确保毕业论文（设计）质量。

三、指导学生人数

为确保毕业论文（设计）和毕业实习质量，原则上要求本科导师每人指导学生人数不超过10人，学生人数较多的专业可超过10人，但需由学院统一报教务处实践科（教务部）备

案，学院应进行统筹安排。本硕连读专业学生导师原则上由硕士生导师或博士生导师担任，每位导师指导人数不超过 1 人。

四、选题与开题

1. 选题与开题报告撰写

各学院于第 11 周（2013 年 11 月 11 日—15 日）组织开题报告培训，使学生明确开题报告的重要性、如何选题和撰写开题报告。

学生在导师指导下进行选题，选题要符合专业培养目标，并结合科研和生产实践。各学院要严格按照“一人一题”的要求，把好选题质量关。选题确定后，学生进行文献收集、整理及撰写，于第 6 学期第 5 周（2014 年 4 月 4 日）前完成开题报告撰写（格式见附件 1）。

2. 开题报告答辩

第 6 学期第 6—9 周（2014 年 4 月 7 日—5 月 2 日）进行开题报告答辩。每个学生的答辩时间须保证 15 min（报告陈述约 7 min，提问答辩约 8 min），答辩小组提问不少于 3 个。

各学院毕业论文（设计）工作领导小组要加强对开题环节的指导和监督。各专业成立毕业论文（设计）开题报告答辩组，答辩组由本学科教师 4 人（含秘书 1 人）组成，组长由教授或副教授担任。答辩组对学生选题是否得当、技术路线是否正确、实施方案是否可行等进行评定，并做好答辩记录。学生根据答辩组意见，对开题报告进行修改和完善。开题报告通过后，方能进入毕业论文（设计）阶段。

五、毕业论文（设计）过程管理

（1）本科导师应对学生的毕业论文（设计）过程进行严格管理，指导学生查阅文献资料，做好实习计划、实验方案，并对采集实验样本、实验数据处理等方面提出相应要求。定期检查学生的工作进度和质量，及时解答和处理学生提出的问题。

（2）学院毕业论文（设计）及毕业实习工作领导小组应掌握学生实习的总体状况，进行不定期的检查，及时解决毕业论文（设计）和毕业实习过程中存在的问题，确保论文（设计）质量和实习教学质量，务必杜绝放任自流的现象。

六、毕业论文（设计）撰写

第七学期第 10 周前完成毕业论文（设计）撰写。

学生应在扎实阅读、调查、实验和分析的基础上，将研究成果撰写成毕业论文（设计），力求做到观点明确、论据充分、数据准确、语言流畅、条理清楚、结构严谨。

毕业论文（设计）撰写请参照撰写规范要求（见附件 2），按统一格式打印（A4）、装订成册。科学实验论文和毕业设计字数一般不少于 5 000 字，所附的参考文献一般在 15 篇以上；调研报告字数一般不少于 8 000 字，所附的参考文献应不少于 10 篇（各专业可对此项作出更为明确的规定）。

七、毕业论文（设计）答辩工作

学生在毕业论文（设计）完成后必须进行答辩。答辩前，学生须在图书馆网页上通过维普论文检测系统（大学生版）对撰写的论文（设计）进行检测，复写率超过30%的须进行修改。各学院对学生的论文进行随机抽样检测，凡弄虚作假和抄袭者，暂时取消答辩资格，待修改达到要求方能参加答辩。

（1）答辩申请及安排：答辩分两次进行，第一次答辩时间为第七学期第15—18周，第二次答辩安排在第八学期学生实习返校后进行。学生在第七学期第10—11周上网申请答辩，并填写毕业论文题目。申请第二次答辩的学生须选择或填写申请理由。学生申请后需经指导教师审核同意。答辩申请结束，第12周专业负责人在网上进行答辩分组，并安排答辩时间、地点，填写答辩组成员姓名，答辩组人数不少于4人（含秘书1人）。

（2）答辩要求：答辩组成员应于答辩前详细审阅每位学生的毕业论文（设计），并根据课题涉及的内容准备好不同难度的问题，在答辩时进行提问。每个学生在答辩前应认真准备。学生汇报和教师提问答辩时间不少于15分钟。

八、毕业实习

学生实习过程中应在网上填写4次实习进展报告并及时向导师和班主任提供实习地点、联系方式、实习情况及实习单位变更情况等。实习中要严格遵守实习纪律，注意安全。毕业实习返校后，应提交毕业实习鉴定表。

九、毕业论文（设计）和毕业实习成绩评定

开题报告成绩按两级制单独记载（及格或不及格）。毕业论文（设计）成绩由指导教师评分（50%）和论文（设计）答辩组评分（50%）两部分组成，毕业实习成绩由指导教师根据毕业实习进展报告、实习表现，并结合实习单位鉴定意见综合评定，计分方式均为百分制。

十、优秀毕业论文（设计）评选工作

学院按应届毕业生总数的3%推荐参评校级优秀毕业论文（设计），教务处对推荐论文（设计）进行检测后，组织专家评选。学校对优秀毕业论文（设计）作者和指导教师进行表彰奖励。学院也可根据实际情况进行院级优秀毕业论文（设计）的评选和表彰。

十一、经费管理及教师工作量

（1）毕业实习组织工作、开题报告和论文答辩：按115元/生拨给学院，其中：毕业实习组织工作按15元/生由学院开支；开题报告和毕业论文（设计）答辩分别按50元/生划给答辩小组。

（2）毕业论文（设计）工作经费：按125元/生拨给指导教师，用于学生毕业实习耗材（实验材料、药品、器皿、资料复印、图书资料、调查差旅费等）。

（3）教师指导学生毕业论文（设计）和毕业实习，按每生25标准课时计算工作量。

第三节　论文撰写常见问题与对策

一、选题不当的问题

毕业论文选题至关重要，绝不能随便选一个题目以应付完事。选题是复杂且十分有意义的过程，是学生对自己在大学期间所学知识技能综合运用的过程。认真总结自己学有心得、对印象深、有兴趣的内容更好地发挥自己的优势，并对自己毕业后就业更有帮助等。至于论文题目的大小难易并不是关键，而关键在于怎么写，写作方式更为重要，任何一点都有价值，差异性其本身就是价值。

二、论文撰写

论文与文学作品不同，一般阅读顺序为：标题—摘要—结论—正文。标题中任何一部分不合胃口就终止了，不会往下看，摘要就是论文的缩写，要包含目的意义、实验方法、实验结果等内容，标题也需要包含这些信息，它是整篇论文的精华所在。论文的写作也不是纪实性写作，论文各大部分是独立的，一般是先写实验结果与讨论，即列出实验结果画出图表后与老师讨论，有问题则需要重做实验或验证实验结果，然后写论文最后部分实验结果，再写文章标题与中英文摘要等。

三、学生间相互合作问题

20世纪90年代前，可允许教师给一个较大的题目，两至三或四个学生共同完成，数据共享，但必须各自写作，这样可以完成一些比较复杂和要求较高的题目，学生之间有很好合作的事例。通过共同做试验，学生学会了相互配合、各司其职，或者参与轮流值守某设备，加强了时间观念，加深了友谊；但也会发生一些矛盾，最常见的是干多干少的问题，肯干能干的学生几乎包揽了一切，余下的学生没有得到锻炼。2007年高校评估，强调必须是学生一人一题，不能重复，这样的好处是学生必须独自完成自己的实验，但也有弊端，如教师会考虑到单一的一个学生需在规定的时间内完成，工作量就不能太大，给的题目就比较小，或者挑战性的题目相对减少，学生间虽然存在合作，如相互查资料、帮助计算、代看设备等，但有可能内在的深度合作的机会却被割裂了，因此在论文的撰写中同学之间能够互相合作，这样就能做到事半功倍。

四、成绩评定指导教师、评阅教师、答辩教师三者关系问题

毕业论文虽然也是一门课程，也要考核平时成绩，缺课三分之一就没有答辩机会等，但与一般的课程不同，它的成绩是由三部分组成的，即指导教师给出的平时与论文成绩一般占40分、评阅教师给的论文成绩一般占30分、答辩教师给出的论文答辩成绩一般占30分。三部分成绩构成该生的总成绩，然后再评出优、良、中、差。这要求学生的写作能力、实验动手能力数据分析能力达到相应水平。

第二十四章　毕业设计指导

第一节　大坝毕业设计

“水工建筑物”毕业设计是培养学生综合运用所学基础理论，专业知识解决工程实际和锻炼科技创新能力的一个重要实践教学环节是对学生综合能力进行全面训练和提高的一个实践过程，是学生走上工作岗位承担工作任务前的一个重要训练阶段。水工建筑物毕业设计的主要目的是：

（1）全面系统地巩固、加深和扩展所学基础理论知识和专业知识。

（2）通过综合运用所学基础理论和专业知识，培养学生分析和解决水利水电枢纽布置、主要建筑物（重力坝、拱坝、土石坝、水闸等）设计等工程实际问题的能力。

（3）培养学生的自学能力和科学研究能力，使学生逐步具有更新和丰富科学知识的能力和自主创新能力。

（4）通过基本训练，培养学生设计、计算、绘图、编写设计说明书及科研专题报告的能力。

（5）培养训练学生具有严谨的设计思维模式、正确的政策观点以及一丝不苟的工作态度。

一、重力坝设计的基本内容及方法

1. 枢纽的布置方法

（1）坝型、坝轴线选择。

坝型坝址选择是水利枢纽设计的重要内容，不同的坝址可以选用不同的坝型，同一个坝址也可考虑几种不同的枢纽布置方案。坝址和坝型的选择主要是根据地形、地质和河势等条件，并结合考虑施工、建材等因素而确定。在枢纽规划阶段、可行性研究阶段、技术设计与施工详图设计阶段，由于工作深度的要求不同，这应是一个反复比较和论证的过程，一般要考虑到以下几个方面的因素：

① 地形条件。

重力坝的坝轴线一般是直线，与河流流向近于正交，即使由于要避开不利的地质条件需要斜交时，交角也不易太小，以免下泄洪水不畅。若坝址有横河向断裂，则坝轴线易放在断裂下游、横河断面上。对于高山峡谷区，坝址选在峡谷地段，坝轴线短，坝体工程量小。

② 地质条件。

重力坝一般应建在岩基上，且坝址必须是稳定的。坝址地基要力求完整、坚硬，地质构造简单，尽量避开裂隙、节理密集区，特别是要避开有倾向下游的缓倾角，且又含有夹泥的裂隙节理区。

③ 筑坝材料。

坝址附近应有足够的符合要求的建筑材料，并要求材料符合安全施工要求及质量要求。

④ 施工条件。

坝址附近应有开阔地形，便于布置施工场地，且距离交通干线近，便于交通运输。

⑤ 综合效益选择。

坝址应综合考虑防洪、发电、航运、旅游、环境等各部门的经济效益。一般地，混凝土重力坝应选择河谷宽阔，地质条件较好，当地有充足砂卵石或碎石料的场地，坝轴线宜采用直线。

（2）枢纽的总体布置。

拦河坝在水利枢纽中占主要地位。在确定枢纽工程位置时，一般先确定建坝河段，进一步确定坝轴线，同时还要考虑拟采用的坝型和枢纽中建筑物的总体布置，合理解决综合利用要求。一般地，泄洪建筑物和电站厂房应尽量布置在主河床位置，供水建筑物位于岸坡。

① 非溢流坝的布置。

非溢流坝一般布置在河岸部分，并与岸坡相连，非溢流坝与溢流坝或其他建筑物相连处，常用边墙、导墙隔开。连接处应尽量使迎水面在同一平面上，以免部分建筑物受侧向水压力作用而改变坝体的应力。在宽阔河道上以及岸坡覆盖层、风化层极深时，非溢流坝段也可采用土石坝。

② 溢流坝的布置。

溢流坝的位置应使下泄洪水、排冰时能与下游平顺连接，不致冲淘坝基和其他建筑物的基础，其流态和冲淤不致影响其他建筑物的使用。

③ 泄水孔及导流底孔的布置。

泄水孔一般设在河床部位的坝段内，进口高程、孔数、尺寸、形式应根据主要用途来选择。狭窄河谷泄水孔宜与溢流坝段相结合，宽敞河谷两者可分开。排沙孔应尽量靠近发电进水口、船闸等需要排沙的部位。导流底孔宣泄施工期的流量，在通航河床上应考虑施工期的航运及过木。一般地，导流底孔应尽量和永久建筑物结合，做到一孔多用。当导流底孔出口流速较大而冲刷岩石时，应采取保护措施，更应防止泄洪时冲坏永久建筑物。以下将着重分析非溢流坝的设计方法及要求。

2. 非溢流坝剖面的设计

重力坝的强度和稳定性主要靠坝的质量保证，而坝的质量主要取决于坝的形状和尺寸。设计重力坝的断面，首先可以粗略地选取一个基本断面，并根据运用需要，把基本断面修正为实用断面，然后再进行详细的应力和稳定分析。据此，再修正实用断面，使之既能满足安全要求，又要结构合理，运用方便，便于施工。

（1）坝顶高程的确定。

① 校核洪水位情况。

a. 计算波浪高度；

b. 计算波浪长度；

c. 计算波浪长中心线高出静水面的高度；

d. 计算安全超高；

e. 计算坝顶或防浪墙顶高出水库静水位的高度；

f. 计算坝顶或防浪墙顶高程。

② 设计洪水位情况。

计算步骤与校核洪水位相同。

选用上述两种情况下较大值，确定坝顶高程。

（2）坝顶宽度的确定。

坝顶宽度应根据设备布置、运行、检修、施工和交通等要求确定，并应满足抗震、特大洪水时抢护等要求。在严寒地区，当冰压力很大时，还要核算断面的强度。一般来说坝顶宽度取最大坝高的 8% ~ 10%，不宜小于 3 m。

（3）坝坡的拟定。

根据工程实践，上游边坡系数宜采用 1：0 ~ 1：0.2，当设置纵缝时，应考虑其对纵缝灌浆前施工期坝体应力的影响，坝坡不宜过缓。下游边坡系数 $m = 0.6 \sim 0.8$，如果是对横缝设有键槽进行灌浆的坝，坝坡可适当变陡。

（4）上、下游起坡点位置的确定。

上游起坡点位置应结合应力控制标准和发电引水管、泄水孔等建筑物的进口高程来确定，一般起坡点在坝高的 1/3 ~ 2/3 附近。下游起坡点的位置应根据坝的实用剖面形式、坝顶宽度，结合坝的基本剖面计算得到（最常用的是其基本剖面的顶点位于校核洪水位处）。由于起坡点处的断面发生突变，因此，设计人员要对该截面进行强度和稳定的校核工作。

（5）荷载计算。

荷载是重力坝设计的主要依据之一，荷载按作用随时间的变异分为三类，即永久作用、可变作用和偶然作用。设计要正确选用其标准值、分项系数、有关参数和计算方法。按设计情况、校核情况分别计算荷载作用的标准值和设计值（设计值 = 其标准值 × 分项系数）。

（6）稳定分析。

稳定分析的主要目的是验算重力坝在各种可能荷载作用下的稳定安全度。工程实践和试验研究证明，岩基上的重力坝的失稳破坏有两种类型：一种是坝体沿抗剪能力不足的薄弱层面产生的滑动；另一种是在荷载作用下，上游坝踵以下岩体受拉产生倾斜裂缝以及下游坝址岩体受压产生压碎区而引起倾倒滑移破坏。需要注意以下几个问题：

① 滑动面的选择是稳定分析的重要环节。其基本原则是：研究坝基地质条件和坝体剖面形式，选择受力较大、抗剪强度低、最容易产生滑动的截面作为设计截面。

② 核算坝基面及坝基面混凝土层面的抗滑稳定极限状态时，应按材料的标准值和作用的标准值或代表值分别计算基本组合和偶然组合。

③ 当坝基岩体存在软弱结构面，缓倾角裂隙及坝下游经冲刷形成临空面等情况时，需核算深层抗滑稳定。根据滑动面、临空面、围岩抗力条件综合分析基本地质结构模型后，分单斜面、双斜面和多斜面计算模式，除用刚体极限平衡法计算外，必要时可辅以有限元法、地质力学模型试验等核算深层抗滑稳定，并进行综合评定。

二、土石坝设计的基本内容及方法

1. 土石坝建设概况

土石坝是由土料、石料或者混合材料，经过抛填、碾压等方法堆筑而成的挡水坝。这是我国现存的坝型中最古老的一种，其建设历史超过了2500年。到现在，土石坝以其发展快、应用广等特点成为了世界坝工建设中一种重要的坝型。土石坝大多就地取材，成本低、适应性强，在此基础上又有较好的抗震性，寿命较长，所以在我国得到广泛应用。

我国水库应用广泛，土石坝就地取材、造价低廉，又有较好的抗震性，使用寿命较长。不拘泥于地质条件。在我国土石坝水库的比例大于95%。由此可见，水库土石坝的设计十分重要。因为在现有土石坝中，由于设计不当而错设抗洪数据、不能抵抗洪汛的土石坝约占1/3；而因为设计不周、勘测滞后、施工超前的原因，超过1/3的水库土石坝已经出现病险，甚至导致溃坝。

2. 土石坝的设计内容

（1）复核洪汛数据。

我国水库土石坝建设不规范，常出现洪汛预测不准的情况，因此要在设计与计算的过程中，注重复核洪汛数据。

① 重视实际监测。

对于修建土石坝水库地区的水文资料应当充分利用，不仅要利用已有的历史水文资料，还要重视实际监测，其内容包括洪水汛期、年降水量、暴雨量等洪汛数据。

② 注重数据合理。

得到资料后，在设计计算过程中，要根据获得的基本资料和相关计算方法得出相关参数。这些相关参数都应进行进一步的分析与检查，保证其合理。对于补充的洪汛资料，需要分析和论证，保证其有重现期，和本地实际得出的洪汛信息的调查相比较，检查其合理性。

③ 进行数据复核。

要保证资料的复核与数据的复核。尤其是洪汛资料和流域特征等对最终数据影响比较大的内容，要格外注意，保证不发生系统性的错误，也要保证错误的及时改正。

④ 挑选相适应的标准。

在保证洪汛数据合理、准确后，就要比照墩距与建筑物级栅，挑选相适应的抗洪标准。这个过程要严格按照国家指标进行，对其质量、用材等进行进一步确认，要校准洪水、洪峰流量与洪量，作为设计水库特征的依据。

⑤ 适当考虑当地环境。

除了参考数据以外，还要适当考虑当地环境。水库地理特征明显、水域十分重要的地区，或者一旦土石坝溃坝将会对下游地区造成巨大影响的，为了确保该地区的安全，应该考虑按照可能最大洪水（PMF）的级别作为洪水标准，如果预定设计在2～4级建筑物的标准，可适当提高1～2级。

（2）提高抗震性。

地震灾害是造成土石坝溃坝的原因之一，且结果通常十分严重。因此抗震性是土石坝设计的重要内容。

① 应当复核地质条件。

要实际监测当地的地质环境，取得地质资料。其内容包括地震带、断层交会带、密集缝隙区等地质环境，并且要考虑河床自身的条件，如河床土质、是否缓倾、土层质量、是否架空、地基是否沉降等内容；另外，由于土石坝大多就地取材，要考虑到当地土石质量，如是否有水溶性岩石等。

② 重视分析。

在得到上述材料后，应当对土石坝的抗震性进行静动力分析，主要方法如拟静力法，考虑到条块水平地震惯性、设计烈度、动态分布系数等；也可以利用动力法。考虑震前坝体初始状态，通过非线性应力的应变关系来得出结论。此外，要考虑到土石坝地震的永久变形和残余变形。

③ 要核准数据。

在根据上述材料得出相关数据后，要严格按照国家标准进行设计，确定建筑物防震等级；要对数据、材料进行复核，保证数据的合理性。

④ 考虑到用材。

要改善土体抗液化的性能，就要避开易液化的土体，采用抗液化破坏的结构。

⑤ 注重结构。

为了抗震，受从坝高、地基、水库防控设施、坝轴线以及防渗体选材等方面考虑抗震。

（3）确保坝体防漏与排水。

坝体渗漏包括坝基渗漏、坝肩渗漏以及接触带渗漏。

① 注重当地土石质量。

选择材质要避开易液化的土质，同时要考虑到当地地质条件。

② 保证防渗墙的设计。

如果坝体设计的孔隙比较大，用其他防渗方式已经不足够防渗要求时，可以考虑器着坝轴线设立防渗墙。但防治墙要经过仔细设计，比如其底部必须深入二层基岩，最好能选用混凝土作为防渗墙的建材，而制造方法最好选择灌浆。

③ 多重结合，上堵下排。

在设计过程中，最好在上游、坝体和下游共同采取措施保证防渗漏，运用黏土铺盖的方式进行水平防渗，并结合开挖导洛沟的方式。要多采取充填、灌浆的方式，填补坝体孔隙，起到防身效果。上游最好铺设防渗层，保证防身效果；而在下游，要增设堆石排水棱体。

④ 排水活漏相结合。

在排水方面，要做到和防渗漏相结合，能做到有效排走坝体和基础的少量渗水，保证降低湿润线而确保渗透的压力。

⑤ 设计合理。

可以对坝面排水设计进行进一步的加强，最好能够将放水涵道移开，保证其不会直接对冲坝脚，并且保证排水道畅通，能够接入下游河道。而对上游坝面应该设计加入预制块进行护坡，下游最好能采用草皮护坡，并增设堆石排水棱体。

（4）坝坡的加固与防滑。

滑坡及滑坡性裂缝是土石坝溃坝的一大原因，因此在设计的过程中就要十分注重坝坡的加固。

① 充分考虑建设地的地理环境。

首先要对河床的土质、是否有架空层等地质条件进行考察；其次要考虑地基是否沉陷、当地土石的水溶性等材料问题；然后结合当地水文条件，考虑好坝坡的建设标准。

② 选择正确的坝型。

如混凝土拱坝坝型、混凝土重力坝坝型、土坝坝型等。选择坝型要考虑许多要素，如自重、选材、施工工艺、渗水性、坝基稳固性、抗震性、耗材、温度，并结合当地的实际情况选择适当的坝型。

③ 保证坝型的实际生成。

在选择好坝型后，要保证其优势能切实达成。如选材，要考虑到土石坝就地取材的特点。要保证材料切实可得；有相应的施工条件，保证当地的自然环境不会阻碍施工等。

（5）确保枢纽布置合理。

① 选择正确的坝址。

选择坝址要考虑到多个条件：要考虑到坝址所处地区施工方便、交通便利，且要保证工程量较小、施工期较短；要考虑降低成本；同时要考虑到选择的坝址自然环境相对稳定，保证土石坝的使用寿命。

② 保证枢纽的全面性。

要根据当地的自然、经济、社会情况，考虑到枢纽运行的可能性，并以此来设定枢纽的设施内容。目的是保证在任何情况下，该枢纽都能正常的运作，而不会被中断。

③ 考虑降低相对费用。

它的前提是保证枢纽的建筑强度和稳定。在保证了这一项后，可以考虑其运作成本。合理安排枢纽的运作，降低其维护、总造价和年运作费用等。

④ 考虑布局紧凑。

在尽量少的空间内布置尽量多的枢纽，这样可以保证减少连接性的建筑，保证安全，降低成本。

三、拱坝设计的基本内容及方法

拱坝是一种在平面上向上游弯曲，呈曲线形，能把一部分水平荷载传给两岸的挡水建筑，是一个空间壳体结构。它是一种建筑在峡谷中的拦水坝，一般做成水平拱形，凸边面向上游，两端紧贴着峡谷壁。

拱坝是在平面上呈凸向上游的拱形挡水建筑物，借助拱的作用将水压力全部或部分传给河谷两岸的基岩。与重力坝相比，在水压力作用下拱坝坝体的稳定不需要依靠本身的重量来维持，主要是利用拱端基岩的反作用来支承。拱圈截面上主要承受轴向反力，可充分利用筑坝材料的强度。因此，拱坝是一种经济性和安全性都很好的坝型。

1. 拱坝的布置

拱坝的布置无一成不变的固定程序，而是一个反复调整和修改的过程。一般步骤如下：

（1）根据坝址地形图、地质图和地质查勘资料，定出开挖深度，画出可利用基岩面等高线地形图。

（2）在可利用基岩面等高线地形图上，试定顶拱轴线的位置。将顶拱轴线绘在透明纸上，以便在地形图上移动、调整位置，尽量使拱轴线与基岩等高线在拱端处的夹角不小于 30°，并使两端夹角大致相同。按选定的半径、中心角及顶拱厚度画出顶拱内外缘弧线。

（3）初拟拱冠梁剖面尺寸，自坝顶往下，一般选取 5～10 道拱圈，绘制各层拱圈平面图，布置原则与顶拱相同。各层拱圈的圆心连线在平面上最好能对称于河谷可利用岩面的等高线，在竖直面上圆心连线应为连续光滑的曲线。

（4）切取若干铅直剖面，检查其轮廓线是否光滑连续，有无倒悬现象，确定倒悬程度。并把各层拱圈的半径、圆心位置以及中心角分别按高程点绘，连成上、下游面圆心线和中心角线。必要时，可修改不连续或变化急剧的部位，以求沿高程各点连线平顺光滑。

（5）进行应力计算和坝肩岩体抗滑稳定校核。如不满足要求，应修改布置及尺寸，直至满足拱坝布置设计的总要求为止。

（6）将坝体沿拱轴线展开，绘成拱坝上游或下游展视图，显示基岩面的起伏变化，对于突变处应采取削平或填塞措施。

（7）计算坝体工程量，作为不同方案比较的依据。

2. 坝型坝址的选择

和施工导流要求的前提下，坝轴线应尽可能短，以节省工程量。故拟选的坝型可能有混凝土重力式的坝（含宽缝、大头坝）、拱坝和混凝土面板堆石坝等。

混凝土重力式坝的优点比较明显，如坝身可以开孔过流，不需另建泄洪建筑物，导流方便等；但缺点也比较明显，如坝体体积大，材料强度不能充分利用。宽缝坝、大头坝能克服强度不能充分利用的缺点，但施工复杂，模板用量大。大头坝还有侧向稳定和弹性稳定问题以及抗震性能差的缺点。

拱坝利用拱的作用将荷载传至两岸，充分利用了材料的抗压性能，故拱坝可做得较薄，大大节省混凝土方量，从而节省造价，突出表现了拱坝的优点。拱坝还可以在坝身开孔解决泄流问题，不需另外修建溢洪道，与重力式坝具有相同的优点；拱坝的另一个优点是坝体重量轻，抗震性能也好。拱坝的明显缺点是施工导流不如重力式坝来得方便，需一次断流，要另开导流隧洞。建造拱坝理想的地形条件应是左右两岸对称，岸坡平顺无突变，在平面上向下游收缩的峡谷段。坝端下游侧要有足够的岩体支承，以保证坝体的稳定。理想的地质条件是基岩均匀单一、完整稳定、强度高、刚度大、透水性小和耐风化等。

混凝土面板堆石坝是近十多年来新出现的一种坝型，得益于振动碾的应用，因其使用机械化施工，造价低而取胜。但坝身不能泄洪，需另建泄水建筑物。若工程两岸附近无垭口等适合建泄洪建筑物的地形，水电站厂房也不能放在坝后，需另找位置。因此，将坝体节省下来的费用又用到泄水建筑物和水电站建筑物上，工程总投资也不一定经济，开挖隧洞虽不十分困难，也无技术上的难题，但总比地面工程复杂。

3. 荷载计算

作用于拱坝的荷载有静水压力、动水压力、温度荷载、自重、扬压力、泥沙压力、浪压力、冰压力和地震荷载等。其中静水压力、泥沙压力、浪压力计算相对容易，只需将已知参数代入计算公式即可求得。自重、温度和地震荷载计算相对复杂，考虑因素较多，应认真计算。

（1）自重。

混凝土拱坝在施工时常分段浇筑，最后进行灌浆封拱，形成整体。在拱坝形成整体前，各坝段的自重变位和应力已形成，全部自重应由悬臂梁承担。即将自重作为竖向荷载，计算由此产生的梁的变位 y，代入拱梁变位协调方程。

（2）温度荷载。

温度荷载的大小与封拱温度有关，且随时间和位置而变化，精确计算是极为复杂的，通常仅考虑对坝体安全最不利的情况。即对坝体应力而言，需计入温降的影响；对稳定而言，需计入温升的影响。

温度沿上下游方向在坝体内呈非线性分布，为便于计算方便，可将其与封拱温度的差值，即温度荷载视为三部分的叠加，即均匀温度变化（t_1）、等效线性温差（t_2）、非线性温度变化（t_3）。均匀温度变化（t_1）是温度荷载的主要部分，它对拱圈轴向力和力矩、悬臂梁力矩等都有很大影响。等效线性温差（t_2）在中、小型工程中一般可不考虑。非线性温度变化（t_3）不影响整体变形，在拱坝设计中一般可略去不计。

对于中、小型拱坝，可视情况采用下列经验公式作拱坝的温度荷载计算：

$$t_1 = 57.57/\ T + 2.44 \tag{24-1}$$

或

$$T_1 = 47/T + 3.39 \tag{24-2}$$

式中 T——坝厚（m）。

（3）地震荷载。

我国《水工建筑物抗计规范》规定，以拟静力法作为抗震设计的主要计算方法，对于超过 150 m 的高坝应进行动力分析，对于设计烈度高于 9 度的情况应进行特殊研究。

地震荷载包括地震惯性力、地震动水压力和上游淤沙的地震动土压力，最后一项数值很小，一般可以不计，前两项的计算参见有关文献。

（4）荷载组合。

混凝土拱坝设计的荷载组合分为基本组合和特殊组合两类。基本组织包括：① 水库正常蓄水位及相应的尾水位和设计正常温降、自重、扬压力、泥沙压力、浪压力、冰压力；② 水库死水位（或运行最低水位）及相应的尾水位和此时出现的设计正常温升、自重、扬压力（或不计）、泥沙压力、浪压力；③ 其他常遇的不利荷载组合。

特殊荷载组合包括：① 校核洪水位及相应的尾水位和此时出现的设计正常温升、自重、扬压力、泥沙压力、动水压力、浪压力；② 基本荷载组合加地震荷载；③ 施工期的荷载组合，包括接缝未灌浆和分期灌浆两种情况；④ 其他罕遇的不利荷载组合。

4. 拱坝形态和剖面尺寸的确定

拱坝形态包括拱圈形式和拱冠梁的剖面形状，均与地形地质条件有关。

（1）拱圈形式选择。

由于拱圈曲率的变化对坝肩稳定和拱端应力产生较大的影响，实际工程中，一般通过选择不同形式的拱圈，达到既满足稳定又满足应力的要求。

常见的拱圈形式有圆弧拱、三心拱、椭圆拱和抛物线拱，它们各适用于不同的地形条件。几种拱圈中，以圆弧拱最简单方便，工程中采用最多。无特殊要求时，一般均采用圆弧拱圈。

（2）拱冠梁剖面尺寸的拟定。

拱冠梁剖面的主要尺寸包括坝顶厚度（T_C）、底部厚度（T_B）和拱冠梁上游曲线参数等。T_C 一般按工程规模、运行和交通要求确定，如无交通要求，一般采用 3 ~ 5m。坝底厚度 T_B 是表征拱坝厚薄的一项控制数据，其影响因素有坝高、坝型、河谷形状及地质、荷载、筑坝材料和施工条件等因素。

初拟拱冠梁厚度时可采用我国《水工设计手册》建议的公式。

5. 拱坝的结构

（1）坝顶。

坝顶宽度应根据剖面设计和满足运行、交通要求确定。当无交通要求时，非溢流坝的顶宽一般不小于 3 m。溢流坝段坝顶布置应满足泄洪、闸门启闭、设备安装、交通、检修等的要求。

（2）坝体防渗和排水。

拱坝上游面应采用抗渗混凝土，其厚度为（1/15 ~ 1/10）H，H 为坝面该处在水面以下的深度。对于薄拱坝，整个坝厚都应采用抗渗混凝土。

坝身内一般应设置竖向排水管，排水管与上游坝面的距离为（1/15 ~ 1/10）H，一般不少于 3 m。排水管应与纵向廊道分层连接，把渗水排入廊道的排水沟。排水管间距一般为 2.5 ~ 3.5 m，内径一般为 15 ~ 20 cm，多用无砂混凝土管。

（3）廊道。

为满足检查、观测、灌浆、排水和坝内交通等要求，需要在坝体内设置廊道与竖井。廊道的断面尺寸、布置和配筋基本上和重力坝相同。对于高度不大、厚度较薄的拱坝，为避免对坝体削弱过多，在坝体内可只设置一层灌浆廊道，而将其他检查、观测、交通和封拱灌浆等工作移到坝后桥上进行，桥宽一般为 1.2 ~ 1.5 m，上下层间隔为 20 ~ 40 m，在与坝体横缝对应处留有伸缩缝，缝宽 1 ~ 3 cm，以适应坝体变形。

（4）坝体管道及孔口。

坝体管道及孔口用于引水发电、供水、灌溉、排沙及泄水。管道及孔口的尺寸、数目、位置、形状应根据其运用要求和坝体应力情况确定。

（5）垫座与周边缝。

对于地形不规则的河谷或局部有深槽时，可在基岩与坝体之间设置垫座，在垫座与坝体间设置永久性的周边缝。周边缝一般做成二次曲线或卵形曲线，以保证其上坝体获得对称的较优体形。

（6）重力墩。

重力墩是拱坝坝端的人工支座。对形状复杂的河谷断面，通过设重力墩可改善支承坝体的河谷断面形状。重力墩承受拱端推力和上游库水压力，靠本身重力和适当的断面来保持墩的抗滑稳定和强度。

6. 应力分析

拱坝应力分析的方法较多，都是在不断改进不断完善的基础上发展起来的。最早是用圆筒公式，之后按纯拱理论应用纯拱法，再后来又考虑垂直悬臂梁作用即试荷载法，随着计算机的发展，薄壳理论、有限单元法等计算方法都已用来计算拱坝的应力。作为毕业设计，为培养学生清晰的力学概念，这里主要说明采用拱冠梁法的设计思路。

（1）拱梁径向位移协调一致方程组。

如图 24.1 所示，从坝顶到坝底选取 n 层拱圈，令各划分点的序号为自坝顶 $i=1$ 至坝底 $i=n$，各层拱圈之间取相等的距离Δh，拱圈高为 1 m。

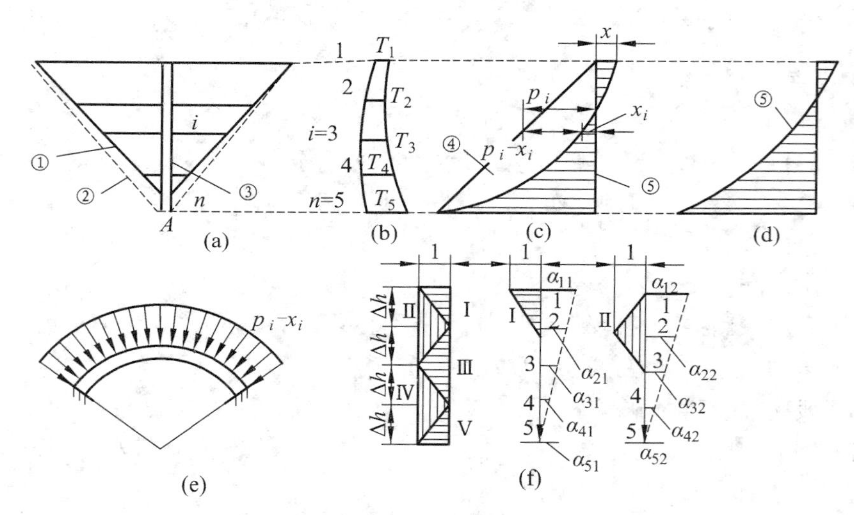

图 24.1　拱冠梁法荷载分配示意图

1—地基表面；2—可利用基岩面；3—拱冠梁；4—拱荷载；5—梁荷载

由拱冠梁和各层拱圈交点处径向变位一致的条件可列出方程组：

$$\sum_{i=1}^{n}\alpha_{ij}\chi_j+\delta w_i=(p_i-\chi)i+\nabla \qquad (24\text{-}3)$$

式中　p_i——作用在第 i 层拱圈中面高程的总水平荷载强度，包括水压力及泥沙压力等，$i=1$，2，…，n，为拱圈层数；

x_i——拱冠梁在第 i 层拱高程分配承担的水平荷载强度，则（p_i-x_i）为第 i 层拱圈分配承担的水平荷载强度；

x_j——拱冠梁 j 点所承受的水平荷载，j 为“单位荷载”作用点的序次；

α_{ij}——拱冠梁上 j 点的“单位荷载”在另一点 i 产生的径向变位，称为梁的“单位变位”，所谓“单位荷载”就是在作用点（如 j 点）上强度为 10 kPa，在上下Δh 距离处强度为零的三角形分布荷载，如图 1（f）所示的Ⅰ、Ⅱ或Ⅲ等；

δ_i——第 i 层水平拱圈在单位强度的均布径向荷载作用下，在拱冠处产生的径向变位，称为拱的“单位变位”；

w_i——拱冠梁第 i 层截面在铅直荷载作用下产生的水平径向变位；

ΔA_i——第 i 层拱圈由于均匀温度变化 t_m°C 在拱冠处产生的径向变位。

将式（24-3）展开后，可得下列联立方程组

$$\alpha_{11}\chi_1+\alpha_{12}\chi_2+\cdots+\alpha_{1n}\chi_n+\delta_{w1}=(p_1-x_1)\delta_1+\Delta A_1 \tag{24-4}$$

$$\alpha_{21}\chi_1+\alpha_{22}\chi_2+\cdots+\alpha_{2n}\chi_n+\delta_{w2}=(p_2-x_2)\delta_2+\Delta A_2 \tag{24-5}$$

……

$$\alpha_{n1}\chi_1+\alpha_{n2}\chi_2+\cdots+\alpha_{nn}\chi_n+\delta_{wn}=(p_n-x_n)\delta_1+\Delta A_n \tag{24-6}$$

式中，x_1，x_2，…，x_n 均为未知量。这是一个线性方程组，可用逐步消元法求得解答。由上列方程组求得拱冠梁分配的水平荷载 x_i，连同自重、水重引起的内力，即可计算拱冠梁的边缘应力。拱的应力则由拱分得的水平荷载（p_i-x_i）及均匀温度变化 t_m 产生的应力迭加而得。

（2）梁的变位计算。

梁的径向变位包括：水平荷载产生的和竖直荷载产生的两部分。对于混凝土拱坝，在变位调整计算中，由于自重产生的变位在封拱前即已基本完成，因此只需考虑坝体在水重作用下产生的变位。但对于整体砌筑的浆砌石拱坝，自重和水重产生的变位，都需要在径向变位调整中加以计算。

拱冠梁是静定结构的悬臂梁。设 M、V 各为悬臂梁在外力荷载作用下的截面弯矩和径向剪力，E、G 分别为材料的拉、压及剪切弹性模量，I、A 分别为梁截面的惯性矩和面积，K 为剪应力分布系数，并以 h 代表梁高，则计算悬臂梁径向变位Δr 的基本公式为

$$\Delta r=\iint\frac{M}{EI}\mathrm{d}h\mathrm{d}h+\int\frac{VK}{AG}\mathrm{d}h \tag{24-7}$$

积分自梁底算起，加上地基变形的影响，应用分段累计法计算时，Δr 可表示为

$$\Delta r=\sum\left(\theta_{\mathrm{f}}+\sum\frac{M}{EI}\Delta h\right)\Delta h+\left(\Delta r_{\mathrm{f}}+\sum\frac{KV}{AG}\Delta h\right) \tag{24-8}$$

地基变位可用伏格特公式计算：

$$\theta_{\mathrm{f}}=M_{\mathrm{s}}\alpha+V_{\mathrm{r}}\alpha_2 \tag{24-9}$$

$$\Delta\gamma_{\mathrm{f}}=V_{\mathrm{r}}r+M_{\mathrm{s}}\alpha_2 \tag{24-10}$$

式中，M_s 和 V_r 分别表示基岩面上梁底弯矩和径向剪力；θ_f 和ΔR_f 分别表示梁基的角变位和径向变位。

拱冠梁的 i 截面在竖直荷载作用下产生的水平径向变位 δ_i：

$$\delta_i^{\mathrm{w}}=(\theta_{\mathrm{f}}+\Delta h_{\mathrm{f}})+\int_0^{h_1}\frac{Mh}{EI}\mathrm{d}h \tag{24-11}$$

式（24-11）表明，δ_i^{w} 为地基变位与内力矩 M 产生的变位之和。拱冠梁在竖向水压作用下不产生径向剪力，故 $\theta_f = M_s\alpha_1, \Delta_f = M_s\alpha_2$。由于 α_2 一般较小，可以忽略不计。

7. 坝肩稳定性分析

拱坝坝肩稳定分析相对较为复杂，它与地形和地质构造等因素有关。一般可分为两种情况：

（1）存在明显滑裂面的滑动问题；

（2）不具备滑动条件但下游存在较大软弱带或断层时的变形问题。

对第（1）种情况，其滑动体的边界常由若干个滑裂面和临空面组成，滑裂面一般为岩体内的各种结构面，尤其是软弱结构面，临空面则为天然地表面，滑裂面必须在工程地质查勘基础上，经初步研究得出最可能的滑动形式后确定，然后据以进行滑动稳定分析。对于第（2）种情况，即拱座下游存在较大断层或软弱带时的变形问题，必要时应采取加固措施以控制其变形，加固的必要性和加固方案可以通过有限元分析，比较论证后确定。这里主要说明第（1）种情况下的计算方法和步骤。

在拱坝坝肩稳定分析前，应先进行以下几项工作：

① 深入了解两岸岩体的工程地质和水文地质勘探资料。

② 了解岩体、结构面及其充填物的岩石力学特性等试验条件和试验参数。

③ 研究和确定作用在拱座上的空间力系。

④ 研究选择合理的分析方法。前两项工作由毕业设计资料直接给定，第三项由学生自己分析确定，分析方法采用刚体极限平衡分析法。

8. 地基处理

拱坝坝基的处理措施有坝基开挖、固结灌浆、接触灌浆、防渗帷幕灌浆、坝基排水、断层破碎带和软弱夹层的处理等。处理方法基本上与重力坝的岩基处理相同，但要求更为严格，特别是对两岸坝肩的处理尤为重要。

第二节　水电站及厂房毕业设计

一、水电站介绍

水电站是将水能转换为电能的综合工程设施，又称水电厂。它包括为利用水能生产电能而兴建的一系列水电站建筑物及装设的各种水电站设备。利用这些建筑物集中天然水流的落差形成水头，汇集、调节天然水流的流量，并将它输向水轮机，经水轮机与发电机的联合运转，将集中的水能转换为电能，再经变压器、开关站和输电线路等将电能输入电网。有些水电站除发电所需的建筑物外，还常有为防洪、灌溉、航运、过木、过鱼等综合利用目的服务的其他建筑物。这些建筑物的综合体称水电站枢纽或水利枢纽。

二、建筑物的组成及其特点

水电站枢纽的组成建筑物有以下 6 种：

1. 挡水建筑物

用以截断水流，集中落差，形成水库的拦河坝、闸或河床式水电站的水电站的长房等水工建筑物。如混凝土重力坝、拱坝、土石坝、堆石坝及拦河闸等。

2. 泄水建筑物

用以宣泄洪水或防空水库的建筑物。如开敞式河岸溢洪道、溢流坝、泄洪洞及放水底孔等。

3. 进水建筑物

从河道或水库按发电要求引进发电流量的引水道首部建筑物。如有压、无压进水口等。

4. 引水建筑物

向水电站输送发电流量的明渠及其渠系建筑物、压力隧洞、压力管道等建筑物。

5. 平水建筑物

在水电站负荷变化时用以平稳引水建筑物中流量和压力的变化，保证水电站调节稳定的建筑物。对有压引水式水电站，为调压井或调压塔；对无压引水式电站，为渠道末端的压力前池。

6. 厂房枢纽建筑物

水电站厂房枢纽建筑物主要是指水电站的主厂房、副厂房、变压器场、高压开关站、交通道路及尾水渠等。这些建筑物一般集中布置在同一局部区域形成厂区。厂区是发电、变电、配电、送电的中心，是电能生产的中枢。

7. 特　点

通常用坝拦蓄水流、抬高水位形成水库，并修建溢流坝、溢洪道、泄水孔、泄洪洞（见水工隧洞）等泄水建筑物宣泄多余洪水。水电站引水建筑物可采用渠道、隧洞或压力钢管，其首部建筑物称进水口。水电站厂房分为主厂房和副厂房，主厂房包括安装水轮发电机组或抽水蓄能机组和各种辅助设备的主机室以及组装、检修设备的装配场。副厂房包括水电站的运行、控制、试验、管理和操作人员工作、生活的用房。引水建筑物将水流导入水轮机，经水轮机和尾水道至下游。当有压引水道或有压尾水道较长时，为减小水击压力常修建调压室；在无压引水道末端与发电压力水管进口的连接处常修建前池。为了将电厂生产的电能输入电网，还要修建升压开关站。此外，尚需兴建辅助性生产建筑设施及管理和生活用建筑。

三、设计内容与步骤

1. 水电站主要设备的选择

（1）根据基本资料提供的水库和水电站特征参数，初选水轮机的型号，并对待选的水轮机进行标称直径的计算与选择，进而计算水轮发电机的转速，并进行效率与单位参数的修正以及工作范围的检验。最后绘制运转特性曲线，校核机组的工作范围，选择包含高效率区较多的水轮机。

（2）根据水头确定蜗壳形式。对于金属蜗壳，可根据转轮标称直径确定座环尺寸；根据水轮机额定流量、包角确定进口断面平均流速，进而确定蜗壳各个典型断面的特征尺寸。

对于弯肘形尾水管，根据水轮机形式，先选择尾水管肘管的型号，然后计算尾水管各个部位的尺寸。

（3）根据水轮机转速、容量，确定发电机形式和型号等，进而确定发电机的外形尺寸。

（4）计算调速功，选择调速器型号和外形尺寸。

（5）选择主变压器型号（容量、电压），确定冷却方式和外形尺寸。

（6）根据厂内最大和最重部件（一般是发电机转子带轴或主变压器）以及厂房布置选择起吊设备。

（7）选择闸阀及启闭设备，如压力钢管上的进水阀。

2. 水电站引水系统和厂房枢纽的布置

（1）结合水工枢纽总体布置，确定引水路线，引水系统建筑物的组成及形式、布置和初步尺寸，包括进水口、引水道、调压室、压力管道、主变和开关站等。

（2）根据枢纽布置情况及自然条件选择厂房形式，并确定进厂交通。进行引水系统和厂房枢纽的详细布置和论证，确定各建筑物的尺寸、高程以及相对位置。

（3）通过以上的工作，绘制水电站引水系统和厂房枢纽的平面图和纵剖面图。

3. 水电站厂房布置设计

（1）厂房的尺寸确定。根据允许吸出高度和下游最低水位确定水轮机安装高程，进而确定水轮机层高程、发电机定子安装高程、发电机层高程、吊车轨顶高程、屋顶高程、尾水管底板高程和基础开挖高程。

根据主要设备尺寸和辅助设备的布置，确定机组段长度、边机组段长度、装配场长度、主厂房长度及厂房宽度。

（2）主厂房内设备布置。根据前面选定的机组设备，如水轮机组、调速器、油压装置、机旁盘、励磁装置、低压配电、中性点、桥吊、蝶阀或球阀设备等，进行厂内设备布置。

（3）副厂房的布置

根据电气主接线，选择电气主辅助设备，确定中控室、发电机母线电压配电室、低压配电室、厂变、直流系统等电气生产用房面积，并进行布置；考虑调速系统、油系统、供水系统、排水系统和压缩空气系统的合理布置。

（4）厂房结构布置。包括主副厂房楼梯、吊物孔、进入孔的布置，主副厂房梁柱的布置，厂房混凝土分期、分缝等。

4. 进水及引水建筑物的设计

（1）确定进水口的形式、位置、高程及尺寸。

（2）判断是否需设调压室，选择调节保证的各项参数，即导叶关闭时间 T_s、水击压力上升值 ξ、机组转速升高值 β。

5. 厂房结构设计

（1）水电站厂房上部排架。吊车梁结构内力与配筋计算。

（2）水电站厂房下部结构（风罩、机墩、蜗壳、尾水管）结构内力与配筋计算。

可以采用以杆件有限元为基础的 PK 或 PK-PM 程序，也可以采用 ANSYS 等通用有限元程序进行计算。

四、提交设计成果

设计成果包括设计说明书、计算书、设计图纸等，具体要求可以参考相关的优秀毕业设计论文。

第三节　水利工程施工毕业设计

一、毕业设计目的

水利水电工程施工组织设计是水利工程人员必须所具备的能力之一。通过该毕业设计的训练，巩固三年所学的知识，加深对施工组织的原则、特点、施工组织方法、工序相互关系及优化方法等基本知识的理解，为学生今后参与施工组织设计工作奠定一定的基础。

二、毕业设计的内容要求

1. 设计内容

（1）详细阐述施工条件（工程特点、交通条件、供应条件、自然条件）。

（2）根据工程条件，选择导流标准，划分导流时段确定导流流量。

（3）拟定导流方案与程序，进行导流布置，进行导流建筑物设计。

（4）确定导流建筑物施工方法和截流施工方法，合理选择基坑排水措施，确定围堰拆除方法。

（5）提出施工料源和加工措施（砼集料、砂石、土料等的来源加工）。

（6）提出主体工程的施工方案，包括首部、引水系统、厂房，并提出具体的施工机械用表。

（7）机电设备安装的施工方案、安装工艺流程（水轮机、发电机、升压站、闸门等金属结构的安装）。

（8）安全监测设备的施工方案。

（9）提出工程的施工交通方案（场内交通、场外交通）。

（10）提出施工加工工厂的布置方案（施工所用临时加工设备布置、占地、供水、供电、拌和设备布置、通讯联系等）。

（11）提出施工总体的布置方案（进行工区规划布置）。

（12）提出渣场规划方案、制作土石平衡表（渣场流向、弃渣情况等）。

（13）提出工程占地情况（临时占地、永久占地情况）。

（14）提出施工总体进度安排计划（首部、隧洞、管道、厂房、零星设施等）。

（15）提出施工资源供应计划方案（按进度提出年度供应计划）。

（16）最终编制施工组织设计说明书。

2. 设计要求

导流标准选取正确，方案合理经济，导流建筑物安全可靠，有利于提前发电。

所有施工布置图必须用 CAD 制图，制图符合水利水电工程制图规范，土石平衡表用 EXCEL 编制，进度计划表必须有施工强度分析用 CAD 制表，其余表格采用 word 制表即可。

文字叙述准确、进度安排合理、施工方案可行、经济符合实际、使用施工机械合理经济；施工设备布置合理、选取正确。

进度计划合理经济，必须提出第一台机组发电的时间，必须提出人员投入计划量。

三、毕业设计成果要求

（1）施工组织设计一份。要求用图表和文字正确表达设计的依据、方法、意图和成果，文字叙述简练，字迹工整，段句分明。所有成果必须按照《水利水电工程施工组织设计规范》要求整理出来。

（2）施工总平面布置图一张（A3），导流建筑物断面图，施工进度计划表一份，首部施工布置图一份（A3），厂区施工布置图一份（A3），土石平衡表一份，施工机械汇总表一份，资源供应表一份，主体工程量表一份，施工企业、仓库系统、生活设施建筑占地面积表一份，施工临时占地汇总表一份，机电设备安装施工工艺流程图若干份，砂石集料加工工艺流程图一份。

参考文献

[1] P. K. Kandaswamy and hunter Rouse. *Characteristics of flow over terminal weirs and sills.* Proc., ASCE, Journal, Hydraulics Division, 1957.

[2] 日本土木学会. 水力公式集（上集）. 北京：人民铁道出版社，1977.

[3] 江西水科所. 中小型水库宽浅式溢洪道水力设计. 水利科技，1978.

[4] 清华大学水力学教研组. 水力学（下册）. 北京：人民教育出版社，1980.

[5] 电力部. DL/T5057—1996 水工混凝土结构设计规范. 北京：中国电力出版社，1997.

[6] 电力部. DL/5108—1999 混凝土重力坝设计规范. 北京：中国电力出版社，2000.

[7] 水利部. SL274—2001 碾压式土石坝设计规范. 北京：水利电力出版社，2002.

[8] 水利部. SL253—2000 溢洪道设计规范. 北京：水利电力出版社，2002.

[9] 左东启. 水工建筑物. 南京：河海大学出版社，1996.

[10] 水利部. 水工设计手册. 北京：水电出版社，1984.

[11] 水利部. 水工设计规范. 北京：水电出版社，1984.

[12] 郭元裕. 农田水利学. 3 版. 北京：中国水利水电出版社，1997.

[13] 华东水利学院. 水工设计手册（8）. 北京：水电出版社，1984.

[14] 汪志农. 灌溉排水工程学. 北京：中国农业出版社，2000.

[15] 喷灌工程设计手册编写组. 喷灌工程设计手册. 北京：水利电力出版社，1989.

[16] 傅琳，董文楚，郑耀泉. 微灌工程技术指南. 北京：水利电力出版社，1988.

[17] 刘竹溪，刘景植. 水泵及水泵站. 北京：中国水利水利出版社，2006.

[18] 栾鸿儒. 水泵及水泵站. 北京：中国水利水电出版社，1993.

[19] 把多铎，马太玲. 水泵及水泵站. 北京：中国水利水电出版社，2004.